野生動物と社会
－人間事象からの科学－

伊吾田宏正
上田剛平
鈴木正嗣　　監訳
山本俊昭
吉田剛司

文永堂出版

WILDLIFE AND SOCIETY

THE SCIENCE OF HUMAN DIMENSIONS

Edited by

Michael J. Manfredo

Jerry J. Vaske

Perry Brown

Daniel J. Decker

and Esther A. Duke

ISLANDPRESS
WASHINGTON · COVELO · LONDON

Copyright © 2009 Island Press

Published by arrangement with Island Press

All rights reserved under International and Pan-American Copyright Conventions. No part of this book may be reproduced in any form or by any means without permission in writing from the publisher: Island Press, 1718 Connecticut Avenue NW, Suite 300, Washington, DC 20009, USA.

Island Press is a trademark of The Center for Resource Economics. Society and wildlife in the twenty-first century : human dimensions of natural resources management / Michael J. Manfredo ... [et al.].
   p. cm.
   Includes bibliographical references.
   ISBN-13: 978-1-59726-407-5 (cloth : alk. paper)
   ISBN-10: 1-59726-407-5 (cloth : alk. paper)
   ISBN-13: 978-1-59726-408-2 (pbk. : alk. paper)
   ISBN-10: 1-59726-408-3 (pbk. : alk. paper)
 1. Wildlife management--Social aspects. 2. Wildlife conservation — Social aspects. I. Manfredo, Michael J.
   SK355.S62 2008
   333.95'416 — dc222008007473

Printed on recycled, acid-free paper ♼

Design by Joan Wolbier

Manufactured in the United States of America

10 9 8 7 6 5 4 3 2 1

Translation copyright © 2011 by Masatsugu Suzuki

Island Press | Board of Directors

ALEXIS G. SANT *(Chair)*
Summit Foundation

DANE NICHOLS *(Vice-Chair)*

HENRY REATH *(Treasurer)*
Nesbit-Reath Consulting

CAROLYN PEACHEY *(Secretary)*
President
Campbell, Peachey & Associates

STEPHEN BADGER
Board Member
Mars, Inc.

KATIE DOLAN
Eastern New York
  Chapter Director
The Nature Conservancy

MERLOYD LUDINGTON LAWRENCE
Merloyd Lawrence, Inc.
  and Perseus Books

WILLIAM H. MEADOWS
President
The Wilderness Society

DRUMMOND PIKE
President
The Tides Foundation

CHARLES C. SAVITT
President
Island Press

SUSAN E. SECHLER

VICTOR M. SHER, ESQ.
Principal
Sher Leff LLP

PETER R. STEIN
General Partner
LTC Conservation Advisory
  Services
The Lyme Timber Company

DIANA WALL, PH.D.
Professor of Biology
  and Senior Research Scientist
Natural Resource Ecology
  Laboratory
Colorado State University

WREN WIRTH
President
Winslow Foundation

謝　辞

　編者ならびに分担著者は，本書への資金援助をいただいた西部魚類野生生物担当部局連合とアリゾナ州野生動物魚類局に謝意を表する．また，出版にあたって，コロラド州立大学ワーナー自然資源学部，コーネル大学，モンタナ大学，米国野生生物連合，野生生物学会，Taylor & Francis Group の Routledge 社の惜しみない支援に対しても深謝する．本書の出版に関わる助力と専門的指導を頂いたアイランド出版社の Barbara Dean にも感謝する．

監訳者序文

　本書出版の契機は，2008年秋に米国で開催された「Pathways to Success: Integrationg Human Dimensions in Fish and Wildlife Management」に編訳者らが参加したことである．この研究集会は本書のテーマでもある人間事象に焦点を当てたものであり，200題にも及ぶ講演や報告が行われた．そのため編訳者らは，自らの専門に近いセッションに手分けして参加し，各分野の研究動向の把握に努めることにした．そして，人間事象的な野生動物研究が，発展途上にありながらも「学術研究分野の1つとして国際的にもステータスを確立しつつある」という現状に強いインパクトを受けることになる．

　わが国でも野生動物に関わる人間事象的な報告が増え，特に人と野生動物との軋轢が顕在化した近年では，その重要性や注目度が急増している．しかし，これらの仕事は，生物学ベースの野生動物学では"副業"とみなされることが少なくない．発展が著しい社会科学ベースの野生動物研究も，残念ながら現時点では"市民権"を獲得しているとは言い難い．このような状況の中で出版される本書は，海外における最新の人間事象研究やその動向を紹介していることから，わが国における同様な研究分野の発展に重要な役割を果たし得ると確信している．

　人間事象研究に対しては，しばしば現象やアンケート結果の皮相的な解釈論に終始してしまう可能性（危険性）も指摘される．しかし本書に掲載されたいくつかの報告は，それを避けるための示唆を提示している．例えば，施策の実行を実験操作と位置づけ，その前後における利害関係者の意

識の変化を社会心理学的に追跡・考察するプロセスなどは典型例と言えるであろう．このようなプロセスの活用は，類似したケースでの合意形成（場合によっては民意や行動パターンの誘導）を円滑に進めるうえでのツールとなり，人間事象研究の実用的な側面をさらに強化すると考えられる．

　いま野生動物ならびにその管理・保全に興味をもつ若い世代が少なくない．それらに関わる教育を掲げる大学等も一定の"人気"を保っている．しかし野生動物管理とは，Riley ら（2002）により「人間および野生動物，生息地間の相互関係を意図的に左右し，利害関係者にとって価値ある効果を達成するための意思決定工程および実践の手引き（第23章を参照）」と定義された極めて実利的かつ高度な見識と技術を要するものである．したがって，これからの大学教育や人材育成，普及啓発等は，"次なる世代のソフトな興味・趣向"への単なる迎合であってはならない．むしろ野生動物を，人間との密接な相互関係を有する社会経済学的存在と位置づけ，上述の定義を基盤とする人材育成をゴールとする教育システムが不可欠である．このようなシステムを整えてこそ，野生動物をめぐる様々な利害関係が渦巻く現場へと"自信をもって送り出せる人材"を養成し得るのではなかろうか．もし本書が，野生動物管理や調査研究の現場のみならず教育現場においても活用されるのであれば，編訳者一同にとって望外の喜びである．

　なお，上述「Pathways to Success: Integrationg Human Dimensions in Fish and Wildlife Management」への参加旅費の一部は，文部科学省の「平成19年度社会人の学び直しニーズ対応教育推進プログラム」による「農学系大学出身者の再教育による野生動物対策専門職育成プログラム（国外先進事例調査）」の補助を受けた．事業担当者の羽山伸一氏（日本獣医生命科学大学）ならびに関係諸氏の皆様方には深く感謝の意を表する．

2011年1月

監訳者代表　鈴木正嗣

監 訳 (五十音順) ［］内は監訳担当部分

伊吾田宏正	酪農学園大学環境システム学部生命環境学科	［2部］
上田剛平	兵庫県但馬県民局豊岡農林水産振興事務所	［1部］
鈴木正嗣	岐阜大学応用生物科学部獣医学講座	［4部］
山本俊昭	日本獣医生命科学大学獣医学部獣医保健看護学科	［4部］
吉田剛司	酪農学園大学環境システム学部生命環境学科	［3部］

翻 訳 (五十音順) ［］内は翻訳担当章

秋庭はるみ	横浜国立大学大学院環境情報学府	［5章］
伊吾田宏正	前掲	［2部緒言, 9, 21章］
石﨑明日香	Western Pacific Regional Fishery Management Council	［3, 6, 23章］
上田剛平	前掲	［1部緒言, 1, 2, 7章］
桜井 良	フロリダ大学大学院自然資源・環境学部博士課程	［22章］
鈴木正嗣	前掲	［18, 23章］
竹田直人	株式会社リマージュアーツ	［10, 16章］
角田裕志	東京農工大学農学府・農学部	［12〜14章］
羽山伸一	日本獣医生命科学大学野生動物教育研究機構/獣医学部獣医学科	［4章］
矢部恒晶	森林総合研究所九州支所森林動物研究グループ	［8章］
山本俊昭	前掲	［4部緒言, 11, 17, 23章］
八代田千鶴	森林総合研究所野生動物研究領域	［19, 20章］
吉田剛司	前掲	［3部緒言, 15章］

目　次　　（　）内は翻訳者

第 1 章　序論：魚類と野生動物の人間事象の過去と未来　（上田剛平）	1
第 1 部　魚類と野生動物の保全に変化をもたらす社会的要因　（上田剛平）	15
第 2 章　魚類と野生動物管理に影響を与える社会的，人口学的動向　（上田剛平）	18
第 3 章　野生動物に対する世界的価値の理解　（石崎明日香）	31
第 4 章　市民参加を促す自然保護 NGO の出現　（羽山伸一）	44
第 5 章　未来の描出：人類，野生動物，気候変動　（秋庭はるみ）	57
第 2 部　野生動物管理の哲学における社会的構成要素の構築　（伊吾田宏正）	75
第 6 章　変化する野生動物管理の文化　（石崎明日香）	77
第 7 章　野生動物管理における統合的な人間事象のためのフレームワークに向けて　（上田剛平）	92
第 8 章　アマゾンにおける野生動物の共同管理とペルー国立パカヤ-サミリア保護区の支援活動　（矢部恒晶）	107
第 9 章　保全の目標達成にむけたコミュニティとの協働　（伊吾田宏正）	120
第 10 章　包括的評価における生態系要素としての人と野生動物　（竹田直人）	132
第 3 部　魚類と野生動物の管理における法律と制度　（吉田剛司）	147
第 11 章　魚類と野生動物の政策における法的な動向　（山本俊昭）	149
第 12 章　北米における野生動物管理基盤としての公益信託主義の復活　（角田裕志）	164
第 13 章　"タチの悪い"問題：制度構造および野生動物管理の成功　（角田裕志）	175
第 14 章　保全エンジンへの燃料補給：魚類および野生動物管理を行うための資金はどこから捻出するか　（角田裕志）	188
第 4 部　現代の魚類と野生動物管理問題に対する社会的展望　（山本俊昭）	203
第 15 章　社会生態学からみた都市圏における野生動物管理　（吉田剛司）	206

第 16 章	保護地域周辺の野生動物との軋轢における人間事象 （竹田直人）	217
第 17 章	遊漁にとっての新しいマーケット （山本俊昭）	232
第 18 章	次なる疾病への準備：人と野生動物との接点 （鈴木正嗣）	245
第 19 章	21 世紀の野生動物の観察市場と管理の接点における 挑戦と機会 （八代田千鶴）	264
第 20 章	アクセスと野生動物の民有化の傾向 （八代田千鶴）	278
第 21 章	熱帯林の狩猟管理における社会的事象 （伊吾田宏正）	293
第 22 章	多様化する社会における効果的な保護管理戦略としての コミュニケーション （桜井　良）	305
第 23 章	まとめ：野生動物管理とは何か？ （石崎明日香・鈴木正嗣・山本俊昭）	321

著者紹介　　　335

日本語索引　　345

外国語索引　　353

第1章
序論：
魚類と野生動物の人間事象の過去と未来

Perry J. Brown

訳：上田剛平

　畏怖の対象から食料として，あるいは好奇心の対象や芸術の対象として，魚類と野生動物は人間の精神の一部をなしている．私たちは，同じ地球の同居人として野生動物を追い続け，また追われ続けてきた．原始的な手段や，近年のカメラなどによって，私たちは，魚類と野生動物と，彼らが私たちの生命にもたらす全てに対して近づいてきた．しかし，私たちが魚類と野生動物との永久的な関わりをもっているにもかかわらず，魚類と野生動物の人間事象に関する学問分野が生まれたのは，比較的最近である．この50年間に，この学問分野は生まれ，発展し，そして定着してきた．

　さて，この学問分野の全ての構成要素を詳しく述べる前に，まずはその起源を概観し，学問の発展過程にあったいくつかの象徴的な出来事をご紹介したい．そのうえで，この学問分野の将来展望を提示したい．本題に入る前に，基本的な前提を1つ述べておこう．それは，人間が魚類と野生動物に関心をもち，懸念を抱いているということ，そして野生動物の多様性および野生動物と人間との関わり合いから生じる恩恵の持続性を考えた時，今まさに野生動物とその生息地が危機的状況にあるということである．

　第二次世界大戦後，米国でアウトドアの利用が急速に増え始めたことが，魚類と野生動物の人間事象に関する研究が生まれたきっかけであった．1950年

代以前の米国の自然主義者と科学者たちは，人間と野生動物との関係性について，その素晴しさと抱えている問題点の両方に着目し始めた．例えば，Aldo Leopoldは，野生動物管理の社会的，政治的な側面を明確に指摘していた．しかし，1950年代には，ますます多くの人が国立公園や国有記念物，国有林，魚類・野生動物保護区，私有のレクリエーション用地や森林に押し寄せ，人間事象の問題がさらに深刻化した．米国の景観利用の変化に対する認識の高まりは，アウトドアレクリエーション資源調査委員会（Outdoor Recreation Resources Review Commission：ORRRC）の設立（1958），内務省国立公園局（National Park Service）（Mission 66, 1956）と農務省森林局（U.S. Forest Service）（Operations Outdoors 1957）双方による大規模な開発事業の創設につながり，そして法律では，多様な利用のための持続的生産に関する法律（Multiple Use Sustained-Yield Act, 1960），原生自然法（Wilderness Act, 1964），原生景観河川法（Wild and Scenic Rivers Act, 1964）のような，原生地域の利用と管理に関する新たな法律の制定につながった．

　アウトドアの利用状況の変化は，ORRRCが作成した釣りと狩猟に関する統計と，のちの釣り，狩猟，野生動物に関連したレクリエーションに関する全国調査（National Surveys of Fishing, Hunting, and Wildlife-Associated Recreation）から読み取ることができる．ORRRCは，釣りに出かける機会が，1960年には年間延べ2億6000万回であったものが，2000年までに5億2000万回以上に増加すると予測した（ORRRC 1962）．そして米国魚類野生生物局（U.S. Fish and Wildlife Service）は，1991年に釣り旅行に出かけた延べ回数が4億5,400万回に達したことを報告しており，これはORRRCの予測どおりに増加していることを示唆している（U.S. Fish and Wildlife Service 1991）．狩猟についても同様に，ORRRCは年間延べ9,500万回を基準として，2000年までに年間延べ1億7,400万回に達すると予測し（ORRRC 1962），実際は1991年にはすでに予測を超える延べ2億1,400万回に達した（U.S. Fish and Wildlife Service 1991）．釣りや狩猟といった野生動物の消費的利用はうなぎのぼりであり，これに加えて，都市化の進行とともに魚類と野生動物の非消費的利用も増加した．

　このような背景の中，3つの人間事象の科学者グループが，魚類と野生動物の利用と関心の増加に関わる問題について研究を始めた．生物学者と自然主義者の

グループは，魚類と野生動物管理を管轄している政策立案者に対し，管理に関する問題提起を行った．その典型的な事例の1つがCraighead兄弟の研究である．彼らはイエローストーン国立公園のクマ管理について，クマと人間との遭遇と，その問題を起こしているいくつかの管理事例に関する調査を行った（Craighead, Sumner, and Mitchell 1995）．ユタ州立大学などの経済学者たちのグループは，特に狩猟者と釣り人にとっての野生動物の利用とその価値に関する研究を始めた（Wennergren 1964, 303；1967）．そして最後に，経済学系ではない社会科学者のグループは，魚類と野生動物の利用者と，人間と野生動物との関係性に関する研究を始めた（Hendee and Potter 1971）．初期の段階でなされたこれらの努力が，現在の魚類と野生動物の人間事象を生みだすことになったのである．

1970年代初頭，第38回北米野生動物自然資源会議（North American Wildlife and Natural Resources Conference）にて，John HendeeとClay Schoenfeldが人間事象のセッションを開き，そこで発表された19本の論文が発行された時，人間事象研究は事実上開花したといってよいだろう（Hendee and Schoenfeld 1973）．これらの論文は，家畜の放牧，レクリエーション，交通などの人間活動とエルクの行動の関係性の評価によるレクリエーションの質の定義と評価にまで議論が及んでいた．人間事象のセッションは，次の北米野生動物自然資源会議でも行われ，この分野を牽引する重要な場となった．

1970年代と1980年代初頭の間，私たちが奔走するとともに，科学者たちは魚類と野生動物の人間事象の様々なトピックについて，並々ならぬ努力を注いできた．例えば，ウィスコンシン大学のTom Heberleinと彼の学生たちは，この分野に社会学の原理と理論を積極的に導入してきた．また，コロラド大学のDoug Gilbertは，野生動物と他の自然資源との関係性についての研究を，Jack Hautaluoma and Perry Brownは大物猟の根底にある心理学的事象の研究を，アリゾナ大学のBill Shawは狩猟に反対する理由の研究を行った．そして，イェール大学のSteve Kellertは，人間と魚類・野生動物との関係性の根底にある多様な価値観を解き明かした（例えば，Gilbert 1971；Shaw 1977, 19；Kellert 1976；Hautaluoma and Brown 1978, 271）．経済学者らは引き続き，最も重要な事例研究として，非市場的資源の魚類と野生動物の特性を調査し続けた（例えば，Wennergren 1967）．

1980年代初頭，ますます多くの人々がこの分野に参入していることを知った私たちは，周辺国を含めた14名の研究者を，ミネソタバレー国立野生動物保護区のミネアポリスに参集し，この分野の発展のための行動計画について議論を交わした．その成果が，野生動物の人間事象研究グループ（Human Dimensions of Wildlife Study Group）の発足である．このグループはただちにメンバーを集め始め，年4回のニュースレターの発行をスタートし，大会とシンポジウムを創設するための準備を始めた．また，グループは，魚類と野生動物の人間事象に関する専門用語の創出に重要な役割を果しただけでなく，大学院生の中でも生まれ始めた人間事象研究グループに，その情熱と関心の拠り所を提供するうえでも重要な役割を果たした．

　その他の人間事象に関する活動も進められていたが，その多くは公園とレクリエーションおよび自然資源に関する公共政策に焦点が当てられてきた．魚類と野生動物の研究に関係している人が，これらの領域にも関わっている場合もあれば，そうでない場合もある．このようにして，自然資源科学者による人間事象の分野は発達してきた．これらの活動は，1986年に結実する．オレゴン州立大学にて，自然資源に社会科学を導入した最初の学会が開催された時である．この学会はDon FieldとPerry Brownが主催したものであったが，魚類と野生動物の人間事象を含む，幅広い多様なテーマを研究した多種多様な社会学者が参加し，今でも2年に1回北米のどこかで開催されている．また，この学会は，Mike Manfredoが，北米以外のバージョンとして1997年にベリーズにて開催した際に正式に国際化した．この学会もまた，北米以外の場所で2年に1回開催されており，世界中から多くの研究者が参加している．

　そのほかの重要な学会は，1980年代中頃に開かれた野生動物の価値を取り上げたものがある（Decker and Goff 1987）．野生動物の人間事象分野の発展に関わってきた大学や研究機関の研究者の多くは，ニューヨークで開かれたこの学会にて発表し，その成果を収録した本には，研究者たちが調査してきたアイデアがつまっている．

　その後，人間社会と資源管理のための国際協会（International Association for Society and Resource Management）とその学術雑誌「Society and Natural Resources」，そして1996年に創刊されたもう1つの学術雑誌「Human

Dimensions of Wildlife」が，野生動物の人間事象研究グループ（Human Dimensions of Wildlife Study Group）に取って代わることとなった．この発展は自然なものであったし，この分野が自然資源と環境の広域な領域を取り扱う学際的なものへと発展し，成熟してきたことを意味する．

この発展期の間，立法府による自然資源と環境に関する計画策定の動きが，個々の州での活動とあいまって，人間事象研究へのニーズに拍車をかけることとなった．多様な利用のための持続的生産に関する法律（Multiple Use Sustained-Yield Act, 1960），マッキンタイアー-ステニス林業協同調査法（McIntire-Stennis Cooperative Forestry Reaseach Act, 1962），原生自然法（Wilderness Act, 1964），土地・水保全基金法（Land and Water Conservation Fund Act, 1965），水質法（Water Quality Act, 1965），国立史跡保存法（National Historic Preservation Act, 1966），原生景観河川法（Wild and Scenic Rivers Act, 1964），国立自然歩道システム法（National Trails System Act, 1968），国家環境政策法（National Environmental Policy Act, 1969），改正大気浄化法（Clean Air Act Amendments, 1970），絶滅の危機にある種の法（Endangered Species Act, 1973），資源計画法（Resources Planning Act, 1974），国有林管理法（National Forest Management Act, 1976），国有地政策・管理法（Federal Land Policy and Management Act, 1976），そして州の環境政策や野生動物，レクリエーション，公園に関する法律全てにとって，自然資源に関する意思決定とその管理において，人間事象の調査と研究，および多くの民意を取り入れることが極めて重要となった．

特にこれらの法律制定にあたり，自然資源管理の統合や，生物物理学的な情報と社会的情報との統合手法について，私たちは疑問を投げかけ始めた．一般的な考え方では，社会調査は計画と報告を取り扱う部署に属しており，資源と管理を取り扱う部署とは切り離されているため，社会調査を組み込むことは難しいといったものであった．これまで社会科学者，生物学者，資源管理者は，計画立案と管理モデルのなかで，その協働の場を見出すことに失敗してきたのである．多くの社会情報は，計画立案に際し需要側の情報を提供する．需要側の情報を得ることは，供給側にとって不可欠な調査や管理方法を明らかにするうえで非常に重要である．しかし，私たちの多くは供給側の訓練を受け，供給側の情報をもって

いるにすぎず，そのバイアスが自然資源の計画立案と管理において，社会情報の統合を困難にしてしまった．私たちは，何とか需要側の情報を供給側の情報に統合しようと試みたが，それはうまく機能しなかった．社会的要因は，供給側の変数としてではなく，需要側と政策の変数として資源管理に作用するのである．このように，私たちはこれからの魚類・野生動物管理に統合すべきものを明らかにするだけでなく，それをいかにして統合するか，その方法についても奮闘してきたのである．別の章でも指摘していることであるが，人間事象に関する考察を提唱した研究者の成果があったとしても，それらの関連性と実現性を実証する努力はほとんどなされなかったため，一般的に社会情報は意思決定システムから失われてしまった．このことは，社会情報が何ら意味をもたないとみなされたことを意味するのではない．人々が社会情報を用いて何をすればよいか知らなかったために，そのような情報は有用ではないと解釈されたにすぎなかったのである．

　このことは，ヨコジマフクロウと北西部森林計画における開発をめぐる論争において大問題となった．1990年代，この問題がより深刻化し，当初の予想を超えてより複雑な問題であると認識された時，ほとんど誰もが，人間事象情報の必要性を訴え始め，「社会的な価値観が私たちの決定に作用するのだ」と口にし始めた．しかし，実際の行動がいつも言論に追従するわけではない．例えばFEMAT（Forest Ecosystem Management Assessment Team）には，社会科学者も参画していたが，彼らの仕事は，米国太平洋岸北西部の森林管理の問題とその潜在的な解決方法を理解するための基盤というよりは，単なる体裁づくりのように見えた．私たちはFEMATから多くを学び，いくつかの重要な疑問点も浮上し，社会分析のいくつかの新しい技術を発展させることになったが，コロンビア川流域とそのほかの巨大研究プロジェクトでも再び，社会情報の関連性を無視するという根本的な問題を繰り返した．ここでも社会科学者は重要な人間事象情報を集め，その分析と見せ方（特に空間的技術）においていくつかの技術を発達させた．しかし，彼らは終始，調査と計画を導いてきた支配的な生物学の供給側パラダイムにうまく入り込むための戦いの中にいたことは明白であった．

　現在，私たちが多くの意見を聞き入れる必要があることは，幅広く認識されている．そして，人間事象の情報は，資源を定義し，何を調査し管理すべきなのかを識別するために重要である．また人間事象情報は，自然を資源として決定し，

市民の参画方法を理解するうえで重要である．

1980年代以降噴出した多くの世論は，社会科学者と人間事象の実務者としての私たちの仕事の緊急性を高めることになった．私たちが，優れた自然資源管理モデルから，より協同的で汎用性のあるモデルに移行した結果，その仕事はさらに重要性を増した．「Nature and the Human Spirit」（Driver et al. 1999）という本では，興味深い重要な展望を伴う多くの世論について詳しく書かれている．そして人間事象は，これらの展望を網羅する科学領域である．

すでに時代は21世紀に入ったが，人間事象研究では多くの同じテーマが引き続き行われている．しかし，行政と自然資源の管理だけでなく，おそらく私たち自身を管理する多くの方法が，大きな変化を起こしている最中であり，そのことが広く認識されつつあるように見える．これらの変化，およびこれから起こるであろう変化は，魚類，野生動物，そしてその他の自然資源管理にとって，人間事象の情報を必要不可欠なものにしている．この情報は決して得がたいものではない．自然資源を配分し管理する時はいつでも，自然資源の意思決定に関心をもち，あるいはその影響を受ける全ての人にとって，誰が，何が，どこで，いつ，なぜといった情報が必要なのである．

利害関係をもつ人々や何らかの影響を受けた人々の多くの意見や，求められている決断の複雑性，またほとんどの決断に付随する長期的な結果だけでなく，何が認識され，何が好まれ，そして何が求められているのか，また何が人に影響を与えるのかといった情報を，私たちはいかにして知ることができるのであろうか．1970年代，1980年代に私たちが気づいたように，人々の意見や懸念を効果的に表現するため，計画と決断の協働に影響を与えるため，またかつての最初の決断から継続的な関わりをもち続けるために，今後も新たな技術を発展させる必要がある．

最後に，人間事象の情報の使い方を学ぼうとする人たちのため，私たち自身の時間と労力をささげる必要がある．私たちは多くを学び，少しずつではあるが，学んだものを魚類と野生動物の意思決定に浸透させることができた．しかし自然資源の変化のスピードに時間的猶予はない．今こそ私たちが学んだものを活用し，私たちがつくり上げた情報と理念の妥当性を検証する人々を助けることが，私たちの責任である．行政官と管理者の決断を吟味・支援し，人々の意見を聞き，そ

して人間事象の情報を分析する方法を学ぼうとする彼らを助け，彼らとともに仕事をすることが，私たちの職務である．

私たちの歴史からの教訓

　上述した小史は，今日に至るまで私たちをうまく導いてくれた人々の存在といくつかの重要な出来事の収斂性を示している．このような現象は，科学の出現と発展において，つねに起こり得ることである．しかし，時として科学の出現と発展が，他のものと比べて早く，より効果的な場合もある．人間事象研究が出現してからの約50年間は，特に早かったと思われる．そこで，この50年間で得られたいくつかの重要な教訓を示しておこう．

　第1に，管理者，政策立案者，科学者は，人間にとって魚類と野生動物の持続性が重要であることを認識しなければならない．そして，たとえ私たちが全ての生物学的，自然科学的知識を得たとしても，人間が魚類と野生動物を必要とし，彼らを存続させるための政策や犠牲を払わなければ，動物とその個体群，生息地の存続は不可能であることを認識しなければならない．そして，魚類と野生動物の存続と管理は人間次第であり，その意味において，管理者は人間と魚類，野生動物との関係性について理解しなければならない．管理者と政策立案者がこの事実を認識してきたからこそ，彼らは人間事象科学の発展に影響を与えてきたのである．

　第2に，課題と人材こそが，新しい科学分野の出現に不可欠である．米国では，魚類と野生動物に対する関心の高まり，あるいはその管理に関する危機が，私たちの取り組むべき課題を見出すこととなった．これらの課題に応じて，自然資源の人間事象が注目され，管理者と政策立案者がすでに用いている生物学的情報と結びつくことができた．

　第3に，忍耐が必要である．課題点が明らかになり，より複雑な科学を受け入れるだけの能力が高まってきた時，科学は進歩していく．人間事象研究は小さなグループからスタートした．しかし，この分野で研究を続けてきた中核の研究者たちは，少なからぬ成長を遂げ，その技能は向上し，展望は広がってきた．新たな課題の発生は，新たな人材と新たな展望を絶えずもたらし，そして人間事象に関する課題だけでなく，異なる生物学的な課題を考えるきっかけを与えてくれ

た.

　第 4 に，献身的な態度と思いやりを長期間持続させることが必要である．John Hendee, Tom Heberlein, Bill Shaw, Steve Kellert, Jim Applegate, Tommy Brown, Perry Brown などといったベテランの研究者たちは，何十年もの間熱意をもち続け，彼らのうち引退したのはまだごくわずかである．Dan Decker, Mike Mandredo, Jerry Vaske, Mike Patterson, Tara Teel などといった次世代の研究者らとともに，科学の一分野として構築し，社会科学の分野から多くを引き出してきたことは，私たちにとって幸運なことであった．

　第 5 に，組織化を図るためのリーダーシップと手腕が必要である．Don Field と Mike Manfredo のように，科学雑誌をつくり出すことに長けており，学会やシンポジウムの運営においてアイデアと実行力を発揮できる人材がいたことは，私たちにとって非常に幸運なことであった．他にも，管理経営能力と政治的な手腕に長けたメンバーがおり，財政面で組織とアイデアを発展させることが可能となった．

　第 6 に，コミュニケーションの手段の選択が，ネットワークの構築と情報の交換において重要である．そのための手段は数多く存在するが，私たちはニュースレターと学術誌を重視した．将来的には，ウェブサイトと電子メールによるニュースレターが代替すると考えている．

　第 7 に，この分野は，特に大学の博士課程教育の発展なしに，成長はありえなかっただろう．なぜなら，人間事象研究に携わる研究者の能力は，大学教育を通して成長するからである．コーネル大学とコロラド州立大学が発展させてきたような人間事象研究の中枢は，魚類と野生動物管理の人間事象の側面を調査し，さらなる成長を遂げるための視点をもたらす意味において，極めて高い価値をもち続けてきた．これらの大学は，州政府の魚類野生動物局の人間事象に関する部署の発展にも貢献している．大学が人間事象の専門技術，研究，能力の向上に取り組んできた結果，行政当局や NGO において，生物学的な専門性に加えて人間事象の専門性もまた必要であることを認識し始め，多くの大学のプログラムとの連携につながっている．

　第 8 に，前述した先駆者たちのような，自然資源における人間事象研究を行ってきた研究者たちは，異なった学問分野とバックグラウンドをもっていながら，

魚類と野生動物とその存続性に対する情熱を共有していることである．これらの関係性が，人間事象研究の発展を早めることにつながった．

　ある人は，私たちの経験からまた違った教訓を見出すかもしれない．しかし，これら8つの教訓は，私たちが歩んできた発展の道のりの一助となってきた．そして，これらの教訓は，私たちのここまでの成功を理解するための要因をまとめたものなのである．

未来には何があるか

　魚類と野生動物の管理と政策に影響を与える深刻な変化の1つは，都市住民の性質の問題である．このことは，人口の80%以上が都市で生活している米国だけでなく，人口の50%以上が都市で生活している他の国においても，同様に深刻な問題となっている．都市住民にとって，彼らが生活する土地とのつながりは，農村社会のそれとはしばしば異なっている．例えば，狩猟や釣りを行う人の割合は減少している一方，生態系の複雑性や，健全できれいな環境に対する人間の依存性について，多くの人が認識をもっている．魚類と野生動物の人間事象科学に従事している研究者は，都市住民が魚類と野生動物の資源をどう捉え，それらの利用と価値をどの程度認識し，その資源管理の手段として許容できるものとできないものについて明らかにする責任を負っている．

　多くの人間事象の研究者は，環境保全教育活動に参加し，教育者に対し魚類と野生動物に関するアドバイスを行い，これらの資源と人間にとっての資源の重要性を学ぶ方法について助言することが求められている．また，他の人間事象の研究者は，魚類と野生動物の資源としての重要性とその管理手法について，政策立案者に対するアドバイスを求められることもあるだろう．このように，科学と政策の連動性が高まるにつれ，その線引きはあいまいになりつつある．したがって，科学者はその科学において妥協することのないよう，また過激なロビー活動の支援者になることのないよう，用心深くなることが必要となるであろう．

　世界中で急速に進行する都市化は，魚類と野生動物の人間事象からのアプローチの重要性が高まることを示唆している．しかしそのようなアプローチは，米国の人間事象研究の歴史を見れば明らかなように，決してたやすいものではないだろう．人類学や地理学のこれまでを振り返れば，先住民の権利，貧困，政治，社

会的正当性といった社会的な問題について，熟慮したうえで調査を行ってきた．その結果，人間と野生動物の軋轢問題，エコツーリズム，密猟と商取引に関する問題，共同管理の問題，野生動物と人間の健康に関する問題などの研究につながり，文化と人間の精神の発展に対する野生動物の寄与といった研究にもつながった．これらの問題は，私たちの未来において注目すべき課題であり，人間事象の研究者にとって新たな視点，新たな理論的基盤，新たな調査を生み出すことであろう．

1960年代以降，自然資源における意思決定プロセスにおいて，多くの世論が法的に認められてきた．今後も人間事象の研究者はこれらの世論に着目していく必要がある．魚類と野生動物を含め，自然資源の管理と利用に関する意思決定は，1つの選り抜かれてきたシステムであったが，多様な民族や地域の世論を含めた，より多様な理念と関係者を意思決定の場に組み込む，はるかに多元的で民主的なシステムが創出されてきた（Brown 1995）．このことは，多様な利害関係者の積極的な参画を得るための手法を発展させるため，ほんのわずかな民意を取り込んできただけの過去からの変革を，人間事象の研究者や実行者に求めているのである．

これらの世論，特に地域的な世論は，地域社会と協働に関する問題において重要性が高まっている．魚類と野生動物は，地域の人々が見守り，大切にしてきた極めて地域性の高い資源である．私たちは，特に地域レベルにおいてより多くの参加に基づく民主主義に移行してきたため，人間事象の研究者は，地域住民の参加を効果的に高める手法や，極めて地域性の強い問題に対し，地域全体，全国，時として国際的な参画手法を発展させることが求められてきた．また，彼らは発展を続けている様々な協働スキームを評価し，それが効果的か否かを判断することを求められてきた．魚類と野生動物，そして公有地の管理のための適正な計画の考究において，人間事象研究は無限である．

全ての生命にまつわる出来事の展開に，私たちはしばしば驚かされることがあるが，注意深く見ていれば，その機会を捉えることができる．地球温暖化は，私たちが未だかつて経験したことのない，国家，社会，自然資源管理への挑戦である．そして魚類と野生動物もまた，このことから逃れられない．人間事象研究者が調査し理解すべきものは多大である．例えば，野生動物やその生息地を保護する公

園や保護区は，町や都市，多様な利用がなされる森林や草地，河川の源流，局地的な流域，その他様々な空間を含む，より広大な景観の真ん中に浮かぶ，いわば島のようなものである．これらの保護区でも，周囲の土地と同様に，動植物の構成と水資源の状況の変化が起こるであろう．これらの変化が発生する一方で，人間は，野火，外来種，微生物や病原体の攻撃，都市化といった問題を引き起こし続けるだろう．人間は，自然と関わっていきたいと考えている一方で，これらの特別な場所や人間を支える動物に起きている現象を目の当たりにした時，非常に困惑するであろう．人間事象の研究者は，観察ができない長期的なスケールで起きている気候変動に対する環境の適応の仕組みを解明する，まさにその渦中にいる．彼らは，これらの変化に対する適切かつ実現可能な対策を明らかにし，展開すべき多くの政策の提示に関わっていくことであろう．

　水とエネルギー開発は，魚類と野生動物の存続に対する特別な挑戦を意味するであろう．政府は，水とエネルギーの利用に関する政策の変更に直面するとともに，資源管理においても変更を余儀なくされると考えられる．水とエネルギーの開発者は，人口増加と気候変動によって激減するであろう資源を採取するために，ますます多くの土地を消費しなければならないだろう．そのような現象は，ワイオミング州の北東部とモンタナ州の南東部に広がる炭層メタンガスの開発に現在も見ることができる．これらの地域はキジオライチョウ（*Centrocercus urophasianus*）の大生息地であり，この開発行為が深刻な影響を与えている．発生している現象を理解し，人間と政府がその変化に対しどう対応すべきかを理解することは，人間事象研究者にとって主要な仕事となるだろう．また，開発行為による負の影響の軽減手法を導くこともまた，重要な仕事である．

　最後に，魚類と野生動物と生息地周辺地域の関係性について，関心が高まっている．都市化が進行し，都市の辺縁部がますます野生動物の生息地を侵食するにつれて，周辺地域の問題はより大きくなっていく．シカによる庭の花木の食害や，マウンテンライオンによるイエネコや飼い犬の捕食，時として起こる人身事故が問題となる．しかし，これらの問題は都市の中心部で起こるわけではない．農村部で発生するのである．イエローストーン国立公園から分散するバイソンの問題とそれに対し私たちがすべきことは，都市地域における野生動物のペストとしての側面をどうすべきかという人間事象の問題である．人間事象研究者が議論すべ

きこれらの問題には，無数の政策と管理方策が存在する．魚類と野生動物について考える場合，その生息地周辺地域に配慮するとともに，食糧と食糧以外の生命の維持に不可欠なものを考慮する一方で，ツーリズムによる経済的可能性について考慮する人もいる．さらに，魚類と野生動物が雇用や娯楽につながるものとして考慮されるべきと考える人もいる．たとえ 1 つの考え方を採用しようが，あるいは全てを包含しようが，魚類と野生動物の恩恵に対する周辺地域の関与の仕方については，人間事象の専門化がさらに多くの時間をかけて取り組むべき重要な問題である．

魚類と野生動物の人間事象への探求

この小史と魚類と野生動物の人間事象の未来についての予測は，この分野の序論にあたる．この後の章では，人間事象科学の多くの側面について，多くの最も著名な人間事象の科学者が論じている．価値観と人口動態の問題，野生動物管理の文化，地域社会との協働，法的制度的要因，野生動物との軋轢と疾病，野生動物観察，私有化，商取引の管理，その他のいくつかのトピックに取り組んでいる事例などである．魚類と野生動物の人間事象は今急速に発展している分野であり，これからさらに発展していく分野である．都市化と世界中の人口増加の問題，参画型の民主主義への移行，より広範な民意に対する公権の付与，加速する気候変動，エネルギー開発に対する需要，そして社会が直面している多くのその他の問題とともに，魚類と野生動物の人間事象にとって限りない未来が広がっているだろう．

引用文献

Brown, P. J. 1995. Forestry yesterday and tomorrow: Institutional assumptions and responses. XIX William P. Thompson Memorial Lecture. Flagstaff: Northern Arizona University.

Craighead, J. J., J. S. Sumner, and J. A. Mitchell. 1995. *The Grizzly bears of Yellowstone: Their ecology in the Yellowstone ecosystem, 1959 − 1992*. Washington, DC: Island Press.

Decker, D. J., and G. R. Goff, eds. 1987. *Valuing wildlife: Economic and social perspectives*. Boulder, CO: Westview Press.

Driver, B. L., D. Dustin, T. Baltic, G. Elsner, and G. Peterson, eds. 1999. *Nature and the human spirit*. State College, PA: Venture Publishing.

Gilbert, D. L. 1971. *Natural resources and public relations.* Bethesda, MD: Wildlife Society.

Hautaluoma, J. E., and P. J. Brown. 1978. Attitudes of the deer hunting experience — a cluster analytic study. *Journal of Leisure Research* 10:271 — 87.

Hendee, J. C., and R. R. Potter. 1971. Human behavior and wildlife management: needed research. In Transactions of the 36th North American Wildlife and Natural Resources Conference, 383 — 96. Washington, DC: Wildlife Management Institute.

Hendee, J. C., and C. Schoenfeld, eds. 1973. *Human dimensions in wildlife programs.* Washington, DC: Wildlife Management Institute.

Kellert, S. R. 1976. *Perceptions of animals in American society.* New Haven, CT: Behavioral Sciences Study Center, Yale University.

Outdoor Recreation Resources Review Commission (ORRRC). 1962. *Outdoor recreation for America.* Washington, DC: U.S. Government Printing Office.

Shaw, W. 1977. A survey of hunting opponents. *Wildlife Society Bulletin* 5:19 — 24.

U.S. Fish and Wildlife Service. 1991. *National survey of fishing, hunting, and wildlife-associated recreation.* Washington, DC: U.S. Department of the Interior.

Wennergren, E. B. 1964. Valuing non-market priced recreational resources. *Land Economics* 40:303 — 14.

———. 1967. *Demand estimates and resource values for resident deerhunting in Utah.* Logan: Utah State University Agricultural Experiment Station Bulletin 469. The publisher is the Ag Exp. Station at USU; this pub is #469 in their series.

第1部

魚類と野生動物の保全に変化をもたらす社会的要因

訳：上田剛平

　人類と野生動物の共存の未来は，日々，問題が起こるたびに私たちが下す決断とともに明らかになりつつある．人口は世界中で増加を続け，そのニーズと野心と，自然環境の保全との両立が不可欠となっている．本書「野生動物と社会－人間事象からの科学－」は，人間と野生動物の健全かつ持続的共存に向けた奮闘とともに生じる，数々の問題を取り扱うことを目指している．本書は，現在起きている問題を検討することによって，地球規模での魚類と野生動物の人間事象研究（HD）の関連性に着目している．そして，その手段，方法論，人間事象の実践とそれを取り入れるために共有すべき理念を紹介するとともに，魚類と野生動物の人間事象の分野における理論的かつ歴史的な背景を紹介する．本書の各章は，今最前線で活躍する研究者たちによって書かれている．各章では，魚類と野生動物の人間事象における主要なテーマに関する進展が詳細に論じられており，この学際的研究領域の多面性が表現されている．

　第1章では，魚類と野生動物の管理と研究における人間事象の概論を論じた．ここには，過去50年以上に亘るこの分野の発展過程のレビューが含まれている．また，この歴史から学ぶ教訓だけでなく，例えば都市に住む人間の社会の性質，意思決定に向けたアプローチの変化，地域社会と協働，気候変動，水資源とエネルギー開発など，現在起こっている問題の把握と議論から得られる教訓も論じられている．

　第1部では，魚類と野生動物の保全に変化をもたらす，いくつかの主要な社

会的要因について検討してみたい．社会的要因とは，他の人間や動物に対する関心や意思，あるいは要求を考慮に入れた一般的な人生観，考え方の方向性，あるいは行動に関する1つのシステムのことを指す．人間同士，あるいは人間と動物との相互作用は，互いに独立した関係性をもっている．魚類と野生動物管理はそのような関係性を定義し，人間と動物との軋轢を最小限にするために，社会がつくり上げた公的システムの1つである．したがって，公的システムである以上，全ての利益のために管理に対するニーズを満たすよう努力しなければならない．常に変化を続ける社会的要因が，魚類と野生動物管理に対するニーズを定義付けているのである．野生動物管理における一般社会の参画の増大や，野生動物に対する価値観の移行，その他の変化は，野生動物管理に多大な影響力をもっている．

第2章では，米国における魚類と野生動物管理に影響を与えている社会的，人口学的な変化について述べたい．魚類と野生動物資源の長期的な安定は，広範囲の利害関係者に依存している．社会の多様性を理解しつつ，国の社会的，人口学的構造の変化を理解することは，計画，管理，政策の発展において極めて重要である．これらは米国では極めて重要な問題となっているが，21世紀の魚類と野生動物管理に対するニーズに組織が答えるにつれ，世界中で米国と同様の挑戦をつくり出すことになるだろう．

第3章では，人間と野生動物の関係性や野生動物の保全に影響を与える人間の思想や社会的組織の動向について述べたい．野生動物に対する価値観の変化は，個人レベルの野生動物に対する意識や行動に影響を与えている．社会レベルにおいて，この変化は，近代化の状況とそれが日常生活にもたらす影響に関係性が見られる．第3章では，近代化の"勢い"と広範囲の社会レベルにおける思想の動向とに結びつく潜在的な原因の検証も行っている．近代化の"勢い"は，異なる文化的，宗教的制限のなかで，社会レベルにおける思想の動向に影響を与えている．その動向は，米国における野生動物管理当局の未来が変化することを示唆している．国際レベルでは，これらの変化が，人間と野生動物との軋轢に関する問題の異なる将来展望をもたらしている．

第4章では，発展途上国の魚類と野生動物管理の成功にとって必要なインフラ整備における保全型NGOの役割について論考したい．地域の資源（例えば野生動物）を管理する地元住民の権利を保障するため，野生動物保全協会（Wildlife

Conservation Society）のような組織は，地域の民主的な管理方法の向上にその労力を集中させている．本章では，自然資源管理の成功と参画型民主主義の関係について論じる．

地球の気候変動への対応には，地球環境保全のためのより強力なパートナーシップを構築するための政府と民間部門の協働が不可欠である．第5章では，野生動物とその管理における地球の気候変動の影響を検証する．気候変動は，人類にとっての挑戦であり，人類がこれまで直面してきたあらゆる環境問題を超越する，全ての生物にとっての脅威である．気候変動問題について意義ある議論をするために，人間事象の研究者たちには，経済や文化的な境界を越えた協働が求められている．

第1部では，魚類と野生動物管理がどのように変化し，なぜ変化しているのか，また社会によって変化させられているのかといった点を理解することを目的としている．第2章～第5章は，社会科学の実践の管理政策と実行への統合，および最新の魚類と野生動物管理に対するこれらの実践から得られた示唆についての検証を行っている．本書は，適切な社会科学の手法の統合によって，地域，国家，そして国際レベルでの魚類と野生動物の管理活動の改善方法を提示する，まさにプラットフォームとなるだろう．

第2章
魚類と野生動物管理に影響を与える社会的，人口学的動向

Michael A. Schuett, David Scott, and Joseph O'Leary

訳：上田剛平

　米国では，アウトドアレクリエーション活動とその資源が，ライフスタイルを構成する重要な要素となっている．アウトドアレクリエーションは，その参加によって，数え切れない恩恵が得られると同時に，私たちが1人の人間であることを感じさせてくれるものである（Manning 1999）．同様に，米国の国立公園，国有林，野生動物保護区は，国民の文化・自然遺産を保護し，私たちが米国人であることを感じさせてくれる（Nash 2001）．しかしながら，公園や自然・文化的資源の長期的な安定は私たち次第である．1960年代以降，釣りや狩猟のような伝統的なアウトドアレクリエーション活動の人気は急激に落ち込み，米国人の自然環境の利用とそれに対する考え方が変化していることを示している．

　本章では，過去，現在，未来の釣り，狩猟，野生動物に関係したレクリエーションへの参加率を概観し，いくつかの社会人口学的変数を検証することから始めたい．また，本章は，これらの活動に対する現在と未来の参加に影響を与えると考えられる3つの主要因について議論する．(1)米国における人口の増加と都市化，(2)米国における人種と民族構成の変化，(3)参加の制約，である．結論では，これらの要因が魚類と野生動物管理に与える影響を議論し，将来の研究への示唆を提示したい．

テキサスA&M大学の社会経済学研究・教育センターの技術協力に謝意を申し上げます．

狩猟，釣り，野生動物に関連した活動への参加状況

　1960年代以降，地方，州，そして米国政府は，国民のアウトドアレクリエーション活動への参加状況と自然資源の利用について，現在と未来の需要に関するより多くの情報を得るために調査を続けてきた．資源管理者にとって，ビジターの関心と要望と，次世代のための文化・自然資源の保護とのバランスを取ることが重要である（Manning 1999）．重要なデータソースの1つは，釣り，狩猟，野生動物に関連したレクリエーションに関する全国調査（National Survey of Fishing, Hunting, and Wildlife-Associated Recreation）である．1955年以降ほぼ5年ごとに，野生動物に関連した活動への参加状況を把握するため，米国魚類野生生物局（U.S. Fish and Wildlife Service）が，国民に対する詳細な調査を実施してきた．私たちは，1980年，1985年，1991年，1996年，2001年，2006年に行われた調査から，釣り（表2-1），狩猟（表2-2），自宅から離れた場所での野生動物観察（表2-3）への参加状況データを集めてみた．そして，性別，年齢，人種，居住地の人口による参加率の変化を分析した．これらのデータは，釣り，狩猟，野生動物観察に対する国民の関わりが，今の世代においてどう変化してきたかを知るために有用である．

　これらのデータによれば，野生動物に関連した活動への参加が激減していることが明らかとなった．1980年では，約4分の1の米国人が，少なくとも年に1回は釣りに出かけると回答していた．しかし，2006年では，それはたった13%にまで減少していた．同様の傾向は，狩猟において顕著である．1980年では，10%の米国人が狩猟を行っていたが，2006年には5%にまで減少していた．自宅から離れた場所での野生動物観察への参加は，1980年では17%であったが2006年には10%にまで減少した．これらのデータが明確に示しているのは，米国人の間で野生動物に関連した活動への参加が減少し続けているということである．

　また，この調査は，米国人のなかでも特に若年層や大都市住民において，減少が顕著であることも示している．2006年における釣り，狩猟，自宅から離れた場所での野生動物観察への参加率は，1985年時点の約半分であるが，若年層の米国人の釣りと野生動物観察における参加率の減少は，特に著しい．表2-1を見

表 2-1　1980 年〜 2006 年における米国の釣り参加率の変化

	1980 %	1985 %	1991 %	1996 %	2001 %	2006 %
計	25	26	19	17	16	13
性別						
男性	36	37	28	27	25	20
女性	15	16	10	9	8	6
年齢						
16 歳と 17 歳	29	31	23	20	17	13
18 〜 24 歳	26	27	20	16	13	10
25 〜 34 歳	31	32	23	21	19	13
35 〜 44 歳	29	31	22	22	21	17
45 〜 54 歳	24	24	18	20	17	15
55 〜 64 歳	20	21	16	15	16	14
65 歳以上	12	13	9	9	8	7
人種						
白人	26	27	20	19	18	15
黒人	14	13	10	10	7	6
その他	17	18	11	11	8	7
居住地の人口						
大都市（100 万人以上）	—	20	14	14	12	10
中規模都市（24.5 万〜 100 万人未満）	—	25	19	18	17	13
小規模都市（5 万〜 25 万人未満）	—	27	22	21	22	19
都市域以外	—	33	25	25	24	21

出典：釣り，狩猟，野生動物に関連したレクリエーションに関する全国調査．

ると，1980 年時点で 18 〜 24 歳だった米国人の約 4 分の 1 が，釣りに行ったと回答していたが，2006 年ではたった 10% にまで減少した．表 2-3 を見ると，同じ年齢グループの野生動物観察への参加率の減少は，さらに深刻であることが分かる（21% から 5% へ減少）．しかし，2001 〜 2006 年の間，25 歳以上の年

表 2-2　1980 年～ 2006 年における米国の狩猟参加率の変化

	1980 %	1985 %	1991 %	1996 %	2001 %	2006 %
計	10	9	7	7	6	5
性別						
男性	20	18	14	13	12	10
女性	2	2	1	1	1	1
年齢						
16 歳と 17 歳	15	14	10	9	8	6
18 ～ 24 歳	14	11	9	7	6	4
25 ～ 34 歳	13	12	9	8	7	5
35 ～ 44 歳	9	11	9	9	8	7
45 ～ 54 歳	7	9	8	8	7	6
55 ～ 64 歳	3	7	6	6	6	6
65 歳以上	3	3	3	3	3	3
人種						
白人	11	10	8	8	7	6
黒人	3	2	2	2	1	1
その他	4	3	2	3	2	2
居住地の人口						
大都市 　（100 万人以上）	―	5	4	3	3	4
中規模都市 　（24.5 万～ 100 万人未満）	―	8	6	7	6	3
小規模都市 　（5 万～ 25 万人未満）	―	10	9	9	10	5
都市域以外	―	16	15	15	13	9

出典：釣り，狩猟，野生動物に関連したレクリエーションに関する全国調査．

齢グループでは野生動物観察の参加率は顕著に増加しており，それは特に 25 ～ 54 歳のグループにおいて顕著であった．この増加傾向は，25 歳以上の関心の対象が変化していることを示している．

　表 2-1 ～表 2-3 を見ると，釣り，狩猟，野生動物観察への参加は，大都市の住

表 2-3 1980 年～ 2006 年における米国の自宅から離れた場所での野生動物観察への参加率の変化

	1980 %	1985 %	1991 %	1996 %	2001 %	2006 %
計	17	16	16	12	10	10
性別						
男性	19	17	18	12	11	11
女性	16	16	14	11	9	9
年齢						
16 歳と 17 歳	16	17	14	9	9	3
18 ～ 24 歳	21	17	14	8	6	5
25 ～ 34 歳	25	23	21	13	11	13
35 ～ 44 歳	18	21	20	16	13	26
45 ～ 54 歳	15	13	16	15	12	23
55 ～ 64 歳	11	11	12	11	11	19
65 歳以上						
人種						
白人	19	18	18	13	11	11
黒人	5	4	4	2	2	3
その他	11	7	9	7	5	5
居住地の人口						
大都市 　（100 万人以上）	－	15	13	11	9	9
中規模都市 　（24.5 万～ 100 万人未満）	－	17	16	12	10	10
小規模都市 　（5 万～ 25 万人未満）	－	16	18	13	13	12
都市域以外	－	18	19	14	13	13

出典：釣り，狩猟，野生動物に関連したレクリエーションに関する全国調査．

民において最も低いことが分かる．さらに，大都市の住民の参加率は，他と比べてその減少速度が著しい．このことは，釣りにおいて特に顕著である（表 2-1）．1985 年では大都市の住民の 20% が釣りに出かけていたが，2006 年にはたった 10% にまで落ち込んだ．小規模都市や農村部の住民の釣り，狩猟，野生動物観

察への参加は，いずれの年においても最も高かった．

　一般的に，2050年における狩猟，釣り，野生動物観察は，ほとんどの年齢グループといくつかの地方で減少すると予測されている（Bowker, English, and Cordell 1999）．人口に対する参加率で見れば，狩猟への参加は11%減少し，より顕著な減少(35%)が米国の太平洋側と南部の地域で起こると考えられる．しかし，ロッキー山脈地方（20%増加）や白人以外の人種では，増加が見込まれる．釣りについては，全国で36%の参加率の上昇が期待され，ロッキー山脈地方では最も高い増加（57%）が見込まれる．最後に，野生動物観察活動については，61%の参加率増加が見込まれ，それは南部において顕著であることが期待される．

狩猟，釣り，野生動物に関連した活動への参加に影響を与える要因

　魚類と野生動物に関する活動への参加状況の変化には，多様な要因が作用しており，その変化は魚類と野生動物の利用と管理の未来に影響を与えると考えられる．本節では，狩猟，釣り，野生動物に関連したレクリエーションへの参加状況の変化をもたらすいくつかの要因について議論したい．

米国における人口増加と都市化

　魚類と野生動物に関するレクリエーション活動への参加や，その管理に影響を与える主要因の1つは人口の変化である．米国の人口は，現在3億人以上となっており，2030年には3億6,300万人にまで増加すると予測されている．しかし，この人口増加は国内均一に起こるわけではない．南部と西部については著しい増加が見込まれるが，北東部と中西部についてはそれほど大きな増加は起こらないと考えられている（図2-1）．

　利権に関する競合は，経済成長の持続性と生息地保全の維持への挑戦であるので，人間の利用と土地の管理のバランスは，今後より多くの論議を生むこととなるだろう．米国の西部と南部における人口増加と宅地開発は，例えばエネルギー開発，鉱業，林業といった他の土地利用者との競合が不可避である．土地開発は1992年から1997年の間に34%も増加し，25年後には2倍になると考えられている（Alig, Kline, and Lichtenstein 2004）．止むことのない都市化，生息地の消失，土地利用の変化は，米国の自然景観を改変し，レクリエーションの場に影響を与え（Alig, Butler, and Swenson 2000；Alig et al. 2004；Kline 2006），人々

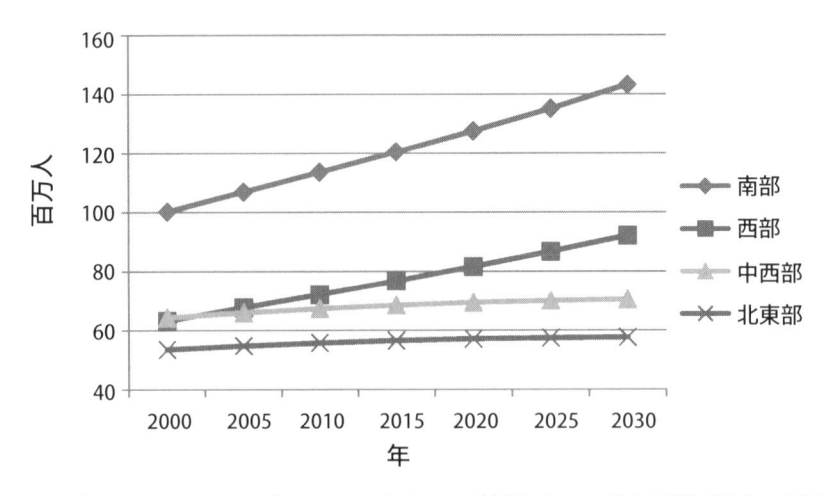

図2-1 米国における2000年〜2030年までの地域別人口の将来予測（出典：米国国勢調査局2007）

が参加するアウトドアレクリエーション活動の種類にも影響を与えている．

　都市開発が農村部で行われ，未開地と都市の中間に位置するエリア（wildland-urban interface；WUI）に居住する人が増加しているとの報告がある（Dwyer and Childs 2004）．この手の開発は，公園や森林だけでなく，草原地帯や農地にまで悪影響を与え，狩猟，釣り，野生動物に関連したレクリエーションのための場所を奪う結果となる．この問題は，私有地でレクリエーションを楽しむ人にとって特に深刻である．かつての放飼猟区のような私有のレクリエーションエリアはなくなり，レクリエーションのために残された場所は，限定的もしくは混雑する結果となる．都市化は財産権の侵害における問題も抱えている（Johnson 2001）．

　都市化がもたらす影響により，地域主導型の管理を発展させ，軋轢を最低限に抑えるためには，より多くの利害関係者との協働が有益で必要不可欠であることに管理者は気づいている（Raik et al. 2005）．利害関係者（例えば環境保護団体，レクリエーション利用者，事業体，NGOなど）は，一般社会の参画の高まりや，例えば諮問委員会への参画といった手続上の選択肢を通して，自然保護

区の存続に携わっている（Lafon et al. 2004；Weber 2003）．新規入居者だけでなく季節限定の住民も，野生動物の管理と保護に関する問題に関わり始めている（Clendenning, Field, and Kapp 2005）．しかし，"文化的衝突"は，特に米国西部の開発地域において，その推進とともに古くからの居住者との間に発生する可能性がある（Smith and Krannich 2000）．もし，居住者が狩猟のような消費的レクリエーションのために管理された公有地をあまり望まず，野生動物観察のような非消費的レクリエーションの方を望んだ場合，ある地域では繰り返し軋轢が生じるかもしれない．その結果，管理者は，組織としての任務を貫く一方で，レクリエーション利用者グループ，特定非営利法人，地域住民を含めた多様な利害関係者との協働への試みが，急速に増加していくことになるだろう．米国の農村部の開発が進行し，生活の質の向上が求められ続けるにつれて，農村部やその周辺地域の住民や，アメニティーが豊富な地域や公有地の住民は，オープンスペースの保護，資源管理，レクリエーション利用のバランスに関わり続けることになるだろう（Weber 2003）．

米国における人種と民族構成の変化

過去数十年以来，米国では人種と民族の多様性が高まっている．2005年では，米国の人口の約30％を，非白人以外あるいはヒスパニック系の人が占めている（U.S. Bureau of the Census 2007）．ヒスパニックとアジア系の人々は，米国で最も増加が著しく，人口増加の大部分を占めている．1990年～2000年にかけて，ヒスパニック系米国人とアジア系米国人は，ともに約50％増加したのに対し，白人は10％，アフリカ系米国人は17％にとどまっている．次世代では，ヒスパニック系米国人とアジア系米国人は，劇的に増加することが予測されている．例えば，2000年のヒスパニック系米国人の人口は，全国で3,560万人であったが，2030年には7300万人にまで増加することが予測されている（図2-2）．2007年では，303の郡，つまり10郡に1郡の割合で（全国で3,141郡），すでに少数派の人種の人口が50％を超えていた．

参加の制限要因

2001年の調査データを用いて分析したLeonard（2007）は，狩猟と釣りをやめた要因として，時間に関する制限要因が圧倒的に重要であることを報告している．釣りをやめた米国人の47％が，十分な時間が取れないことを理由にあげて

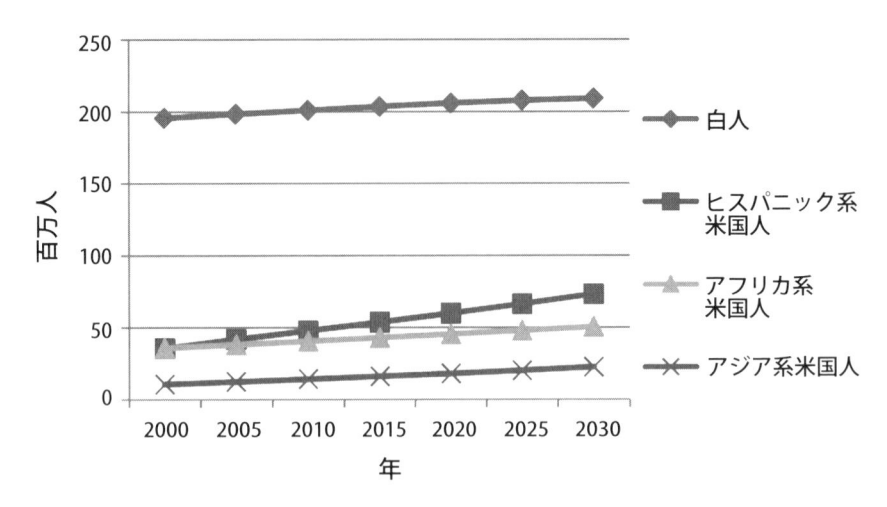

図 2-2　米国における 2000 年～ 2030 年までの人種別人口の将来予測（出典：米国国勢調査局 2007）

おり，狩猟をやめた米国人の 43% が同じ理由をあげていた．Leonard によると，時間に関する制限要因は，非白人，高収入高学歴の人，大都市に居住している人，25 ～ 44 歳までの年齢層の人に最も深刻であることを報告している．

　参加の制限要因は時間に関するもの以外にも多様で，コスト，仕事，アクセスの悪さ，健康状態の悪化などが含まれている．米国中で国民性が変化している中，少数派の人種にとっての参加制限要因と優先性を理解することは重要である．現在のところ，狩猟，釣り，その他の広範囲のアウトドアレクリエーションに参加する有色人種の割合は，白人よりもはるかに低い（表 2-1 ～表 2-3）．また，有色人種は白人に比べ，州立公園や国立公園，国有林を訪れる人も少なく，文化的価値観，経済的要因，人種差別がその要因と考えられている（Allison 2000；Floyd 1999）．研究結果の要約を以下に記す．

・少数人種の多くは，いくつかのアウトドアレクリエーション活動を文化的に"不適切"と考えており，つまりこれらの活動への不参加は部分的には興味の欠如によるものである．
・少数人種の人たちは，白人に比べて教育水準や収入レベルが低いという状

況がよく見られる．彼らの野生動物に関連したアウトドアレクリエーション活動への参加率の低さは，旅行費用やレクリエーション用具の購入に充てるお金がないことにも関係がある．

- 公の場での偏見と差別は，少数人種の多くが経験する一般的な出来事である．こうした嫌がらせへの予感は，彼らが自宅から遠く離れた自然公園やアウトドアレクリエーションを利用しない要因になっている可能性がある．
- 参加への制限は，公園やレクリエーション当局の従業員の慢性的な人員不足によって，さらに悪化している．公園管理者，プランナー，レンジャーは，少数人種の来場者に対し適切に対応できる技能に欠けていることもあり，その結果，少数人種の人々がこれらの場所に行かなくなっている可能性もある．

米国における自然資源の長期的な安寧は，アクセスが可能で，幅広い内容を含んだレクリエーションの場と保護区をつくることに依存している．この問題は，米国の人口に占める少数人種の割合が高まり，彼らが公園，森林，水域について経験的に学び正しく認識するにつれて，今後急速に深刻化するだろう．

示唆と今後の研究

　本章では，米国人の人生の基本構造の一部となっている，アウトドアレクリエーション活動の変化やその影響について整理した．狩猟，釣り，野生動物に関連したレクリエーションへの参加率は，今の世代以降減少し続けている．参加の将来予測は厳しいものがあるが，その増加は，南部と西部の開発地域において，また非白人人口において期待されている．参加の減少に影響を与えている要因は，人口増加と都市化，人種と民族構成の変化，参加制限が考えられる．魚類と野生動物の利用と管理に実際に従事している人にとって，活動への参加の有無は，資源の配分場所，エリアの管理方法，入場のあった場所の種類，そして未来の世代がこれらを利用し，その価値を正しく認識できるかどうかによって，必然的に決まる．利用者に関する将来展望から言えば，これらのアウトドアレクリエーション活動に参加を続ける人は，活動場所の減少や混雑，自由に活動できる時間が少なくなっていることに気づくかもしれない．狩猟，釣り，野生動物に関連したレク

リエーションの場の管理者は，より利用しやすく，また多様な来場者にとって快適に楽しめるようなレクリエーションをつくっていく必要がある．また，自然資源管理の意思決定により深く関わりたいと考えている利害関係者との協働を図っていく必要がある．

アウトドアレクリエーション活動の参加に関する今後の研究には，これらの活動に参加している人に関するデータだけでなく，活動をやめた人と再び参加する可能性のある人について，より詳細なデータを取っていく必要があるだろう（Fedler and Ditton 2001）．人口の移動に伴い，人間は都市，農村両方の新しい土地に移動していくので，アウトドア活動により多くの関心をもつようになる可能性がある．同時に，地域社会が満員状態になり，アウトドアレクリエーションの利用者が他のレクリエーション活動に乗り換えた時，人々はアウトドアレクリエーションへの関心を失うことになる可能性もある（Ditton and Sutton 2004）．都市部と農村部における経年的な参加パターンの変化について，さらなる調査が必要となるであろう．

釣り人，狩猟者，野生動物観察者についての研究は，人口の多様性とこれらのレクリエーションエリアにおける利用と管理の潜在的変化に対する，機関の対応方法の検証に焦点を当てるべきである．非白人の人口は増加すると考えられているため，彼らの野生動物に対する理解，彼らの人生における野生動物の位置付けについて，より深く理解することが重要である．また，釣り，狩猟，野生動物観察への関心と参加を促進，あるいは妨げる機関の政策とプログラムを明らかにすることもまた重要である．

レクリエーション活動の場については，土地利用の変化，分断，開発が，居住者，利用者，管理者にとって，今後も主要な問題となるであろう．これらの要因は，生息地に対する開発行為の累積的影響という観点から，さらなる研究の必要性が提起されている（Theobald, Miller, and Hobbs 1997）．そのような研究では，未開地と都市の中間に位置するエリア（WUI）における，レクリエーション利用と公有地に対するその影響のモニタリングが必要とされている（Schuett et al., 2007）．資源管理者は，生活圏の近くにある公有・私有両方の保護区について，新規居住者と従来からの居住者に対し教育する必要があるだろう．この問題は，米国政府と州政府からの予算が限られており，人員も少ない管理者にとって，1

つの大きな挑戦である．しかし，うまくいけば，このような環境教育は，住民に対しより多くの情報を提供することにつながり，そして土地に対する倫理観を次世代へと引き継ぐことにつながるだろう．結論として，今の大人や子供にとって最も重要なことは，自然資源の利用と配慮の重要性をより広く認識してもらわなければならないということである．次の 1,000 年間に亘り，魚類と野生動物を利用し，その生息地保全を心から望むのであれば，利用者，資源管理者，政策立案者，科学者，そして地域住民が，人間の需要と生態学的持続性の両立のために協働していくことが必要なのである．

引用文献

Alig, R. J., B. J. Butler, and J. J. Swenson. 2000. Fragmentation and national trends in private forest lands: Preliminary findings from the 2000 renewable resources planning assessment. In *Proceedings from the Fragmentation 2000 Conference*, 34 − 45. Annapolis, MD.

Alig, R. J., J. D. Kline, and M. Lichtenstein. 2004. Urbanization on the US landscape: Looking ahead in the 21st century. *Landscape and Urban Planning* 69:219 − 34.

Allison, M. T. 2000. Leisure, diversity and social justice. *Journal of Leisure Research* 32:2 − 6.

Bowker, J. M., D. B. K English, and H. K. Cordell. 1999. Projections of outdoor recreation participation to 2050. In *Outdoor Recreation in American Life*, ed. H. K. Cordell, 323 − 50. Champaign, IL: Sagamore Publishing, 1999.

Clendenning, G., D. R. Field, and K. J. Kapp. 2005. A comparison of seasonal homeowners and permanent residents on their attitudes toward wildlife management on public lands. *Human Dimensions of Wildlife* 10:3 − 17.

Ditton, R. B., and S. G. Sutton. 2004. Substitutability in recreational fishing. *Human Dimensions of Wildlife* 9:87 − 102.

Dwyer, J. F., and G. M. Childs. 2004. Movement of people across the landscape: A blurring of distinctions between areas, interests, and issues affecting natural resource management. *Landscape and Urban Planning* 69:153 − 64.

Fedler, A. J., and R. B. Ditton. 2001. Dropping out and dropping in: A study of factors for changing recreational fishing participation. *North American Journal of Fisheries Management* 21:283 − 92.

Floyd, M. F. 1999. Race, ethnicity and use of the national park system. *Social Science Research Review* 1:1 − 23.

Johnson, M. P. 2001. Environmental impacts of urban sprawl: A survey of the literature and proposed research agenda. *Environment and Planning*, 33:717 − 35.

Kline, J. D. 2006. Public demand for preserving local open space. *Society and Natural Resources* 27:645 − 59.

Lafon, N. W., S. L. McMullin, D. E. Steffen, and R. S. Schulman. 2004. Improving stakeholder knowledge and agency image through collaborative planning. *Wildlife Society Bulletin* 32:220 − 31.

Leonard, J. 2007. Fishing and hunting recruitment and retention in the U.S. from 1990 to 2005. *Addendum to the 2001 National Survey of Fishing, Hunting, and Wildlife-Associated Recreation.* Arlington, VA: U.S. Fish and Wildlife Service.

Manning, R. E. 1999. *Studies in outdoor recreation: Search and research for satisfaction.* Corvallis: Oregon State University Press.

Nash, R. 2001. *Wilderness and the American mind*, 4th ed. New Haven, CT: Yale University Press.

Raik, D. A., B. T. Lauber, D. J. Decker, and T. L. Brown. 2005. Managing community controversy in suburban wildlife management: Adopting practices that address value differences. *Human Dimensions of Wildlife* 10:109 − 22.

Schuett, M. A., J. Lu, D. Fannin, and G. Bowser. 2007. The wildland urban interface and the National Forests of East Texas. *Journal of Park and Recreation Administration 25:6 − 24.*

Smith, M. D., and R. S. Krannich. 2000. Culture clash revisited: Newcomer and longer-term residents' attitudes toward land use, development, and environmental issues in rural communities in the Rocky Mountain West. *Rural Sociology* 65:396 − 421.

Theobald, D. M., J. R. Miller, and T. N. Hobbs. 1997. Estimating the cumulative effects of development on wildlife habitat. *Landscape and Urban Planning* 39:25 − 36.

U.S. Bureau of the Census. 2007. State and county quick facts. http://quickfacts.census.gov/qfd/states/00000.html.

Weber, E. P. 2003. *Bringing society back in grassroots ecosystem management, accountability, and sustainable communities.* Cambridge, MA: MIT Press.

第3章
野生動物に対する世界的価値の理解

Michael J. Manfredo, Tara L. Teel, and Harry Zinn

訳：石﨑明日香

　それぞれの文化において，野生動物との関係は人間側の必要最低限なニーズ（衣食住など）に反映されて築き上げられたものであり，そのニーズがどのように満たされてきたかは文化によって異なる．それらの違いや類似点は，人間と野生動物の関係を国際的に比較研究することで明らかになり，グローバル化していくなかで野生動物管理に携わる人々に重要な情報を提供することができる．本章では，野生動物に対する価値観を通して表現される人間と野生動物の関係を，世界的な観点から四段階に分け検証していく．まず，価値観という概念を，いくつかの社会科学的観点から理解することについて考察する．次に，人間と野生動物の関係について，遺伝的な根拠が存在する可能性について探求する．さらに，人間と野生動物の関係を国際的な観点から理解するために，文化教育のなかで形成される価値観，イデオロギー，価値志向という認知概念をそれぞれ区別する．最後に，社会が前産業時代，産業時代，脱産業時代と近代化してきたことによって，人間と野生動物の関係も変化し，共生価値志向が再現されつつあるという仮説を紹介する．

価値観についての社会学的観点の多様性

　1980年代前半，米国北西海岸では，サケの遡上が著しく減少していた．サケ漁の解禁期間は短くなり，その結果，釣りのチャーターボートの数は限られていた．チャーター業者の船長たちはホエールウォッチングやボトムフィッシング（底

魚釣り）を対象とした他の収入源を得る以外は廃業の危機に追い込まれていた．多くの業者は廃業することを選択し，関係者の生活に大きな影響をきたす事態となったのである．しかし，大きな目で見れば，このような状況は資源管理のなかでは日常のことに過ぎない．資源を取り巻く社会構造が出来上がり，資源量や資源をめぐる需要が変化することにより，その社会構造もまたその変化への適応を迫られる．社会と自然環境の相互関係は，このように原点が明確ではなく，かつ不安定な将来像をもった，複雑でダイナミックなものであるととらえることができる．

　この北西海岸のサケ減少の例を使って，野生動物に対する価値観を社会科学的なアプローチによって検証してみる．1つは，この事例に関わった人たちの個人の物語を引き出す方法である．これらの物語を探ることは，個人の生活の変化に対する感情や，海やサケに対する見方，また現状に至った原因などを明らかにする手段であり，物語1つ1つがその事象を説明する証拠となる．また，これらの物語から，サケとの関わりによって生まれる色濃い象徴的意味合いを読み取ることも可能となる．2つ目のアプローチとして，グループ単位の意識を探る方法がある．例えば，チャーター業者の船長達の，サケ釣りチャーター以外のビジネスや新しい条例に対する意識を検証することができる．この方法を用いることで，経済危機と向かい合わせになった場合に，なぜ船長達がそれほど特定の業種に執着するのかを，社会的同一性の重要さという観点から理解するということが可能になるのである．また，3つ目のアプローチとして，サケの減少が沿岸地域に与える影響を，観光や社会グループの構成やネットワーク，社会的地位の分布，土地所有や財力，地域経済などの観点から検証する方法がある．さらに，4つ目のアプローチとして，サケの資源管理に関わる行政機関がサケの減少によって受ける影響を検証する方法がある．特に，州や国レベルの野生動物管理機関や国際機関などの行政とその関係は，どれほど社会の現状を反映していて，その関係は資源の不足という事態にどう対応しているのであろうか．

　これらの社会科学的なアプローチはさらに，ネイティブアメリカンの部族がサケの利用配分の決定権を所有している米国太平洋北西部沿岸地域における人間とサケの多文化的な関係性を考慮することも可能である．1970年代に起こった裁判によってネイティブアメリカンに与えられたサケの捕獲制限量の大幅な増加に

は，部外者との競争をなくし，資源の有効利用を重視してきた社会の重要な価値観が反映されている．国際的企業の参入や米国，カナダ，日本などによる商業捕獲の競争は，さらなる多文化性を追加し，その関係を理解するには国際法や条約，国の法律，そして法律によって決定される資源への権利，捕獲量，利害関係者間の争い，そして捕獲制限によって明らかにされる地位関係を理解することで可能になる．

　また，さらに別の観点から見ると，経済や人口統計，テクノロジーの世界的変化がどのようにサケの減少に影響しているかを検証することも可能である．例えば，相対的にコストが低く，効率的な漁法の普及は，漁獲量にどのような影響を与えているのであろうか．さらに視野を広げると，サケの減少問題は，大きな社会現象とどう関連しているのであろうか．技術の進歩や，経済活動や職業の大々的な変化，社会的意識の広域的な変化，資源に対する利用と保護の価値志向の衝突などは，どのようにサケの捕獲量配分問題に関わっているのであろうか．いかにしてこれらの社会的現象と個々の問題のつながりを全て把握することができるであろうか．さらには，このような広域な社会現象と，前述した社会科学的なアプローチをどうつなぎ合わせるべきであろうか．

　このように，自然資源に関する事象は，あらゆる社会科学的観点から検証することができる．しかし，強調すべきことは，野生動物に対する価値観は，様々な観点から考えることができ，どの方法も効果的で重要であるということである．どれ1つ取っても，それだけでは全体像を見出すことはできず，よりよく理解するには複数の観点から事象をとらえることが要求され，時間や地理的な規模や，心理学，社会学，政治学などの異なる社会科学分野，そして幅広い方法論において比較することができる．

　本章では，世界的に類似点が見られる野生動物に対する価値観の傾向を検証するための骨組みと背景を提供する．これらの大まかな類似点を探るにあたり，それぞれの文化の野生動物の捉え方が，歴史的にも状況的にも独自性を有していることは，周知の事実である．例えば，Douglas（1990）は，中央アフリカのレレ族の生殖力に関する信仰においてセンザンコウ（アリクイに似た哺乳類）の重要さを検証したなかで，その文化にしか該当しない事項を数多く記述している．しかし同時に，広域的な一般論を探ることも必要である．例えば，Douglasがレレ

族による特定の動物の消費は社会的地位の象徴であるとした結論から，他文化における社会的地位間の食料消費傾向の有無や，なぜそのような傾向が起こるのか，また，どれほどその傾向が一般化できるものなのかを考察することができるのである．

野生動物に対する価値観の比較文化的理解は，資源管理においても重要な役割を果たす．次の資源管理状況について考えていただきたい．

- 水鳥などの移動性動物種の管理は，国際的協力が必要になるケースが多い．
- 気候変動や人間と野生動物の接触が加速するなかで，世界的な環境問題を解決するためには国際協力が不可欠である．
- 最近の野生動物保護の傾向として，先進国が発展途上国の生態系保護に参入しようとすることがある．今日において，先進国の環境保護 NGO は世界中の隅々まで浸透していると言っても過言ではない．
- グローバル化していく社会のなかで，各国の野生動物管理者は日々多文化性と向き合わなければならない．海外からの観光客や移民，あるいは国民の中の多様なグループなど，野生動物資源に関する考え方が異なる可能性もある．

上記の全ての例において，議論や対策を成功させる第 1 歩となるのは，お互いの野生動物に対する価値観を理解することであると考える．最も難しい問題は根本的な価値観の違いから発端するものであり，保護問題を議論するなかで価値観がどのような役割を果たすのかを理解することが鍵となる．さらに，グローバル化や近代化によって，野生動物に対する価値観も変化していくことが予想されるが，その変化は野生動物管理の役割や課題にどのような影響を与えるのであろうか．これらの論点をよりよく理解するため，本章ではまず文化を超えて類似する野生動物への対応を探る．そのためにはまず，類似点の根拠となる生物学的な反応にはどのようなものがあるかを考慮する．それを踏まえたうえで，価値観やイデオロギー，価値志向といった概念を利用して，文化間における人間と野生動物の関係の類似点や変化を検証する可能性について議論する．

野生動物に対する考えには遺伝的根拠があるか

最も根本的なレベルで，まず全人類共通の野生動物に対する反応があるかど

うかを問うことができる．E. O. Wilson（1993）はバイオフィリア説のなかで，人間は潜在的に野生動物や自然に強く引き付けられる傾向があると提案した．Wilsonが唱えた人間にとって自然との親密な関係の必要性は科学的な根拠に欠けるが，われわれ人間の遺伝構成が過去の野生動物との関わりによって著しく形成されたことは言うまでもない．例えば，現代の男性に攻撃的な傾向が見られるのは，より効率的な狩人となるように選び抜かれた特性の名残であることが解明されている（Wrangham and Peterson 1996）．また同時に，人間が社会的かつ公共的である傾向も，他種に捕食される可能性があるなかで生き残るためには社会集団生活が有効であったことに由来することも分かっている（Hart and Sussman 2005）．

　人間の遺伝的気質が野生動物に対する反応に影響するメカニズムを探求した研究者もいる．その1つとして，野生動物に関わる状況において，遺伝によって引き継がれるものがあるからこそ人間は物事を早く習得し，忘れにくいのだとされている．バイオフィリア説を検証する実験で，ヘビやクモなどの自然のなかにある危険要素を前にした人間の反応もこの1例と言える（Ohman 1986）．また，人間が自然と野生動物に注意を引かれるのも，進化のなかで安全や危険信号として利用することが有利であったからだとする説もある（Katcher and Wilkins 1993）．怪我を負った動物のぎこちない動きや，捕食者から逃げようとする動物は危険を知らせ，また水鳥が泳いでいたりシカが草を食べているような継続的で静かな動きは平穏で安全を知らせる，といった具合である．

　全人類共通の野生動物に対する反応として，擬人観とトーテミズムがある（Mithen 1996）．擬人観とは，人間以外の動物に人間と同様の特徴を見出すことである．擬人観は広く浸透する人間の傾向であるにも関わらず，デカルト学派の科学のなかでは客観論の大敵とされている．しかし，最近では擬人観は人間の狩猟能力に役に立ったために自然淘汰のなかで選択されたものであるという説もある（Mithen 1996）．また，古代の壁画に見られる擬人化された絵は，今から4万年も前から人間に複雑な思考能力があったことを示す証拠であると解釈することもできる．現在では，後に本章でも説明するように，人間が野生動物を擬人化する傾向が野生動物に対する価値観の変化に貢献しているとも考えられている．

トーテミズムとは，自らの存在が自然環境と深く関係しているとする世界観のことを指し，ほとんどの狩猟民族に見られる．トーテミズムにおいては，人は特定の動物や植物を先祖にもつとされている（Mithen 1996）．クマ氏族といったように，特定のトーテム氏族に属する者は，同じ部族の親族に強い責任感をもっている．氏族のトーテム動物（あるいは植物）はその氏族の紋章に使われ，人々の親族であり，神のような先祖である．人間社会に広く見られるトーテミズムは，古くから人類学者の興味を引き付けてきた．Lévi-Strauss によると，トーテミズムは人類の類似的推論への傾向が基盤となっており，人間社会の説明を求めて動物社会へ目を向けるとされている（Willis 1990）．また，Douglas（1990）によると，人間は自らについての考えをもとに野生動物や自然の行動を説明するとしている（このことにより，トーテミズムと擬人観が関係している可能性が示唆される）．

　これらのことから，遺伝が人間の野生動物に対する価値観に与える影響について，どのような結論が導かれるのであろうか．野生動物は，人間が他の生物に引き付けられたり避けたりする傾向を形作ってきた重要な要素である．遺伝的にも，野生動物についてすばやく物事を習得できるように備えられているようである．また社会組織のなかでも，自然についての理解を形成する過程で野生動物が独特の役割を果たしてきたようである．しかし，遺伝的傾向が人間の野生動物に対する価値観を決定しているとは言い難い．人間の価値観がどのように形成されているのかは，本章の残りで考察したい．

価値観，イデオロギー，および価値志向：
文化的に形成される野生動物に対する価値観

　理論によると，個人のレベルでは野生動物に対する行動は，信念と情動的反応によって左右されると提言されている．信念とはこの場合，真実であると信じている考えや認識のことを指す．情動とは，上機嫌や不機嫌といった気分や感情を含んだ，"感じる"状態のことを指す．信念と情動は，心理学のなかで態度や価値観，規範といった概念の基盤となるものである．態度とは，物事や行動などに対して表現される，好き嫌いと言った評価であるのに対して，規範とは他人からの期待に対する自分の信念（〜するべきであるという信念）である（Ajzen and

Fishbein 1980).併せて,態度と規範は個人の行動(野生動物に餌を与える,触る,避けるなど)を決定する重要な要因である.しかし,多くの状況下では,態度や信念は価値観によって左右されている.

価値観

　価値観は,われわれの認知構成のなかで重要で独特な役割を果たしている.価値観とは,行き着く先や道徳に対する継続的な信念である(Rohan 2000；Schwartz 2004).その他に,価値観とは以下の特徴をもち合わせている.

- 価値観は,様々な経験をもって徐々に形成されていく.また,価値観は幼少期の学習によって形成され,大人になってからは変わることがほとんどない.
- 価値観は,行動や考えのガイドラインとなるものである.態度や規範を通じて人間の行動を左右し,状況や年月を超えて一貫した考えや行動を可能にする.
- 価値観は文化を次の世代に受け継いでいくために重要な要素である.
- 価値観は個人の生存や社会的結束の必要性を満たすための文化的方法でもある.

　人間と野生動物の関係の考察に役立つ人類共通の価値分類論がいくつか存在する.そのなかでも Schwartz(2004)の分類は,現代の価値分類論において主要な理論であり,人間と野生動物の関係を理解するためにも利用されている(Manfredo 2008).その結果,順応性や伝統,安全性,そして自己向上の価値観は,野生動物に対する利用価値を支える一方で,変化に対する受け入れや自己超越の価値観は,野生動物に対する保護的,美的,そして共生的な価値を支えていることが示唆されている.

イデオロギー

　イデオロギーは,価値観に比べ幅広い意味で利用され,世界観と同等に考えられることもある.Pratto(1990)の定義によると,イデオロギーは社会の固定観念や資源分配の基本,役割分担,起源神話,そして市民の規則など,集団を定義する信念を含んでいる.Schwartz(2006)の近年の研究,特に比較文化研究においてはイデオロギーという概念の重要さが確認されている.その研究のなかで,Schwartz は"文化見解"を代表する3つの2極次元を特定している.1つは,

集団性対自主性という個人と集団の関係を説明する次元である．2つ目は，階級主義対平等主義という社会構造を守るための対人関係に関する次元である．そして3つ目は共生対支配という人間社会と自然界の関係に関する次元である．

　文化によって定められたイデオロギーと自己認識がどのように人間と野生動物の関係を左右しているのかを提言したIngold（1994）によると，人間と野生動物の関係には，その社会における人間同士の対人関係の性質が反映されているという．例えば，平等主義のイデオロギーがあった狩猟民族社会においては，人々は平等な役割をもつとされ，また野生動物も"同じ世界に生きる住民同士"とみなされていた．狩人にとって野生動物は"自らを現す"とされ，狩人が欲を出したり獲物を無駄にした場合には，動物は狩人の前に姿を現さなくなると考えられていた．支配主義のイデオロギーが発展した牧畜社会においては，人間社会のなかで形成された階級の考えが，人間と動物の関係にも現れていた．ヒツジ飼いやウシ飼いは家畜を管理し，その世話の責任と利用の権限をもち合わせていた．このような支配主義のイデオロギーは，現代社会のなかで特徴的な人間と自然の隔たりの要因となっており，人間には野生動物を支配する役目があるという信念を育んでいる．

価値志向

　価値志向という概念はClyde Kluckholn（1951）によって導入された．彼にとって価値志向とは，文化的集団の個性を表現する"統一テーマ"あるいは特質の象徴であった．米国南西部における彼の研究により，モルモン教の人々は自然に対して支配価値志向をもち，スペイン系米国人は自然への服従価値志向をもち，またナバホ族の人々は自然との共生価値志向をもち合わせていることが明らかになった．Manfredo and Teel（2008）はKluckholnの研究を基盤とし，価値志向はイデオロギーが個人の価値観に与える影響を反映し，態度や行動の個人差を説明するのに役立つと提言している．例えば，全ての生き物に対して平等な扱いをする価値観を同様にもち合わせている2人がいるとする．そのうち1人は怪我を負っている動物に安楽死させることを選び，もう1人はその動物の命を救おうとするといった風に，このような行動の違いが価値志向の違いの表れなのである．支配的価値志向は前者の行動を生む可能性が高く，平等的価値志向あるいは共生的価値志向は後者の行動を生む可能性が高いのである．

Manfredo and Teel は前述の2通りの価値志向が米国人の野生動物に対する考えを大きく左右していると提言している．支配的野生動物価値志向は，個人や集団が野生動物に対する支配のイデオロギーをどの程度もち合わせているかを示す．研究結果によると，この支配的価値志向が強いほど，人間の生活の豊かさを優先し，野生動物を抑圧するような管理方法を許容し，野生動物を利用する観点からその扱いを判断する傾向があることが分かっている．反対に，共生的野生動物価値志向においては，野生動物は人間と信頼関係のもと生きられるものとみなされ，野生動物は人間同様の権利をもち，人間の家族のようであり，保護と同情を受けるに値する存在であると解釈される．共生価値志向を強くもち合わせている人は，個々の野生動物の世話（怪我をしたり捨てられた動物の介護など）をし，野生動物を抑圧するような管理方法を許容せず，野生動物に人間的な性格や特徴を見据える傾向がある．

これらの概念に基づいた最近の研究により，価値志向が野生動物問題に関わる人々の対立を理解する基盤になることが確認された（Manfredo and Teel 2008）．さらに，米国西部で見られる支配的価値志向から共生的価値志向への移項は，収入や教育の向上，そして都市化などの近代化現象によって起こっていることが示唆された．それでは，世界のほかの地域でも近代化に伴って共生的価値志向の強化が起こっているのであろうか．次にこのことについて考察してみたい．

価値観と価値志向の世界的変動

個人の価値観は一度大人になるとほとんど変化しないが，文化的集団の価値観は社会情勢や社会的ニーズによって世代ごとに変化していく可能性を含んでいる．文化変動説によると，イデオロギーや価値観，態度などの社会思考は複雑な相互関係システムの一部であり，その社会思考は技術や人口形成，経済活動，社会制度，そして環境によって形成されるものであるとされている．すなわち，システムのなかで1つ変化が起こると，他の部分にも変化をもたらすのである．この理論に基づいて，Inglehart and Welzel（2005）は，世界的に見てもあらゆる社会が前産業時代の伝統的・宗教的な価値観から産業時代の非宗教的・合理的な価値観へ，さらには脱産業時代の自己表現と従属的価値に重点を置くようになり，予測可能な変化を遂げていると提言した．この変化は，近代化とそ

れによる社会のニーズへの影響によって起こっているとInglehartらは主張する．彼らによれば，経済的な豊かさが生存への心配を軽減させるとともに，社会的欲求などの高次欲求が優先されるようになるのである．このことにより，ニーズの変化を反映した価値観が生まれるのである．この提言を裏付ける証拠として，長期に亘り行われた世界価値観調査（Inglehart and Welzel 2005）がある．それによると，近代化が進むにつれ自己表現や従属性を重視する脱物質主義の価値観（postmaterialist values）をもつ人の割合が増え，それに比べると身体的や経済的安全性を重視する物質主義の価値観（materialist values）をもつ人が少なくなる．この主張はSchwartz and Sagie（2000）の比較文化研究によってさらに支持され，発展途上国に比べて先進国は脱物質主義の価値観に似た世界的価値を強くもっているという結果が知られている（Schwartz and Sagie 2000）．

Manfredo and Teel（2008）は，近代化に伴って米国では共生的野生動物価値志向が再び見られるようになってきたと提言している．米国の脱産業社会の共生価値志向は，支配主義の要素と連結した平等的イデオロギーと関連している．この近代的な見方は，過去の狩猟社会における自然に対する服従のイデオロギーから発生した共生価値志向とは異なっている．近代の共生価値志向は以下のような生活様式に当てはまる．

・近代化によって衣食の利用のために野生動物に依存することがなくなった．
・日々の生活のなかで野生動物と直接関わる経験から物事を学ぶことが少なくなり，その代わりにマスコミや物語，他人の話を介して野生動物に関する情報を得ることが多くなった．また，後者の場合，野生動物は擬人化された対象物として描かれることが多い．
・野生動物は資源や危険要素として捉えられることが少なくなり，人の社会環境の一部として捉えられるようになった．特に，人間の擬人化する傾向と社会的従属欲求の強化により，野生動物は仲間となり得るものと見受けられるようになった．

近代化に伴って共生的野生動物価値志向が強くなっているという提言は，米国西部の19州を対象に行われた調査結果と一致している（Manfredo and Teel 2008）．この現象は米国独特のものであろうか，それとも共生価値志向への変動は近代化に伴って世界的に起こっているのであろうか．この問いを検証するため，

中国，エストニア，モンゴル，オランダ，そしてタイの 5 か国で質的調査法を利用して研究が行われた（Teel, Manfredo, and Stinchfield 2007 を参照）．その結果，他国でも共生的価値志向が見られ，オランダなどの脱産業社会でこのような価値志向が多く見られたことから，世界的に価値志向の変動が起こっていることが示唆された．さらに，この調査結果により，今後世界的な規模で共生価値志向と近代化の関連性と，野生動物管理への影響を調査することの意義が見出されたのである．

結　論

　価値志向の概念（イデオロギーによる価値観の方向性）は，人間と野生動物の関係性を比較文化調査するための方法を提供する．価値志向を利用することにより，文化間の違いを明らかにし，野生動物に関する社会思考の変動を理解し，野生動物保全活動の成功にどう影響するのかを検証することができる．本章で解説した米国西部における支配価値志向から共生価値志向への変動が良い例である．20 世紀前半に広く浸透していた支配価値志向は，その当時生まれた野生動物管理職の基盤となった．当時の管理者の主な仕事は，規制や取締りを通して動物の個体数を狩猟可能な状況に保持しておくことであった．動物の個体群調整のために狩猟家を集めるという意味では，当時の管理者の仕事は指揮官のようなものであった．しかし，共生価値志向が浸透し始め，開発が野生動物の生息地へと広がるにつれて，野生動物に関する職は人間と野生動物の接触に対応することが主な業務となった．人間と野生動物の接触は通常，個々の動物を取り巻く状況において，利害関係者が野生動物との関わりを懸念している形で起こる（例えば，動物が畑を荒らしたり，大型の捕食者が住宅地に迷い込んだり，動物が凍った池に落ちて生存のためにもがいている場合など）．この場合，管理者の役割は警察官のようであり，"悪者"である野生動物や人の対処を適切に行い，人と野生動物の関係を取り締まることが中心となる．この例は，米国の野生動物管理において共生価値志向が及ぼしている影響の 1 つに過ぎない．このような調査を行う研究者が増え，本分野の見解が拡大していけば，われわれの野生動物管理における価値観の役割や重要性への理解は深まっていくであろう．

引用文献

Ajzen, I., and M. Fishbein. 1980. *Understanding attitudes and predicting social behavior.* Englewood Cliffs, NJ: Prentice-Hall.

Douglas, M. 1990. The pangolin revisited: A new approach to animal symbolism. In *Signifying animals: Human meaning in the natural world*, ed. R. G. Willis, 25 − 36. London: Unwin Hyman.

Hart, D., and R. Sussman. 2005. *Man the hunted: Primates, predators, and human evolution.* New York: Westview Press.

Inglehart, R., and C. Welzel. 2005. *Modernization, cultural change, and democracy: The human development sequence.* New York: Cambridge University Press.

Ingold, T. 1994. From trust to domination: An alternative history of human-animal relations. In *Animals and human society: Changing perspectives*, ed. A. Manning and James Serpell, 1 − 22. New York: Routledge.

Katcher, A., and G. Wilkins. 1993. Dialogue with animals: Its nature and culture. In *The biophilia hypothesis*, ed. S. R. Kellert and E. O. Wilson, 173 − 200. Washington, DC: Island Press.

Kluckholn, C. 1951. Values and value orientations in the theory of action. In *Toward a general theory of action*, ed. T. Parsons and E. A. Shils, 388 − 433. Cambridge, MA: Harvard University Press.

Manfredo, M. 2008, in press. *Who cares about wildlife: Social science concepts for understanding human-wildlife relationships and other conservation issues.* New York: Springer Press.

Manfredo, M., and T. Teel. 2008, in press. Integrating concepts: Demonstration of a multi-level model for exploring the rise of mutualism value orientations in post-industrial society. In *Who cares about wildlife: Social science concepts for understanding human-wildlife relationships and other conservation issues*, ed. M. Manfredo. New York: Springer Press.

Mithen, S. 1996. *The prehistory of the mind.* London: Thames and Hudson.

Ohman, A. 1986. Face the beast and fear the face: Animal and social fears as prototypes for evolutionary analyses of emotion. *Psychophysiology* 23:123 − 45.

Pratto, F. 1999. The puzzle of continuing group inequality: Piecing together psychological, social, and cultural forces in social dominance theory. *Advances in Experimental Social Psychology* 31:191 − 263.

Rohan, M. 2000. A rose by any other name? The values construct. *Personality and Social Psychology Review* 4(3):255 − 77.

Schwartz, S. 2004. Basic human values: Their content and structure across cultures.

In *Vialores e Trabalho*, ed. A. Tamayo and J. Porto. Brasilía: Editora Universidade de Brasilía.

———. 2006. A theory of cultural value orientations: Explication and applications. *Comparative Sociology* 5:136 − 82.

Schwartz, S., and G. Sagie. 2000. Value consensus and importance: A cross-national study. *Journal of Cross-cultural Psychology* 31(4):465 − 97.

Teel, T., M. Manfredo, and H. Stinchfield. 2007. The need and theoretical basis for exploring wildlife value orientations cross-culturally. *Human Dimensions of Wildlife* 12:297 − 305.

Willis, R., ed. 1990. *Signifying animals: Human meaning in the natural world.* London: Routledge.

Wilson, E. O. 1993. Biophilia and the conservation ethic. In *The biophilia hypothesis*, ed. S. R. Kellert and E. O. Wilson, 31 − 41.Washington, DC: Island Press.

Wrangham, R., and D. Peterson. 1996. *Demonic males: Apes and the origins of human violence.* Boston: Houghton Mifflin.

第4章
市民参加を促す
自然保護NGOの出現

John Fraser, David Wilkie, Robert Wallace,
Peter Coppolillo, Roan Balas McNab, R. Lilian,
E. Painter, Peter Zahler, and Isabel Buechsel

訳：羽山伸一

　政府は，原則として市民の利益のために資源の管理権限を有している．しかし，野生動物や一部の生態系が劣化している状況をみれば，いかに民主的な政府といえども，中央集権的な自然資源管理に失敗しているのは明白である．その結果，野生動物保全NGOがこの失敗を正すために出現することとなった．これらのNGOは，野生動物やその生息地をより効果的に保護するために，自然資源に依存する地域社会に欠けていた新たな民主的手法を取り入れようとしている．ただ残念ながら，こうした多くの地域社会では，生物多様性を管理するための制度的なしくみも必要な経験ももち合わせていない．一方で，政治的な発言権が与えられていないこともあり，持続可能な資源管理の知識や技術，あるいは管理権限の返還などについて，支援を強く望んでいる．ここでは，米国に本部がある国際的NGO，野生動物保全協会（Wildlife Conservation Society：WCS）の事例研究を通じて，どのようにNGOが地域を支援してきたかを明らかにする．これらの地域では，土地の所有権をはく奪されていたり，あるいは共同管理の伝統がなかったりする．また，野生動物や生息地をより効果的に保護できる民主的なしくみや，自然資源は自分のための財産として管理すべきものであるといった認識が伝統的に存在しない社会もある．
　民主主義の誕生以来，NGOは，その存在を認知させるのに2世紀以上もかかっ

たが，政府の一翼を担ってきたことは事実である．本章の筆者らが働いているWCSの歴史を見れば，1世紀以上に亘ってNGOの活動が生態系の劣化する状況に注目してきたことが明らかとなるだろう（例えば，Hornaday 1913, Osborn 1948）．また，この国際的な問題の解決には，保全に関わる人間自身が問われていることも明らかになるだろう．つまり，持続可能な管理能力を高めたり，保全の倫理を普及させたりするといったことだ．例えば，われわれがスポンサーをしているOur Pacific Worldというフィールドガイドシリーズは，米軍が駐留している太平洋の島々の野生動物を保護する目的をもっている（Osborn 1945）．本書の出版以降，WCSのようなNGOは，世界規模の保全生物学研究や国際的な野生動物政策の発展に関わる機会が増えてきた．今日では，いくつかの国際的な大手NGOは，一般的に知られるようになったし，またほとんどのNGOは，野生動物や自然資源からの生産物に依存している伝統的な社会で，これらの自然資源の保全が必要な地域に関わる研究者を抱えるようになった．

　伝統的な社会とその地域を活動の対象とするNGOとの間で生まれた知識や社会関係を共有することは，これらのNGOが民主的な意志決定のしくみを促すうえでの重要な役割を果たす存在であることを認知させるだろう．本章では，地域社会が野生動物を守るために，その生息地を制御する権利を主張したことに対して，どのようにWCSが地域に貢献したのかを検証する．

NGOの社会的役割

　野生動物の保全とは，個々人が景観システムからどのように動植物を利用したらよいのかを考えるための共同管理戦略を提供することである．特に，壊れやすい景観システムでは，生物種や自然資源を過剰利用する行為が非常識であると認められる必要がある．このような資源利用を実践することは，野生動物のような公共の財産を管理するうえで，選択的な分配において利己主義を抑制することと言える．残念なことに，貿易経済は地域の自然資源を商品化することによって地域に幸福をもたらす一方で，法制度が未整備のために，よく言われる"コモンズの悲劇"を導いてしまう．

　民主的過程の経験がないことによって，州政府や権力者に地域の野生動物や自然資源の管理，制御，所有などの権利の行使を認めてしまい，その資源に依存し

ている人々はおざなりとなる．資源のそばに暮らしている人々から所有権が分離されていることは，中央による管理のゆがみが資源を生活の糧にしている人々を無視しているということで，他の要因よりもより経済的な危機意識の原因となると政治的には判断される（Obi 2005）．このことは，新たな統治システムに対するニーズが増加していることを裏付けている．このシステムとは，地域社会に自らの自然資源を管理させる方法として，強力な民主的手法の本質的な構成要素である，透明性，説明責任，意志決定への住民参加などを採用するものだ（Barber 1984）．残念ながら，多くの地域住民は，世帯単位の交換経済しか経験がないので，透明性のある代議員制による民主的な自己統治能力に欠けている．彼らは市民社会における透明性や説明責任の重要性について誤解し，また規範を確立したり補強したりする経験がないのかもしれない（Bienen and Herbst 1996）．このことは，貧困層や意思決定への支援を受けられていない人々にとっては特に問題である（Bhalla and Lapeyre 1997）．政治力から隔離されていたため，環境破壊や種の絶滅は，地域社会が妥協するまで隠されてきた（Kousis 1998）．

　Ostrom（1990）は，もしモニタリングや供給への要求が解決するなら，共有の資源は選択的に管理可能であると主張した．Prabhu（2001）は，自然資源をコントロールするうえで規制を受けない所有者としての政府が，Ostromの説に似た構造で地域の共有財として資源を管理する慣習に，とって代わると述べている．しかし，所有を主張したからといって，その後に行動しない限りは，本来的に資源の権利を与えられるわけではない（Ostrom and Schlager 1996）．これは，土地所有に対する不明確さや，部分的には，政府や地域社会が保全管理計画を無にしてしまうことを示唆している．

　Ostrom and Schlager（1996）は，所有権の度合いを所有物と関係づけて分類した（表4-1）．これは，地域を支援しているNGOが長期的に野生動物や生息地の持続可能な管理を行うための知識を，いかに開発するのかを分析する枠組みとして有用である．Ostrom and Schlagerの分類によると，資源を利用したり，他者を排除したりする権利のみを有する人々は，生活必需品としての価値しか資源に求めていないので，彼らは資源持続の可能性に関わる確立した権利をもっていない．資源管理や排他的な資源利用の権利は，長年に亘って中央政府によって行使されてきた．しかし，地域に暮らす人々が法を遵守していなかったり，制度の

表4-1 所有権の度合い

	所有者	事業主	権利の主張者	許可を受けた利用者	許可を受けた新参者
利用	✓	✓	✓	✓	✓
回収	✓	✓	✓	✓	
管理	✓	✓	✓		
他者の排除	✓	✓			
譲渡	✓				

出典：Ostrom & Schlager 1996. The Formation of Property Rights. In S. Hana, C. Folke, & K. Maler eds. Rights to Nature: Ecological, Economic, Cultural, and Political Principles of Institutions for the Environment. Washington, DC: Island Press.

崩壊によって確立した権利をもっていない場合には，自然資源の管理は困難であるため，こうした政府による権利の行使は潜在的に濫用となる恐れがある．財産を失うことも譲渡の感覚に近いので，自らの所有物を譲渡するような権利は，潜在的に最も回復しやすい権利である．所有権に様々な問題をかかえる地域の野生動物の場合では，自由な狩猟で生計を立てる家族が，選択的な所有を拒否できたり，狩猟や捕獲を規制するトップダウンの計画をなし崩しにするような権利をもつと考えられている場合がある．この事例では，共有財を持続可能に供給したり，分配したりする法的規制を遵守することによってのみ，長期的な自然資源管理計画の実行が保証されるのであろう．

　われわれの経験によれば，地域の生活を支えるだけではなく，世界的な遺産としても重要な野生動物や生物多様性を守るために，生物多様性に富んだ地域に暮らしている人々に対する国家レベルの民主主義や統治の努力は，十分な速さでは浸透していないのかもしれない．こうした地域社会では，たとえ人々が資源の利用権を行使したり，財産を放棄したり，あるいは占有できないと信じさせられたりしても，自然資源の所有権は明確ではないと考えられる．なぜなら，こうした地域社会では，自分の土地から得られる財産を管理したり排他的に利用する優先権が与えられていないからだ．この文脈から，野生動物を守るために，民主的手法を地域社会に導入するための支援が，NGOの社会的役割として認められるよ

うになってきた．

自然保護と社会的役割を果たす NGO

　野生動物保全の現場では，住民が自分の取り分を得るために自然資源を枯渇させる権利があると考えていたとしても，激減した自然資源の利用制限が求められる．それは，個人が自然資源を守れば，個人の利益になる一方，個人の利益が社会の利益と対立すると考えられている社会において，社会の利益を守るために，社会が個人に対し必要な制裁を課すことができるか，あるいはそうすべきであると期待されているからだ．Leach, Mearns, and Scoones（1999）は，個人と集団の間にある行動様式を制御する能力を用いて，NGO が自然資源に関する権利をどのように調整しているのかを調査した．これは，主に，Ostrom and Schlager（1996）の多様な権利概念に対して，NGO がどのように所有権を調整しているのかというものだ．前述の Leach, Mearns, and Scoones は，地域社会を基本とした自然資源管理プロジェクトの分析から，権力との交渉や調整の能力をもち，権力に近づくことができる NGO が支持される傾向にあると結論付けている．加えて，彼らは，NGO が地域社会を基本とした自然資源管理の発展において，社会的な役割を果たす組織として独自の地位を築いていると指摘している．この理由とは，NGO には，権利をはく奪された小さな地域社会が権力と交渉する機会を増やすための専門的な能力があり，またこうした地域社会に共有の権利を分配したり，さらには，互恵的な協力関係によって，地域社会が優先的な所有権を有する自然資源の直接的な管理者となるという目標を達成できるからである（Robinson 2007）．

管理権を主張する地域社会への支援

　1960 年代以降，グアテマラのとある地域に住む人々は森林の下層に生えるヤシの 1 種（*Chamedorea* 属）を収穫し続けてきた．このヤシの 1 種は，長年に亘りグアテマラ東部の森に豊富に自生し，彼らにとっての収入や緊急的な不測の事態の保険にもなってきた．伝統的に，このヤシの葉は輸出業者のもとへ輸送する中間業者に出荷していた．輸出業者は，これを米国や欧州の市場に出荷し，フラワーアレンジメント用の素材として販売していた．このヤシの収穫は，歴史的に

ほとんど規制がないまま管理されてきた．収穫してきた人々は，伝統的にヤシを収穫する権利を主張しているが，この資源を共同で管理する権利については認識していない．

　最近の研究では，グアテマラのペテン県のヤシは，3種全てにおいて密度が低下し，またその原因が商業取引のための過剰利用であることも，明らかとなっている．ヤシの商取引が持続可能でない理由の1つは，中間業者が通常，収穫されたものの質を問うことなく全て買い取り，後で使い物にならない葉を廃棄するためである．中間業者がヤシの葉の質を問わずに根こそぎ買い取るために，結果として花や実も減少し，木そのものが枯死することもあり，いつしかヤシが絶滅してしまう結果になりかねない．

　1998年に部分的な協働が開始され，WCSのスタッフがペテン県に常駐して，Uaxactun町にあるマンジョイ保全機構（Organización Manejoy Conservación：OMYC）の支援が始まった．そして，ヤシの新たな商取引システムを研究している熱帯雨林連合（Rainforest Alliance）は，テキサス州ハウストンのコンチネンタル・グリーン社と，OMYCのヤシの葉を新たなグリーン商品として付加価値を付ける契約を取り付け，住民から高品質のヤシの葉だけを買い取るようになった．この新たなシステムによって，高品質なヤシの葉だけが収穫されるよう経済的な動機が働き，市場には向かないヤシの葉は光合成に貢献できるようになった．このシステムを機能させるには，ヤシを収穫する人々が，高品質な葉だけを収穫することと，品質を管理し，コンチネンタル・グリーン社へ独占販売するOMYCに出荷することを，約束しなければならない．この新たなプロセスは，地域社会に利益をもたらす資源管理体制を支えることによって，より高いレベルの権利を主張することとなった．

　共有の権利の次のレベルは，排他的な権利であり，地域社会の資源を守るカギとなる原則である．ヤシの葉を根こそぎ集めたり，低品質のヤシの葉を他の輸出業者に出荷することが続き，また地域の森林で他の地域の人々が収穫することが許されていたら，この新たな商取引のシステムは崩壊しただろう．当初から，WCSのスタッフは，ヤシの商取引のために，民主的かつ透明性をもって説明責任を果たし，またUaxactun町の地域社会が発展できるように効果的な新たな統治システムを支援することが，ヤシを保全し，また地域住民の家計を助ける持続

可能な資源を確保するカギとなると，理解していた．自由採取や家族単位の商取引から民主的に所有権を分け合う管理に転換することは，一方で，地域社会を対象とした教育やスキルアップを必要としている．新たな協働管理プログラムは，Uaxactun町の家族が，地域の資源を利用したり排他的に管理したりすることを地域ぐるみで行う初めてのものである．このプログラムが始まってからの最初の26ヵ月間で，ヤシの収穫管理に成功していた6つの地域で効果的な管理に失敗している．2007年までに，NGOのアドバイザーが支援した地域では，ヤシの管理には，より透明性と説明責任が求められると考え，このプログラムを管理するために大学の森林科学の専門家を雇うことが決まった．

民主的な管理や所有に関わる最初の教育期間と経験を経て，OMYCはグアテマラ政府が認可したヤシの管理計画を新たに実行している．また，民営の中間業者に対して所有権を主張して，この事業に関わる財務会計を検査する会計士の雇用を決めた．自然保護NGOは，この地域社会がもつ固有の所有権を支援し，それぞれの家族が1つの地域集団となるように教育し，技術的な研修もした．この発展的な過程は，透明かつ説明責任が果たせる統治システムを確立するための重要な知識や，他の自然資源や地域の事業にとって応用可能な知識を得るうえで，Uaxactun町の人々の役に立っている．

共有資源の管理を発展させるための援助

われわれの取組みは，NGOが地域社会に対する民主的な技術の普及に貢献し，そうした社会的役割を果たす組織として独自の地位にあることも示すことができた．なぜなら，NGOは，誰もが依存している資源を維持する権利を地域住民に分配し，州や地方自治体の法のもとで，地域レベルの民主的な意思決定手法が認知されるような法的手法にも熟知しているからだ．タンザニアの中央部にあるルアハ国立公園では，WCSが地域の土地における野生動物保全に対して，経済的動機や法的権限を与えるように働きかけている．このことによって，21の集落に対して，中央政府から野生動物管理権限を委譲された"野生動物管理エリア"が創設されることになった．おそらく，最も重要なことであるのだが，野生動物管理エリアの収入も地域が受け取れるようになった．よって，この保全の利益は，野生動物とともに暮らし，また保護の担い手でもある地域住民の責任の対価とし

て認識されるようになった.

　過去には，狩猟者たちは自然資源観光省から狩猟ライセンスをもらえるように個人的に交渉していた．当時の政府は，誰が狩猟をしたのか，あるいは集落の土地での狩猟が可能かどうかといった，地域住民や地元自治体から出てくる狩猟に関する非公式な意見を無視していたからだ．結果的に，ハンターたちはライセンス料を政府の言いなりに払い，狩猟を行った地域への支払いは無視することになった．

　自然資源の過剰な利用を地域的に制限する権利の行使は，一方で，管理権として認識される必要性がある厄介な法的要求によって制限され，この法的要求は，独立した地方自治体の能力をはるかに超えている．WCSの地域担当スタッフは，地域の組織であるMBOMIPA（Matumizi Bora Malihai Idodi na Pawaga, or Sustainable Use of Wildlife in Idodi and Pawaga，イドヂとパワガの永続可能な野生動物の利用）と協働している．ここでは，土地利用計画案,資源目録作成,ゾーニング案などの策定や管理のための人材育成などで技術的な協力を行っている．こうした技術的な協力に加え，WCSのスタッフは，自然資源に対する出資者と利用者の仲介役もしている．自然保護NGOとしてのWCSは，野生動物の利益を考える一方で，社会的役割を果たす組織として，実効性のある野生動物管理戦略の民主的な統治技術を構築するうえで中心的な役割を担わなければならない．

　2007年に，MBOMIPAは地域の管理権を獲得し，21の地方自治体の共同体として責任をもつこととなった．WCSのスタッフとの協議によって，地元自治体は，新しい紳士的な狩猟者団体がこの地域にやって来ると予想されるので，より高い料金を課しても，支払ってくれると主張するようになった．この協議によって，地元自治体は，利害のある地域にとって，観光客1人当たりの地域の仕事や単位面積当たりの収入をより多く公平に与えられるように，フォトツーリズムのための特別区域を設定することも決めた．地域によるこうした管理が始まった最初の年は，狩猟区域が75%減少したにも関わらず，狩猟による収益は8倍に増加した．こうした変革は，利害関係者達の意見をもっと反映させられる新たな管理組織の設立につながっていった．

　新たな民主主義には，そのスキルを上げるための投資が要求される．そしてMBOMIPAはその統治構造をどのように改善すればよいのかを学び続けている．

例えば，MBOMIPA に参画している 21 の地方自治体は，農耕や牧畜など異なる生業をもつ 15 以上の少数民族を代表している．牧畜民と農耕民はお互いの伝統的な土地所有形態について無知か無関心のいずれかなので，共有地の管理に関する双方の意見は対立してしまう．2005 年の乾季に，牧畜民は，家畜を野生動物管理区域に入れるようになり，地域で合意した管理戦略を反故にしてしまった．WCS は，この問題を議論するために，双方の土地利用者の話し合いを地域に呼びかけて仲介に入った．この話し合いによって，家畜の採食地に隣接した地域の大部分で農耕地が一掃されたことが明らかとなった．このような土地利用の変更は，WCS が進めてきた野生動物管理のプロセスの一部をなす土地利用計画に反する．牧畜民は，このプロセスに加わってもいたが，彼らは地元自治体の日和見的な管理を軽視し，地域での対等な関係を目指すよりは，むしろ野生動物管理区域に侵入する方を選択してしまったのだ．

　民主的な管理や意思決定のスキルを上げることは難しいが，一方で MBOMIPA のプロジェクトは，どのように管理権限を地域の利害関係者に委譲すればよいのかという有用な事例研究を提供してくれた．この権限移譲によって，法律の規定の透明性や強制力の実効性を確保することができる．また同時に，議員に野生動物を守るという社会規範を発展させるように圧力をかけたり，NGO が新たな地域自治政府の能力を向上させる場も提供してくれる．

野生動物の減少や生息地破壊を制御する地域社会への支援

　NGO には，地域社会がより有力で経験豊富な関係者と効果的に交渉できるように支援し，また土地の所有権が明確ではない場合にはより効果的で代表権をもった組織を発展させるプロセスを通して，技術的なアドバイスを与えるといった特有の能力を有している．ボリビアでは，2000 年から WCS のマディディ景観保全プログラムがタカナ族の人々との協働により実施されている．このプログラムは，マディディ国立公園と部分的に重なり隣接しているタカナ族の伝統的な領土の管理計画を発展させたり実行するためのものである（Painter, Wallace, and Gomez 2006）．自然保護 NGO として，WCS は，マディディ地域の様々な有力者グループとともに，ボリビアとペルー南部にまたがる世界的にも重要な自然保護区の豊かな野生動物資源や，それに関わる生物多様性を守るため，地域レ

ベルの保全活動を促進しようと努めてきた（Painter, Wallace, and Gomez 2006）．人口密度の低さ，司法関係者の人種差別撤廃，これらの司法制度の不一致，そして土地所有権や環境権への透明性の欠如などによって，地域社会が伝統的に利用してきた土地の所有権や支配権を主張する機会を，地域住民ではない土地投機家たちに与えてしまっていた．

　この地域の地域主導型自然資源管理の導入を WCS が進めてきた結果，タカナ族の代表組織である CIPTA（Concejo Indígena del Pueblo Tacana，タカナ族地域評議会）は，正式により広域的な協働を求めてきた．これには，この地域の土地の権利に関する法的手続きの支援や，並行して TCO（Tierras Comunitarias de Origen：固有の領土）のための包括的な管理方針の策定や実行の支援が含まれる．1996 年ボリビア土地改革法は，所有権を分割できない地域の慣習的な共有地を法的に整理することを許可した．しかし，CIPTA とタカナ TCO に属する 20 の地域は，資源の枯渇や法的手続きの複雑さから，これには参加も同意もできないとした．協定により採択された 2 方向からのアプローチは，タカナ族の領土に関する需要について，法的な所有権を獲得し，再生可能な自然資源を得るため，CIPTA とタカナ族の地域社会が，タカナ TCO のための参画型で持続可能な長期的発展ビジョンの構築に尽力することを保証した．

　2004 年までに，タカナ族は 372,000ha の土地の権利を確保した．CIPTA と WCS の協定は，土地管理メカニズムの実行，自然資源管理プロジェクトのより大きなポートフォリオの構築，またマディディ地域におけるタカナ族の土地の権利に関する次の法的状況に注目することに尽力している．協定により，先祖伝来の土地管理を進める一連の方法論やツールを発達させた．それは，TCO の個人が細分化して自然資源を利用したり調整したりする方法から，CIPTA に行政能力をもたせ，より広域的な共同体である生産組合を設立する方法への転換である．こうした多くのプロセスによって，地域の代表者組織としての CIPTA が効果的に確立されていった．そしてこの組織は，地域の共同所有権を委譲され，また，この地域の再生可能な野生動物管理計画に対する地域の支援を発展させることが可能となった．

　CIPTA と WCS の協力関係は，多くの地域レベルでの活動も含んでいる．そして，CIPTA は，構成する 20 の地域による十分な合意のもとで，先祖伝来の土地管理

や土地の権利に関する政策や主要な意思決定において，責任を果たしている．このアプローチは，意思決定に透明性や正当性を保証し，CIPTA 理事会に尽力しているリーダーや若手幹部の能力を引き伸ばすだけでなく，20 以上の地域や地域を越えた生産組合を発展させる礎となった．これらの生産組合は，蜂蜜生産，メガネカイマンの捕獲，商業的漁業，観賞魚の試験的な捕獲など，一連の自然資源の持続可能な管理に関わる活動を行っている．おそらく最も際立っているのは，この最近確立された民主的システムによって，民主的な代表者としての CIPTA とともに，タカナ TCO の自然資源利用に関する規制を遵守させ，そして国の関係部局から正式に承認された管理計画に基づく新たな活動を展開していることであろう．

地域レベルでの能力開発と土地利用の計画や管理を結びつけた WCS のボトムアップアプローチは，他の地域政府レベルで，より透明性があり，かつ民主的な管理組織に対する地域の需要を創出している．WCS が，野生動物保全を実現するための景観ビジョンをもち，また，その景観に含まれる多くの重複した権限の実態を踏まえた管理計画やその実行プロセスを発展させてきたため，CIPTA と WCS の協力関係は，能力開発やマディディ保護区との統合的なメカニズムも含んでいる．これにより，マディディ保護区の目標とタカナ族の自然な一体感を具体化しやすくし，また時には，政治的な意図のある者や違法伐採業者が侵入した際に，国立保護区局に対する戦略的かつ具体的な支援も可能となった．

まとめ

水，野生動物，森林といった価値ある自然資源の多くは，地域の共有地に存在するケースが多い．そのため，これらの効果的な管理は，地域ぐるみの行動なしに実現することは不可能である．これらの資源は，民主的な管理を実現するために考えなければならない以下の3つの特性を備えている．①地域住民はしばしば生活の糧として自然資源に直接的に依存している，②自然資源には経済的な価値があるため，個人がその資源管理に関心をもっている，③個人が独自に効果的な管理をすることは不可能で，より大きな地域共同体が地域ぐるみで管理する必要がある．共有地の自然資源を枯渇させないことが，世界のほとんどの貧困層の福祉や経済発展にとって明らかに重要である．効果的な自然資源管理の必要性は，

最も隔離されている地域社会であっても簡単に理解されることだ．一方で，地域ぐるみで意思決定するという民主的な原則に基づく適切な管理の仕組みは，簡単には理解されない．

　本章の事例研究から学ぶ野生動物の保全を達成するカギとは，地域や国レベルで社会が民主的な技術を発展できるよう支援することである．さらにいえば，地域レベルで自然資源の利用に関する権利が保証され，管理されるプロセスや制度は，発展途上国の最低生活水準レベルにある多くの地域社会にとって，初めての経験である．その結果，民主的で透明性があり，なおかつ説明責任を果たすことが可能な管理システムをつくり上げ，より弾力性のある野生動物管理の実行に結びつけることが可能となる．

　WCSの例は，野生動物の民主的な自主管理や環境保全の発展には，リスクが伴うことも示している．民主的な自主管理が始まると，その指導者たちは透明性を失ってしまうこともある．多くの人々は持続可能な利用よりも一時的な収益に目が向いてしまい，場合によっては指導者たちは，経済的な利益と引き換えに持続不可能な施策を選択してしまうこともある．しかし，地域ぐるみの意思決定権が長期的に与えられると，個人的な利益のために個人事業者が野生動物を枯渇させることがないようにするなどの自主的規制を社会合意によって可能にする大きな機会を得ることができる．

　WCSのようなNGOは，より効果的に自然資源を管理し，また長期的な保全を実現することができる地域の民主的な制度の発展を促す社会的使命をもっている．共有の自然資源を管理し，これらの資源からの恩恵の公平な配分を保証するためには，所有権を規定し，野生動物や自然資源の利用を制限したり，その利用量を測定する利用基準を規定するための民主的な原則に関する指導が地域の制度に必要である．地域レベルのボトムアップ・アプローチと国レベルのトップダウン・アプローチの組合せによって，経済成長も，野生動物や他の自然資源の効果的な管理も，さらに生活向上や民主主義の繁栄も可能となり，民主的な統治システムはより迅速に発展し，また自律的に維持されるだろう．

引用文献

Barber, J. 1984. *Strong democracy*. Berkeley: University of California Press.

Bhalla, A., and F. Lapeyre. 1997. Social exclusion: Towards an analytical and operational framework. *Development and Change* 28:413 − 33.

Bienen, H., and J. Herbst. 1996. The relationship between political and economic reform in Africa. *Comparative Politics* 29:23 − 42.

CIPTA-WCS 2002. Estrategia de Desarrollo Sostenible de la TCO-Tacana con Base en el Manejo de los Recursos Naturales. 2001 − 2005. La Paz, Bolivia.

Hornaday, W. T. 1913. *Our vanishing wildlife.* New York: Clark and Frits.

Kousis, M. 1998. Ecological marginalization in rural areas: Actors, impacts, responses. *Sociologia Ruralis* 38:86 − 108.

Leach, M., R. Mearns, and I. Scoones. 1999. Environmental entitlements: Dynamics and institutions in community-based natural resource management. *World Development* 27:225 − 47.

Obi, C. I. 2005. *Environmental movements in sub-Saharan Africa: A political ecology of power and conflict.* Programme Paper Number 15. Geneva: United Nations Research Institute for Social Development.

Ostrom, E. 1990. *Governing the commons: The evolution of institutions for collective action.* Cambridge: Cambridge University Press.

Ostrom, E., and E. Schlager. 1996. The formation of property rights. In *Rights to nature: Ecological, economic, cultural, and political principles of institutions for the environment,* ed. S. S. Hanna, C. Folke, and K.G. Mäler, 127 − 56. Washington, DC: Island Press.

Osborn, F., ed. 1945. *The Pacific world: Its vast distances, its lands and the life upon them, and its peoples.* Washington, DC: Infantry Journal.

———. 1948. *Our plundered planet.* New York: Little, Brown.

Prabhu, P. 2001. Shoot the horse to get the rider: Religion and forest politics in Bentian Borneo. In *Indigenous traditions and ecology: The interbeing of Cosmology and community,* ed. J. A. Grim. Cambridge, MA: Harvard University Press.

Painter R., L. E., R. B. Wallace, and H. Gomez. 2006. Landscape conservation in the Greater Madidi Landscape in northwestern Bolivia: Planning for wildlife across different scales and jurisdictions. Case study 12.2. In *Principles of conservation biology,* 3rd ed., ed. M. J. Groom, G. K. Meffe, and C. R. Carroll, 453 − 58. Sunderland, MA: Sinauer Associates.

Robinson, J. A. 2007. Recognizing differences and establishing clear-eyed partnerships: A response to Vermeulen and Sheil. *Oryx* 41:443 − 44.

第 5 章
未来の描出：
人類，野生動物，気候変動

Douglas B. Inkley, Amanda C. Staudt, and
Mark Damian Duda

訳：秋庭はるみ

　人類と野生動物は，気候変動という持続的かつ重大な，そして複雑な問題に直面している．今日，地球が過去 100 年に亘り温暖化しており，人為的起原による温室効果ガスの排出が主な要因となっているということは周知の事実である（Intergovernmental Panel on Climate Change 2007）．そして，この温暖化は，野生動物とその生息地にも重大な影響をもたらしている（Root et al. 2003；Inkley et al. 2004；Parmesan 2006）．もし，温室効果ガスの削減に向けて十分な措置を講じず，この環境の変化を乗り切ろうとしている野生動物を助けなければ，今世紀には，野生動物に対して気候の変化によるさらなる深刻な影響が生じるだろう．全米野生動物連盟（National Wildlife Federation）会長の Larry Scheiger（2006）は，「好もうと好まざると，地球温暖化は，21 世紀を左右する課題となるであろう」と述べている．

野生動物に影響を与える人為起原による気候変動

　化石燃料の燃焼による二酸化炭素の排出は，大気中の二酸化炭素濃度を 383ppm にまで増加させた（National Oceanic and Atmospheric Administration 2007）．これは，濃度が 300ppm を超えたことがない過去 65 万年のどの時期よりも高濃度である（Siegenthaler et al. 2005）．この増加は，20 世紀に地球の平均気温を 0.76℃（1.4°F）上昇させるという結果をもたらした（Intergovernmental

Panel on Climate Change 2007).温室効果ガス排出に関連した気候変動の現象として，他には，降水量や風の変化，深刻な旱魃や熱波，熱帯低気圧の強大化などが観測されている．20世紀には，気候変動に関連する事象として，万年雪や氷河の融解，海面水位の上昇，海洋塩分の減少，海洋の酸性化が地球上の広範囲に亘り起こってきた（Intergovernmental Panel on Climate Change 2007）．気候変動と温暖化という言葉は，同じ意味で使われることが多い．ここでは気温上昇やその他気候変動のパラメータの変化といった現象に言及する際に，気候変動という言葉を引用する．また，引用元が気候変動のあらゆる側面を意味する時，地球温暖化という言葉を使うこととする．

　すでに出版された査読付き論文のメタ分析によると，早春化や晩秋化といったフェノロジーの変化や，北半球における種の生息域の北方への移動といった分布の変化が観察されている（Parmesan 2006；Root et al. 2003）．さらに，これらの変化は，捕食者‐被食者や植物‐昆虫の相互作用を撹乱している．

　北米では，魚類や野生動物，そしてそれらの生息地における気候変動の影響が，次第に明らかになってきた．1980年代中頃以降，旱魃と気温の上昇は，西部の主な森林火災の発生率が4倍増に，そしてその規模が6倍増になる要因となった（Westerling et al. 2006）．ネバダ州では，2006年夏に大規模な山火事が発生し，残された生息地に相応するレベルまで，プロングホーンの個体数を削減させる緊急個体数削減措置の実施を余儀なくされた（Griffith 2006）．また，研究者らは，ミネソタ州北西部のムースの個体数が，20年間に90％以上減少している原因は，気温の上昇であると指摘している（Smith 2006）．海水温度の上昇によるサンゴ礁の白化現象や大量死は，北米の大陸棚を含め世界中で起っている（Hoegh-Guldberg 1999）．

将来の気候と野生動物への影響予測

　将来の温室効果ガス排出レベルにより，2100年までにおよそ，1.1～6.4℃（2.0～11.5°F）の範囲で気温上昇が起こるだろうと予測されている（Intergovernmental Panel on Climate Change 2007）．しかしながら，排出削減にどのような措置を講じようとも，すでに温室効果ガスは排出されており，今世紀中に少なくともおよそ0.6℃（1.1°F）上昇することが予測されている．Intergovernmental

Panel on Climate Change(2007)は，海水位が21世紀終わりまでに，0.18〜0.59m（10〜23インチ）上昇すると予測している．しかしながら，近年のグリーンランドや南極で急速な氷河融解が観測されていることから考えると，これらの予測は甘すぎる可能性が高い（Rahmstorf 2007）．

将来の気候変動は，野生動物に深刻な影響を与えるであろう．特に，もし，気候条件の変化が，種の歴史的な許容範囲を超えた場合，その新しい気候変化への迅速な適応は不可能であるし，自然または人為的な障害によって，より適した生息地に移動することもできないであろう．数々の精巧な気候変動モデルが，種の絶滅，生息地の消失，その他の野生動物への影響に繋がる気候条件の将来予測を行っている（図5-1参照）．

野生動物の2つの異なる未来を想像してみよう．最初のシナリオでは，温室効果ガスの排出は衰えずに，次世紀を越えて増加し続け，大気中の二酸化炭素のレベルが650ppmまで達し，地球の平均気温が2100年までに現在より2.2℃

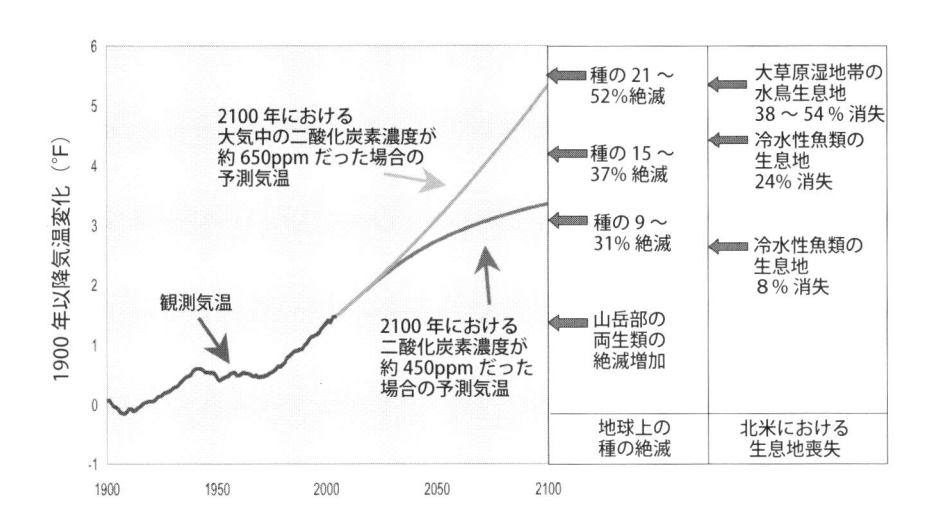

図 5-1 地上観測による1900年以降の気温変化と将来気候の2つの予測
地上観測による1900年以降の気温変化と将来気候の2つの予測．右の2つの欄は，気温増加の違いによる野生動物への影響予測を示す．（出典：IPCC 2007）

（4°F）上昇する．このシナリオでは，地球上の種は最大半分まで絶滅すると考えられる（Thomas et al. 2004）．北米の大草原湿地帯は，水鳥の一大繁殖地であるが，乾燥が主要因となり，その生息地は38〜54％減少するであろう（Parry et al. 2007）．北米を流れる小川や河川もまた水温が上昇し，冷水性の魚類の生息地のうち4分の1が消失するだろう（O'Neal 2002；Preston 2006）．こうした生息地の変化は，魚類や野生動物にとって大きな困難を引き起こす．

　一方，もし，大気中の二酸化炭素レベルを約450ppm，そして地球の平均気温の上昇が今日より1.3℃（2°F）となるまで温室効果ガスの排出削減を達成した場合，野生動物に対する影響は，それほどひどくはならないだろう．このシナリオでは，山岳地帯の両生類など，すでに絶滅の危機にあるいくつかの種が絶滅すると考えられるが（Pounds et al. 2006），全体として，魚類と野生動物の喪失は，はるかに少ないと予想される．例えば，北米では，冷水性魚類の生息地の8％程度が消失するであろう（O'Neal 2002；Preston 2006）．温暖化傾向が少ないというこの楽観的なシナリオでは，その影響は少ないかもしれないが，生態系は変化するということに注意すべきである．野生動物が最も健全な形でしっかりと生存していけるよう，さらなる協調努力が必要とされている．

気候変動に対する人々の考え方

　2003年に実施された環境問題に関する世論調査によると，気候変動は，水質汚染，生態系破壊，有害廃棄物，人口過剰，オゾン層破壊に次いで，6位にランク付けされた（Curry, Ansolabere, and Herzog 2007）．しかし，その順位は2006年までに第1位となり（Curry, Ansolabere, and Herzog 2007），さらに2007年春の全米世論調査では，過半数を大きく上回る人々が，気候変動は実際に起こっていると確信していることが分かった（表5-1参照）．

　気候変動について人々の意識が高まる中，この問題の対策に対し，人々の協力が広がっていることも不思議ではない（表5-1参照）．考えられる解決策としては，代替燃料の開発による温室効果ガス排出の削減，経済産業界における排出基準の設定，もしくは，温室効果ガスの強制的なコントロールといったことがあげられる．それに加え，Gallup（2007）によれば，個人でできる様々な対策が，多くの市民のサポートを得ていることが分かった．それらは，家庭での蛍光電球の使

表5-1 2007年に実施された地球温暖化に関する世論調査の抜粋

世論調査	地球温暖化に対する見解	政府対応に対する見解
実施日：2007年1月30日～31日 対象：全国の有権者登録をしている人のうち900名 調査機関：Fox News, Opinion Dynamics社 (Fox News/Opinion Dynamics Corp. 2007)	82%が地球温暖化が現実に存在すると信じていると回答	該当なし
実施日：2007年3月11日～14日 対象：全国から選ばれた成人1,009名 調査機関：Gallup社 (Saad 2007)	59%が温暖化の影響はすでに起こっていると思うと回答	該当なし
実施日：2007年4月5日～10日 対象：全国から選ばれた成人1,002名 調査機関：Washington Post/ABC News/Stanford University (Washington Post-ABC News-Stanford University 2007)	84%が世界の気温はおそらく，過去100年の間にゆっくりと上昇していると思うと回答	49%が米国政府は地球温暖化にもっと対処すべきと思うと回答 20%が米国政府は，もう少し対処すべきと思うと回答
実施日：2007年3月19日～22日 対象：全国の有権者登録している人の中から選ばれた500名 調査機関：Center for American Progress (Podesta, Weiss, and Nichols 2007)	76%が今日，地球温暖化の影響は明白に現われていると思うと回答	60%が今すぐに何らかの対策を取るべきであると思う，または，地球温暖化を止めるには遅すぎないと思うと回答
実施日：2007年4月20日～24日 対象：全国から選ばれた成人1,052名 調査機関：CBS News/New York Times (CBS News/New York Times 2007)	49%が地球温暖化は，今日深刻な影響をもたらしていると思うと回答 36%が地球温暖化は，将来に影響を与えると思うと回答	52%が地球温暖化は，政府のリーダーが取り組むべき最重要課題であると思うと回答

用（賛成69%），ハイブリット車の購入（賛成62%），家を建てる際エネルギー効率をできるだけ高めるために数千ドルをかける（賛成78%）といった幅広いものであった．

　気候変動に対処する行動への支持は，釣り人や狩猟者といった，魚類および

表 5-2 地球温暖化に関する狩猟者と釣り人の全国世論調査結果

以下の意見について，賛成ですか，それとも反対ですか	回　答
地球温暖化は現在起こっている．	76% 賛成
地球温暖化は，主に，化石燃料の燃焼による汚染によって引き起こされる．	56% 賛成
地球温暖化は，魚類や野生動物にとって深刻な脅威である．	71% 賛成
地球温暖化は，即時対応が迫られている緊急課題である．	67% 賛成
米国は，地球温暖化の一因で，魚類や野生動物の生息地に脅威をもたらしている二酸化炭素のような温室効果ガス排出を削減すべきである．	78% 賛成
議会は，拘束力のあるスケジュールを伴った地球温暖化汚染削減の明確な国家目標を法律で制定するべきである．なぜなら，産業界はすでに十分な時間を自主的削減に費やしてきたからだ．	75% 賛成
地球温暖化に取り組む法律は，その影響から魚類，野生動物，それらの生息地を保護するための予算確保も含むべきだ．	76% 賛成

出典：Responsive Management 社による狩猟者と釣り人全国世論調査（National Wildlife Federation 2006）www.targetglobalwarming.org/files/Toplines_National_FINAL.pdf.

野生動物行政を支える主要グループにまで広がっている．大多数の人々が，温室効果ガス削減と魚類・野生動物および生息地の保護などを"即時対応が迫られている緊急課題"であると認識している（National Wildlife Federation 2006）（表 5-2）．狩猟者と釣り人の政治的見解は，一般的に保守的である．例えば，2004 年の大統領選において，彼らは，George W. Bush 大統領と John Kerry 上院議員に対し，2：1 の割合で投票した．そのような人々が，上記のような支持を表明していることは意義のあることである（National Wildlife Federation 2006）．さらに，魚類および野生動物の行政機関が，魚類や野生動物資源に影響を与える気候変動に対処することについて，彼らの受容度は高いという調査結果が出ている．

野生動物に対する人間の態度

なぜ，われわれ人間は，野生動物に関心をもつのか．たとえ関心をもつ意義をあまり考えたことがなかったとしても，あるいは，単に子供時代のアウトドア活

動の体験がきっかけであったとしても，野生動物に情熱を注ぐようになることは，野生動物保全の専門家にとっては実に自然なことである．Wilson（1984）の仮説によれば，野生動物保全の原動力となるものは，人間と野生動物の深い繋がりであり，それをバイオフィリア（biophilia），いわゆる生命愛であると言っている．その仮説によれば，人間と野生動物のこのような本能的結びつきは，基本的に，人間の自然の事象に対する生まれもった選好性である．バイオフィリアの仮説は議論の分かれるところだが（Kellert and Wilson 1993），明白なことは，人間は，環境や野生動物，野生動物保全に関心をもっているということである．全国調査を行ったエール大学（2004）の報告によると，95％という圧倒的大多数が，他の問題に比べて環境問題は重要であるとし，過半数を超える人々が，環境問題は非常に重要であると答えている．さらに，13％の人々が，環境問題を最も大事な問題であると答えている．

　一般市民にとって，野生動物を楽しむことは，健全な環境の一部として象徴的である．米国北東部と南東部における調査によると，回答者の圧倒的大多数（それぞれ91％，90％）が，自州内での野生動物の生息情報を知ることはとても重要であると答えている（Responsive Management 2003, 2005）．さらにオオカミ，クーガー，ハイイロクマの自州内への再導入に関する，地域住民への意見調査によると，多くの住民が支持していることが明らかとなった（Responsive Management 1998）．

　狩猟者や釣り人は，野生動物保全のための財源を法律で制定するよう議会に働きかけることによって，魚類と野生動物に対する懸念を何度も明示してきた．これらの法律には，1934年に制定された渡り鳥狩猟および保全印紙条例（Migratory Bird Hunting and Conservation Stamp Act：いわゆる"ダックスタンプ法"）や，1937年制定の野生動物復元法（Federal Aid in Wildlife Restoration Act："ピットマン・ロバートソン法"），そして，1950年制定，1984年改正の水産資源復元法（Federal Aid in Fisheries Restoration Act：それぞれ通称"ディンゲル・ジョンソン法"と"ウォロップ・ブロー法"）といったものがある．これら4つの法律を合わせて，合計110億ドルの保全のための財源が狩猟者や釣り人によって生み出されている（U.S. Fish and Wildlife Service 2007）．

　野生動物消滅に対する一般市民の懸念は，1973年に絶滅の危機に瀕する種の

保存に関する法律（Endangered Species Act）の制定へと導いた．35 年を経た現在でも，野生動物を守りたいという市民の情熱は絶えることがない．例えば，気候変動による海氷減少のため，危機的状況にあるホッキョクグマを，絶滅危惧種リストに載せるという 2007 年の米国魚類野生生物局（U.S. Fish and Wildlife Service）提案書に対し，多くの市民から反響があった．約 600,000 件のコメントが寄せられ（U.S. Fish and Wildlife Service 2007a），ほとんどの人が野生のホッキョクグマを一度も見たことがないであろうにも関わらず，そのほとんどが支持を表明した（Woods 2007）．

行動動機：保全と自己利益の接点

野生動物に対する生来の愛情に加えて，保全活動は，健全な環境が人類にとって不可欠なものであるという理解を醸成した．例えば，汚染された大気や水が，人間や生態系に及ぼす影響についての懸念は，一般市民に広く行き亙り，1970 年代に大気浄化法（1970 年）や水質浄化法（1972 年，1977 年）といった多くの重要な法律が議会で制定される結果となった．同様に，気候変動による人類と野生動物への潜在的悪影響への危惧は，今日の行動を呼び起こす原動力となっている．

2005 年，野生動物学会は，"気候変動と野生動物"に関する意見報告書を採択した．この意見報告書では，温室効果ガス排出の削減とともに，野生動物管理の専門家に，野生動物が気候変動を生き延びる手助けをするよう要請している．米国地球物理連合（American Geophysical Union）や米国気象学会（American Meteorological Society）という米国の気象学者のほとんどが所属するこれら 2 つの学会は，気候変動について説得力のある意見報告書を発表した．2005 年には，U.S. National Academy of Science は，他の 10 か国の科学アカデミーと共同で，気候変動は現に起こっていること，観測された変動は人為的要因によるものであること，そして，温室効果ガス排出削減への取組みと，人類と野生動物が今後不可避となるであろう変化に適応できるよう，何らかの行動を起こすことを確認した．

様々なグループが，気候変動に対し行動を起こそうと声をあげてきている．米国気候アクションネットワーク（U.S. Climate Action Partnership：USCAP）には，

26の国際的な大企業と6つの環境保全NGOが参加しているが，彼らは，米国政府に対し，2050年までに温室効果ガス排出量を60〜80%まで削減することを法律で義務づけるよう求めている（U.S. Climate Action Partnership 2007）．多くの企業が，気候変動に対する積極的な取組みをとる理由として，自社の財政の健全性を引き合いに出す．通常通りに業務を続けることによる潜在的な不利益だけでなく，新規グリーン市場の好機をも見出そうとしているのだ．福音主義キリスト教，ローマ・カトリック，ユダヤ教，その他の宗教組織を含む宗教コミュニティーは，人類の善良な地球の管理人としての責務，および国際的および世代間の社会正義に取り組む責務を訴えている．

　元来，気候変動に関心のなかった人々の間でも，何らかの取り組みが増えてきたことは，もはや一部の利害関係のある人達だけの問題ではなくなってきているということを浮き彫りにしている．狩猟者と釣り人，ビジネスリーダーと宗教リーダー，科学者と環境保全主義者，リベラル派と保守派，皆，野生動物への生来の愛情や地球を管理する責務，そして，もし，気候変動に対して何の取り組みもしなければ，われわれ人類の将来は大いに影響を受けるであろうという認識を共有している．

気候変動下の野生動物保全活動

　人間，気候変動，野生動物の連鎖の実質的意義は複雑であるが，主に3つのカテゴリーに分類できる．まず第1に，地球規模の気候変動はすでに起こっており，魚類や野生動物資源に影響を与え，それは今後も続くであろうということである．野生動物の専門家は魚類や動物そしてそれらの生息地が，気候変動下で存続できるように行動を起こすことによって，これらの影響を緩和することができる．第2に，温室効果ガス汚染を削減することによって，気候変動の野生動物への全体的な影響を最小限に抑えることができる．最後に，自然生態系は，植物や土壌に炭素を貯蓄する重要な役割を担っている．これらの地域を保全する戦略的な取組みによって，この有機物質を腐朽させず，大気中に二酸化炭素を放出しないようにすることができる．同様に，適切な生息地復元は，大気中のCO_2を固定することができる．

気候変動下での野生動物存続に向けて

　特定の種および地域に対する気候変動の潜在的影響はまだ正確には知られていない．それでも，野生動物学会は，この気候変動下で野生動物が生き延びるために，野生動物管理に携わる人々が今取り組むべき18の行動提言を報告書にまとめている（Inkley et al. 2004）．その内容を以下に抜粋する．

　健全で，連結性のある，遺伝的種の多様性をもつ個体群の維持． 小規模で分断された個体群は，局地的に絶滅しやすい．野生動物管理に携わる人々は，すでに健全な個体群の維持に取り組んでいるものの，気候変動によって，この目標の重要性が増してきている．

　生態系への気候以外のストレス要因の削減． 他の人為的ストレス要因，例えば，汚染物質や生息地消滅などを抑えることで，気候変動と相まった悪影響を最小限に抑えられるであろう．また，気候変動の影響に対する生息地と種の回復力を高めるであろう．

　外来種の防除． 急速な気候変動は，生息地のバランスを崩し，それによって，外来種の分布が広がる機会を増やす．外来種の悪影響を抑えるためには，広範囲に及ぶモニタリングと防除が必要である．

　異常気象現象に耐えるための野生動物への支援． 気候変動下での野生動物とその生息地の反応は，予期できないものかもしれない．それゆえ，自然資源管理に携わる人々は，フレキシブルに対応する必要がある．

　大火災のリスク削減． 火災は，多くの生態系において自然なことであるが，気候変動は，もっと頻繁に火災を引き起こし，さらにダメージの大きい大火災へと導く（Westerling et al. 2006）．管理者は，野火や他のテクニックを使うことによって燃料としてのポテンシャルを引き下げ，大火災の可能性を減らすことができる．

　沿岸湿地帯の保護と海面上昇の適応． 管理者は，保全地役権や内陸の緩衝地帯の買収により，生息地を確保し，野生動物を内陸へ移動させることができ，海面上昇に関連した悪影響から守ることができる．

　捕獲量の調整． 魚や野生動物の個体数は気候変動に反応するので，それらの生産性と持続性は，増加したり減少したりする．管理者は，これらの変化を見込んで，捕獲規制を適用する必要があるだろう．

　予測をたてる際の気候モデルと歴史的データの検討． 気候は変動し続けている．

したがって，過去の気候，生息地そして野生動物の状況が，将来の状況を予測する際に，必ずしも信頼性のある指標にはならないということを管理者は留意しなければならない．将来の気候の変化を考慮したうえで，予測と計画立案を行うべきである．

モニタリングの実施と順応的管理．気候変動には不確実性がある．それゆえ，野生動物管理官は，野生動物への影響を予想し，モニタリングデータを活用して，迅速に管理技法と戦略を修正しなければならない．

好機の探究．管理者は，素早く好機を予測し，それを巧みに利用できるようにしておかなければならない．例えば，もし，気候条件によって現在の農地が使い物にならなくなってしまったら，そこは重要な野生動物保護地域になるかもしれない．

地球温室効果ガス排出の削減

気候変動に対処するには，われわれ人間のエネルギー生産と消費に本格的な改革が必要である．エネルギー消費は，産業革命以来，飛躍的に増えてきた（図5-2）．そして，炭素を主成分とする燃料（石油，石炭，天然ガス）は，今日のエネルギー供給の80％を占めている（Nakicenovic, Grubler, and MacDonald, 1998）．政府は，規制によってこれら炭素排出を削減し，新しいエネルギー政策を採択することで，改革へと導くことができるであろう．省エネを推進する政府機関は，それぞれの職務や活動のなかで，温室効果ガスの削減が可能であることを，他の政府機関に証明しなければならない．

炭素排出削減には，炭素を主成分としない代替エネルギー資源だけでなく，化石燃料由来の，よりエネルギー効率の高い電力開発が必要である．太陽光発電，水力発電，バイオ燃料，風力発電，原子力，そして地熱エネルギーの本格的な研究開発が進められている．野生動物の専門家は，代替エネルギー資源による野生動物への影響が最小限化あるいは軽減化されるよう注意を払う必要があるだろう．例えば，Arnett et al.（2007）は，風力発電の開発は，生息地分裂と破壊だけでなく，鳥類とコウモリ類の死亡率といった野生動物への影響を考慮するべきであると警告している．

エネルギーは，全体的な温室効果ガス排出削減戦略のなかで，もっと効果的に使われなければならない．交通，製造，建築工事，電化製品や照明，その他の電

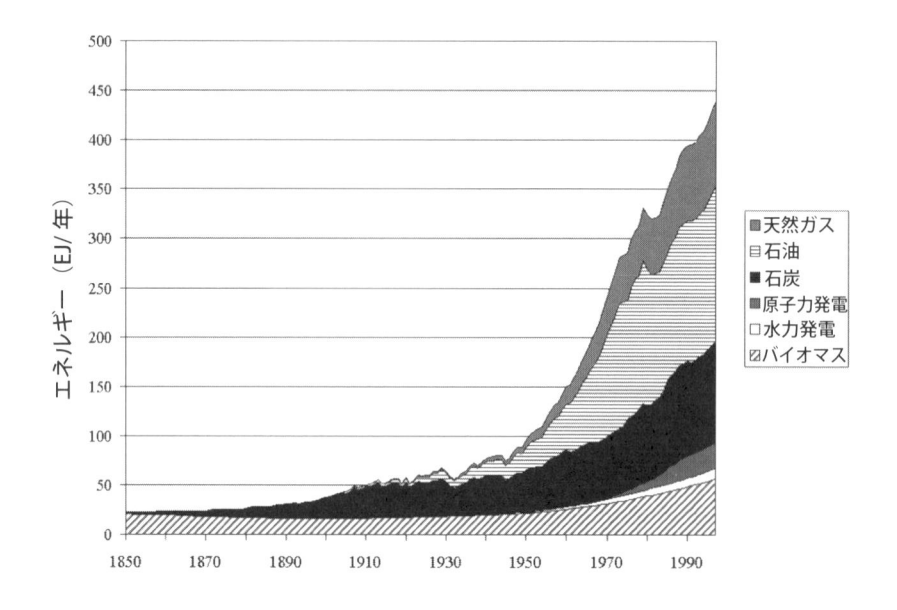

図 5-2 世界の主要エネルギー資源の供給源の推移

現在，毎年 300 億 t 以上の二酸化炭素が化石燃料の燃焼により大気中に排出されている．その結果，過去 2 世紀中に，大気中の二酸化炭素濃度は 280ppm から 383ppm と 30％以上も上昇している．（出典：Nakicenovic et al. 1998）

気機器を消費者が選ぶ際に，エネルギー効率を上げるための好機が存在する．数え切れないほど多くの米国政府機関，州政府機関，そして財界は，エネルギー効率化の推進を実施しているか，検討を進めている．保全に関わる機関もまた自らの温室効果ガス排出削減と同時に，日常的なエネルギー消費を減らす道を模索し，そのコストを削減することが可能である．多くの取り得る選択肢は 2 つあり，1 つは白熱灯を小型蛍光灯に替えること，これにより約 70％の省エネが可能となる．もう 1 つは燃費の良い乗り物やエンジンを使うことである．

生息地保全と復元を通じた炭素固定

保全活動の第 3 のカテゴリーとして，植物や土壌の中に，大気中の二酸化炭素を固定させる方法がある．大気中の温室効果ガス削減に役立つ一方で，同時に，野生動物にも多大な恩恵をもたらす．天然林，草原そして湿地帯が，農地に転用

されたり，開発されたりする際，かなりの量の二酸化炭素と温室効果ガスが，大気中に放出される．これらの土地を自然生態系に復元することによって，光合成により大気中の二酸化炭素を固定することができるようになる．土地の保全と復元による炭素固定を推進するために，保全に関わる機関はその機会を探る重要な役割を担っている．

人間事象研究の必要性

　ここまで，われわれは，急激な気候変動を引き起こしている原因に占める人間の責任，温室効果ガスを削減することの必要性，この気候変動のなかで，野生動物が生き延びるためにできる保護管理活動，そして，米国市民の大多数が，喫緊の課題であると認識していることを論じてきた．気候変動は，今日，社会問題であり，科学の力と一般社会の行動を，温室効果ガス排出で削減のための行動に変換するという大きな挑戦を伴っている．

　われわれ個人が懸念を行動に移す時，気候変動問題には，特に課題となる2つの側面がある．それは，問題が地球規模であること，そして行動と結果の間に長期のタイムラグがあるということである．しかしながら，これらの課題は，気候変動に特有のものではない．フロンガスの禁止は，世界中で使用されていたという現実を乗り越えた．また，少なくとも2020年代までは，オゾンホールの明確な縮小は見えてこないであろうという現実を乗り越え，フロンガスの禁止に成功した（Newman et al. 2006）．とはいえ，気候変動への取組みは，さらなる挑戦を強いられることである．なぜなら，気候変動は，フロンガスの時のように主に企業による推進というよりも，むしろ，われわれ1人1人，個人による行動が必要とされるからだ．

　人間事象研究は，温室効果ガス排出の大幅な削減達成のために極めて重要な意味をもつと思われる．この研究は，人々の気候変動に対する潜在的な価値，態度，知識や，気候変動を最小限にするために人々が最も取り組みやすい行動を明らかにする研究を含むだろう．とりわけ重要なことは，人々を行動せずにいられない気持ちにさせる要因やメッセージとは何かを理解することである．特に，人々が行動を起こすことの必要性と実際の便益を，何十年もまたは一生気づかされないかもしれないとしたら，それは重要である．なぜなら，気候変動は全世界の問題

であり，人間事象研究は，北米だけでなく，世界中の人々，特に，気候変動の一因となっている国々の人々を含めるべきであるからだ．これは，非常に多様な経済レベルや文化を超え，地球温暖化防止に向けて，人々が一致団結した行動をとるための方法を見つけだすことに役立つだろう．

結　論

　気候変動は，人類にとって最大の環境問題であり，人類の進化以来，野生動物への最大の脅威であると確信する．人類と野生動物の未来は，化石燃料の燃焼により引き起こされた急激な気候変動を最小限に食い止めるために，温室効果ガス削減に向けた個人規模と世界的規模の行動にかかっている．同時に，すでに気候変動の影響を避けられない状況にある野生動物を存続させるため，魚類と野生動物の管理者による具体的な行動が必要である．

　現在そして将来の世代のために，そして野生動物保全のために，人類は今，気候変動に対して真剣に取り組まなければならない．気候変動への取組みへとつき動かす要因は，個人的な興味や，人類の生来の野生動物に対する魅力，環境に対する人々の懸念であろう．それは，たとえ，人間活動にいくらかの制限がかけられたとしても，野生動物を守りたいという世論調査が示していることに裏付けされている．人間事象研究にとっての課題は，人々にとって何が気候変動を現実的なものととらえさせ，大多数の人々が行動を起こす気になるのかを見つけ出すことである．気候変動が，最終的な"コモンズの悲劇"とならないように．

引用文献

Arnett, E. B., D. B. Inkley, D. H. Johnson, R. P. Larkin, S. Manes, A. M. Manville, J. R. Mason, M. L. Morrison, M. D. Strickland, and R. Thresher. 2007. Impacts of wind energy facilities on wildlife and wildlife habitat. *Wildlife Society Technical Review 07-2*. Bethesda, MD: Wildlife Society.

CBS News/New York Times. 2007. Americans' views on the environment. April 26. www.cbsnews.com/htdocs/pdf/042607environment.pdf.

Curry, T. E., S. Ansolabehere, and H. J. Herzog. 2007. A survey of public attitudes towards climate change and climate change mitigation technologies in the United States: Analyses of 2006 results. http://sequestration.mit.edu/pdf/LFEE_2007_01_WP.pdf.

Fox News/Opinion Dynamics Corp. 2007. Opinion Dynamics Poll 2 February 07.

www.foxnews.com/projects/pdf/020207_global_warming_web.pdf .
Gallup. 2007. Gallup's pulse of democracy: Environment. www.galluppoll.com/content/default.aspx?ci=1615&pg=1.
Griffith, M. 2006. Huge wildfires prompt emergency hunt of wildlife in Nevada. *Las Vegas Sun*, September 3.
Hoegh-Guldberg, O. 1999. Climate change, coral bleaching and the future of the world's coral reefs. *Marine and Freshwater Research*. 50:839 — 66.
Inkley, D. B., M. G. Anderson, A. R. Blaustein, V. R. Burkett, B. Felzer, B. Griffith, J. Price, and T. L. Root. 2004. Global climate change and wildlife in North America. *Wildlife Society Technical Review* 04-2. Bethesda, MD: Wildlife Society.
Intergovernmental Panel on Climate Change (IPCC). 2007. *Climate change 2007: The physical science basis*. Contribution of Working Group I to the Fourth Assessment Report of the Intergovernmental Panel on Climate Change, ed. S. Solomon, D. Qin, M. Manning, Z. Chen, M. Marquis, K. B. Averyt, M. Tignor, and H. L. Miller. Cambridge and New York: Cambridge University Press.
Kellert, S. R., and E. O. Wilson. 1993. *The biophilia hypothesis*. Washington, DC: Island Press.
Nakicenovic, N., A. Grubler, and A. MacDonald, eds. 1998. *Global energy perspectives*. Cambridge: Cambridge University Press.
National Oceanic and Atmospheric Administration (NOAA). 2007. Trends in Atmospheric Carbon Dioxide — Mauna Loa. www.esrl.noaa.gov/gmd/ccgg/trends.
National Wildlife Federation. 2006. Nationwide opinion survey of hunters and anglers. Conducted by Responsive Management. www.targetglobalwarming.org/files/Toplines_National_FINAL.pdf.
Newman, P. A., E. R. Nash, S. R. Kawa, S. A. Montzka, and S. M. Schauffler. 2006. When will the Antarctic ozone hole recover? *Geophysical Research Letters* 33 L12814.
O'Neal, K. 2002. Effects of global warming on trout and salmon in U.S. streams. Washington, DC: Defenders of Wildlife and Natural Resources Defense Council.
Parmesan, C. 2006. Ecological and evolutionary responses to recent climate change. Annual review of *Ecology, Evolution, and Systematics* 37:637 — 69.
Parry, M. L., O. F. Canziani, J. P. Palutikof, P. J. van der Linden, and C. E. Hanson, eds. 2007. *Climate change 2007: Impacts, adaptation and vulnerability*. Contribution of Working Group II to the Fourth Assessment Report of the Intergovernmental Panel on Climate Change. Cambridge: Cambridge University Press.
Podesta, J., D. J. Weiss, and L. Nichols. 2007: Americans urgently want action on energy independence and global warming. Center for American Progress, April 18. www.americanprogress.org/issues/2007/04/environment_poll.html.

Pounds, J. A., M. R. Bustamante, L. A. Coloma, J. A. Consuegra, M. P. L. Fogden, P. N. Foster, E. La Marca, et al. 2006. Widespread amphibian extinctions from epidemic disease driven by global warming. *Nature* 439:161 − 67.

Preston, B. L. 2006. Risk-based reanalysis of the effects of climate change on U.S. cold-water habitat. *Climatic Change* 76:91 − 119.

Rahmstorf, S. 2007. A semi-empirical approach to projecting future sea-level rise. *Science* 315:368 − 70.

Responsive Management. 1998. Wildlife and the American mind: Public opinion on and attitudes toward fish and wildlife management, ed. M. D. Duda, S. J. Bissell, and K. C. Young. Harrisonburg, VA: Responsive Management.

———. 2003. Public opinions on fish and wildlife management issues and the reputation and credibility of fish and wildlife agencies in the Northeast United States. Harrisonburg, VA: Responsive Management.

———. 2005. Public opinions on fish and wildlife management issues and the reputation and credibility of fish and wildlife agencies in the southeastern United States. Harrisonburg, VA: Responsive Management.

Root, T. L., J. T. Price, K. R. Hall, S. H. Schneider, C. Rosenzweig, and J. A. Pounds. 2003. Fingerprints of global warming on animals and plants. *Nature* 421:57 − 60.

Saad, L. 2007. Did Hollywood's glare heat up public concern about global warming? Concern about global warming is up slightly over past year. Gallup News Service. www.galluppoll.com/content/?ci=26932&pg=1.

Schweiger, L. 2006. Speech presented at Campaign for America's Future: Take Back America, National Wildlife Federation, Washington, DC, June 12.

Siegenthaler, U., T. F. Stocker, E. Monnin, D. Lüthi, J. Schwander, B. Stauffer, D. Raynaud, J. M. Barnola, H. Fischer, V. Masson-Delmotte, and J. Jouzel. 2005. Stable carbon cycle climate relationship during the late Pleistocene. *Science* 310(5752):1313 − 17.

Smith, D. 2007. The mystery of the disappearing moose. *National Wildlife* 45(2):46 − 50.

Thomas, C. D., A. Cameron, R. E. Green, M. Bakkenes, L. J. Beaumont, Y. C. Collingham, B. F. N. Erasmus, et al. 2004. Extinction risk from climate change. *Nature* 427:145 − 48.

U.S. Climate Action Partnership. 2007. A call for action: Consensus principles and recommendations from the U.S. Climate Action Partnership: A business and NGO Partnership. www.us-cap.org.

U.S. Fish and Wildlife Service. 2007. www.fws.gov/duckstamps, http://federalasst.fws.gov/wr/fawr.html, http://federalasst.fws.gov/sfr/fasfr.html.

U.S. Fish and Wildlife Service. 2007a. News Release, U.S. Fish and Wildlife Service Extends Comment Period on Polar Bear Research, October 2, 2007.

www.fws.gov/news/NewsReleases/showNews.cfm?newsId=61CFD2A8-AE27-DE0D-70CA1F1A770C5420.

Washington Post–ABC News–Stanford University. 2007. Environment trends. April 20. www.washingtonpost.com/wp-srv/nation/polls/postpoll_environment_042007.html.

Westerling, A. L., H. G. Hidalgo, D. R. Cayan, and T. W. Swetnam. 2006. Warming and earlier spring increase western U.S. forest wildfire activity. *Science* 313:940 – 43.

Wilson, E. O. 1984. *Biophilia*. Cambridge, MA: Harvard University Press.

Woods, B. 2007. Personal communication with authors.

Yale University, Center for Environmental Law and Policy and the School of Forestry and Environmental Studies. 2004. *The environmental deficit: Survey on American attitudes on the environment*. New Haven, CT: Yale University.

第 2 部

野生動物管理の哲学における社会的構成要素の構築

訳：伊吾田宏正

　魚類および野生動物管理における"人間事象からの科学"はここ40年間で発達してきたが，必ずしも実践が伴っていたわけではない．第1部では，野生動物管理における社会科学について定義し，人間社会の構造がどのように自然の世界と関係しているのかを見てきた．第2部では，"人間事象からの科学"を野生動物管理に組み込む際の方法と手段について詳しく述べる．

　われわれのどんな活動でも，成功のためにはしばしば組織改革が必要である．第6章では，野生動物管理分野の発展の過去，現在，未来について概観する．歴史的に野生動物管理の文化がどのように変化してきたかを見ることで，近年のパラダイムシフトと，"人間事象からの科学"が野生動物管理に導入された過程をよりよく理解できるだろう．

　第7章では，人間と野生動物との軋轢を扱うために生態学と社会科学が組み合わされたヨーロッパの事例を検討する．ここでは，各事例で発達した枠組みについて述べたうえで，それを社会経済面や管理の実践面に応用して，得られた教訓について議論する．

　第8章，第9章，第10章では，アジア，アフリカ，南米において，社会科学的アプローチと生態学的アプローチを組み合わせる試みについて評価する．第8章では，共同管理について，第9章では地域主体型保全および保全開発統合プロジェクトについて，第10章では統合評価について検討する．これらのアプローチは，潜在的に，伝統的な保護論者的管理の代わりになるものとして有効である．

各アプローチの成功と失敗についても探ってみる．これらのアプローチは，アマゾンでの食肉目的の密猟や貧困社会における環境保全の推進というような根強い問題に対する革新的な解決策として期待される．しかし，これらの複雑な状況での成功例を定義づけるのは困難である．第8章，第9章では，急速に変化するこの世界で，どのように生物多様性保全を倫理的，経済的課題と結びつけたらよいかについての有益な視点が得られる．

　第10章では，人間は自然のランドスケープの一部であり，生態系と切り離して捉えるべきではないという事実が喚起される．この章では，安定性よりもむしろ弾力性と柔軟性を健全なシステムの指標として注目し，複雑な順応的システムとしての社会生態学的システムについて掘り下げる．コンピュータによるモデルは，様々な管理計画の結果をうまく予測する統合評価を開発するために使われる．これらの手段は，管理者が地域社会と協働するうえでの助けとなる．

　健全な生物圏を維持していくために，人間は他の生物と共存していかなければならない．以下の章では，21世紀における人間社会と野生動物の共存のために，科学者，非営利団体，行政当局がこの理論的枠組みのなかで，どのように活動すべきかについて概観する．

第6章
変化する野生動物管理の文化

Larry M. Gigliotti, Duane L. Shroufe, and Scott Gurtin

訳：石﨑明日香

　本章は，北米における野生動物管理の発達を，パラダイムという概念の観点から考察する．まずは，パラダイムという言葉の定義から始めたい．『科学革命の構造』の著書であるThomas S. Kuhn（1962）は，パラダイムを2つの意味で使っていた．1つには，Kuhnはパラダイムについて「とあるコミュニティーに属する人々の間で共通にもたれている信念，価値，技術などを総合した象徴」としながらも，「その象徴における1つの要素のようなものであり，確かな問題の解なのである．モデルや事例を使うことによって，その解は現存する明白な法則に取って代わり，科学のさらなる問題の解の基礎となるのである」とも説明している．本章で扱う事例では，後者のパラダイムの定義が反映されていることが多いが，Kuhnがそうしたように前者の定義も含めてパラダイムという言葉を使うこととする．

　また，Joel A. Barkerの『パラダイムの魔力－成功を約束する創造的未来の発見法』（1992）ではさらに別の定義がなされている．Barkerの著書は，パラダイムの枠組みの中で，あるいはパラダイムシフトが起こっている中で成功するための方法を理解するための実用本と言っていいだろう．彼のパラダイムの定義とは次のようなものである．「パラダイムとは，(1)境界線を確立，あるいは定義し，(2)その境界線内でどう行動すれば成功できるのかを決定する法則や法律（記述してあるかないかを問わず）を一まとめにしたものである」．本章では，野生動物関係の職業分野において，野生動物問題やその解決策，解決方法，そしてそれに必要な手段がどのように捉えられているのかを説明するためにパラダイムを利

用する．また，文化という言葉においても，パラダイムと似た"野生動物関連機関を動かす信念や哲学"という簡易な定義を本章では利用する．

　本章はパラダイムを利用して北米の野生動物管理の発達を一般論的に探求する．米国の野生動物管理は州単位で行われていることが多く，野生動物管理機関の発達，特にその人間事象への適用においては州によって差があることを承知しておかなければならない．そのうえで，ここでの議論は広く一般論として述べている．本章の主な目的は，パラダイムがどのように野生動物関係の分野を発展させ，同時に新しい考えの妨げとなるかを，野生動物管理におけるパラダイムシフトの実例を用いて検証することである．

北米の野生動物に対する価値観：管理方法の土台

　Aldo Leopold（1933）は，「狩猟管理とは，娯楽利用のために野生動物の持続的生産を大地に促す一種の技術体系である」と定義した．野生動物管理という概念はそもそも，初期のヨーロッパ系移民とともに北米に渡ってきたものではない．ヨーロッパ大陸の"野生"は，北米への移住が始まるよりもずっと前に"征服"されていた（Robinson and Bolen 1984）ため，北米にたどり着いた初期の移民たちは，おそらくその自然資源や野生動物の豊富さに驚いたことであろう．ヨーロッパでは当時すでに大型捕食動物の多くは根絶されているか，山岳地帯や森林地帯の奥深く限られた場所に残るのみとなっていた．土地は家畜に合うように開拓され，シカやウサギ，ライチョウ，キツネなどの狩猟対象動物が残っている場所では，それらの動物は土地を所有する貴族の所有物とみなされていた．よって，北米への初期の移民の大半を占めた低層階級の人々は，野生動物にあまり価値を見出さなかった．

　北米への最初の開拓者や商人たちは，たどり着いた土地には見事な村や農業をもち合わせた人々が"かなりの密度で生活"しているのを発見した（Mann 2005）．初期の開拓者たちは"広大な土地に栽培されたトウモロコシや豆，カボチャ"について記述している．ネイティブアメリカンたちはヨーロッパからの新参者と進んで取引したが，彼らが長期滞在や定住することは許さなかった．しかし，当初の開拓者にもち込まれた病気によって多くのネイティブアメリカンが死亡し，結果的に開拓者に対抗することができなくなったのである．Mann（2005）

によると，新境地で見られた野生動物の豊富さは，ネイティブアメリカンの人口が急激に減った反動であった可能性を唱えている．Mannの考察は，北米の野生動物はコロンブスのアメリカ大陸到達までほとんど人間の影響を受けていなかったと言う考えを覆すものである．

　ヨーロッパ系移民は野生動物に対する"支配的"なパラダイムをもって北米へ到着した（Huth 1990）．このようなパラダイムは，ユダヤ-キリスト教の創世記の中で神から人間への戒律が「産めよ，増えよ」，「地球と全ての動物を支配せよ」というものであることに起源があるという説もある（Robinson and Bolen 1984）．この説は，抑制されない過度の資源利用を正当化するために使われることも多いが，支配とは責任を伴うとの指摘もある．しかし，前者の考えを強化するごとく，初期のヨーロッパ系移民は一見底尽きることのない野生動物の豊富さと貴族から解放された自由さを経験したのである．このような自然の豊かさと個人の自由を背景にした支配的パラダイムが，北米の野生動物管理の土台となったのである．

　この開拓時代において特記すべきことは，"無限"にある資源とその土地が支配されていった速度である．数多くの人々が北米に到来し，人口が増えるにつれて西部への開拓が拍車をかけて進み，資源利用は産業時代の到来によってさらに加速することとなった．しかし，土地の荒廃や野生動物の減少例が増えていくにつれて，保全倫理が生まれ始めたのである．人がそれほどまでに早く野生動物を減少させることができるという現実は，開拓者にとっては驚くべき発見となったのである．

野生動物管理の簡単な歴史：進展するパラダイム

最初のパラダイム

　このように，野生動物の減少という現実問題に対する解決策として野生動物管理は生まれたのであった．野生動物管理の分野における最初のパラダイムは，狩猟の規制化と，その取締りであった．北米では，狩猟を規制することはわりと早期に認識された．Leopold（1933）によれば「1905年頃までの米国では，狩猟を向上させたりつくり上げるのではなく，存続させるという考えが主流であった…狩猟を規制することは，残された手付かずの資源を"つなぎ止め"，少しでも

その消滅を先延ばしにすることができたのである」．米国独立革命の頃には，当時13あったうちの12の英国植民地ですでにいくつかの狩猟対象動物に禁猟期間やその他の規制をかけていた（Leopold 1933）．また，野生動物管理のための行政機関ができ，狩猟管理人が雇われるようになった．管理人システムがマサチューセッツ州とニューハンプシャー州に導入されたのが1850年頃であった．Leopold（1933）は，このような規制が米国に導入されていく様子をうまく著書の中で捉えている．規制と言う方法が過度の資源利用の解決策として確立され，その結果，野生動物管理人という専門職がこの新しいパラダイムを支えるために不可欠となった．そしてのちに州ごとの野生動物機関は，強化されていく規制に伴って多くの野生動物管理人を従えるようになっていったのである．

パラダイムはどのように作用するのか

問題が発生すると，その問題についての主流の考え方や解決方法が確立されていく．パラダイムがその効果を発揮するためには，数多くの問題を確実に解決し，一般的に受け入れられる解決法となることが必然となる．そのためには，解決法を発展させるための専門職がつくり上げられ，次第にその専門職を維持するための産業（あるいは行政機関）が発達する．専門家は解決できる問題から解決法を応用していき，パラダイムによって解決されない問題は取り残されていく．解決可能な問題はいずれ解決されていき，さらに難しい問題は重要さが増していく．しかし，元のパラダイムが限られた範囲の問題を解決するのに成功したとしても，あいにく創造的な考えを妨げる可能性がある．パラダイムによって成功を遂げた専門家たちは，もち合わせていない新たな知識やスキルを必要とする斬新的な考えを拒むことも多い．そういった場合，その分野において力をもつ専門家たちが新しいパラダイムが発達するのを遅らせたり止めたりすることがある．既存する確立された組織が崩れることへの恐れは，野生動物管理の行政機関の変革が難しい理由の1つである．その結果，新しいパラダイムは既存する専門分野外で確立されることが多い．

第2のパラダイム

当初の野生動物管理はある程度成功したにも関わらず，狩猟の需要が増加していく中で規制や法律だけでは動物の減少を食い止めることはできなかった．Leopoldは1933年に「残された手付かずの資源を"つなぎ止め"るための考え方，

そして多くの保全学者が強い忠誠心を抱いているその考え方は，限界に到達したようだ．何か新しい方法が必要である」と書いている．そうして生まれた新しいパラダイムは"自然を向上させる"というものであり，それに伴って新しい解決法，知識，スキル，そして専門職ができていった（Leopold 1933）．この新しいパラダイムの特記すべき要素は，結果を得るための主な道具として科学を取り入れたことである．

　野生動物管理を導く考え方における科学的管理パラダイムは，一夜にして確立されたわけではない．Leopoldは，1910年頃にセオドア・ルーズベルト（Theodore Roosevelt）が野生動物管理における科学の重要さを認識したことを認めているが，実際に野生動物管理機関に生物学者が職員として多く採用され始めたのはその何年も後のことであった．多くの著者はLeopoldが1933年に『Game Management』を出版したことによって科学が野生動物管理の基盤として確立されたと唱えている．科学が野生動物管理に応用されるのが遅れた理由の1つとして，管理の基盤になり得るほどの研究が十分に行わるまでに時間がかかったことがある．Leopold（1933）によれば「生物学を野生動物の管理に応用しようとした初期の試みは，それまでの科学が習性や必要条件および個体群の相互関係などではなく，いかに種を判別するための知識を蓄えたものであったかを浮き彫りにした．つまり最近まで，科学はわれわれにアヒルの嘴の長さを語ることはできても，その食性や水鳥の資源状況，また繁殖力の決定条件などについてはあまり分かっていなかったのである．」

　Leopold（1933）はこの新しいパラダイムのもと，以下の段階的な管理方法を把握した．
1. 捕食動物の管理
2. 狩猟用の土地の確保（公園，国有林，保護区等）
3. 人工的な補充（外来種の導入を含む補充や人工繁殖）
4. 環境管理（餌，住みか，病気等の管理）

　これらの考え方が発達した新しいパラダイムの中でも，規制や法律は有効な管理手段として利用され続けた．

　新しいパラダイムは，それまで簡易な規制だけでは解決しなかった多くの野生動物問題を見直す機会を与えた．しかし同時に，州の機関に生物学者が増えてい

くにつれ，既存の狩猟管理人たちにとっては心配な事態であったことが予想される．行政機関は新しい方向性に進み始め，新しい知識やスキルをもった職員が管理方法の決定に影響力を見せ始めたことにより，狩猟管理人たちはその地位が脅かされていると感じたことであろう．

　Leopold（1933）によると，「この変化による最も重要な面は，既存の"訓練を受けていない"人たちへの影響であろう．」また，Leopold は「野生動物管理人はいずれ"科学的観点"というものを身につけなければならない」とも述べている．つまり，野生動物管理方法の変化は，既存の多くの職員があらゆる方法を利用して新しい知識やスキルを身につける必要性を生んだのである．そして，自ら新しい知識を覚えることに成功しなかった人は，その職を離れる傾向にあった（Leopold 1933）．

　Leopold（1933）は，政策を立案するための手段として，(1)抽象的な論理と，(2)事実あるいは実験，つまり科学的手法の利用の2通りをあげている．「政策を抽象的に決定していく古い習慣は未だに根強く残っている．しかし，政策問題に対する実験的なアプローチは今や定着したものであり，昔の習慣は破っていかなければならない．」本章で Leopold の代表作である『Game Management』の考察に重点を置いたのは，このように野生動物管理法の初期発達と最初のパラダイムシフトがよく描かれているためである．

Leopold のあとに何が起こったか

　新しいパラダイムにおいてはそうであるように，古いパラダイムのもとに増え続けていた"解決不可能な"問題に新しい知識やスキルが応用されるようになると，野生動物管理は確実に進歩を遂げ，成功例を増やしていった．それに伴い，大学などの教育機関は将来野生動物管理機関で活躍できる技術者や生物学者を育てるための授業を導入した．その結果，多くの科学的知識が蓄積され，野生動物管理における判断を導くために利用されるようになった．

　野生動物学者を管理機関の主動力として導入したパラダイムシフトは，その分野を大幅に進歩させることに成功したものの，野生動物学だけではなお解決されない問題は依然と存在した．どのようなパラダイムでもそうであるように，複雑な問題は後回しにされ，専門家は現存するパラダイムの枠組みの中で前進させることのできる問題に時間を割いていった．多くの場合，"解決不可能な"問題は，"人

間"問題であったために野生動物問題とみなされず，管理機関の責任外と解釈されたのであった．

"人間"問題が盲点として扱われた理由の1つとして，1960年代の中頃まで国民の行政への信頼が比較的高かったことがある（Alford 2001）．当時，野生動物管理機関は国民のためになるとみなされた管理方法や手段を独断で試験的に導入する力をもっていた．このように専門家が国民のために自由に決断を下すことのできる時代が長く続いたことで，生物学者などの専門家が主導権を握ることが当然のこととなった．その結果，"専門家"が問題解決に励んでいた科学ベースの管理方法が必ずしも正しい方法ではないと証明することは難しかったのである．

新しいパラダイムの始まり：人間事象

野生動物管理の分野において，人間（あるいは社会）的要素が重要な役割を果たしていることは常に認識されてきたと言っても過言ではない．しかしその歴史の浅いうち，つまり1960年代頃までは，それが認識の枠を超えた例はないに等しい．Leopold（1933）の著書『Game Management』においても，最後の1ページ半のみが"狩猟管理の社会的重要性"に充てられている．その中でLeopoldは，狩猟管理者の仕事は獲物を生産するために動物や植物を操ることである一方，その真の目的は"大地に対する新しい意識をもたらすことである"という奇抜な記述をしている．しかしそのような記述がありながらも，その目的を果たすためには良い狩猟管理の例をつくり上げていく以外の手段は紹介されていないのである．

1960年代までは，野生動物管理の主な焦点は狩猟者や釣り人のために獲物を供給することであった．当時の野生動物管理人の大半が狩猟者や釣り人であり，そのような人々に共感することができ，またともに仕事をすることが一種の伝統となっていた．しかし，1960年代の後半には，非消費的な野生動物への関心というものが人々に芽生えていることが明らかになっていた．Leopoldは『Game Management』の中で"その他の野生動物管理"というテーマに2ページだけを費やし，一般市民の娯楽のために"狩猟対象ではない野生動物が地域の中にできるだけ多様性に富んで存在すること"が重要であると記述している．その方法としてLeopoldが提案したのは狩猟管理と同じ手段であった．すなわち，増加させ

るべき種を把握し，科学的研究を行い，そしてその種を増加させるために環境やその他の要素に手を加えるのである．それまでの野生動物管理が狩猟者や釣り人を対象にしてきていたため，管理人たちは新しい非消費的な利害関係者からはあまり良い評判を受けていなかった．このような"新しい"利害関係者たちの目には，当時の管理方法の概念が何か"不自然"な方向に向かっているように映ったのである．その当時は国民の行政に対する信頼が全体的に損なわれ始めた頃でもあった（Alford 2001）．人々は政治的判断への影響力を要求し，また行政へ責任を追及した．同じ頃勃発した反狩猟運動は，狩猟や釣りの許可証から利益を得ていた州の野生動物管理機関にとって特に心配な出来事であった．

このように現存するパラダイムに対する新しい課題が非典型的な利害関係者から持ちかけられていたうえに（もっとも当時の専門家はそのような人を利害関係者とはみなさなかったことも多かったのだが），それまでの典型的な利害関係者からも人間的な課題が出始めるようになった．当時の野生動物管理人の多くは自身も狩猟者や釣り人であったため，他の狩猟者や釣り人が何を求めていたのかを把握していると信じていた．しかし，実際のところ狩猟者や釣り人たちは野生動物管理機関の決断に不満をもつようになり，それに対して挑戦を仕掛けるようになったのである．専門家たちが当事者の要求や好みを完全に理解し切れておらず，時にはその当事者が誰なのかさえも理解していなかったことが明らかになってきていたのである．例えばレクリエーションの専門化という概念や，1種（アヒル，マス，キジなど）や1手法（弓やフライフィッシイングなど）に限定した団体の形成は，非典型的な利害関係者の課題と同様あるいはそれ以上に管理機関の決断に論争をもたらしたのである．

ここで興味深いことは，現存するパラダイムに投資してきた人たちが，新しいパラダイムに挑戦を仕掛けられた時にどうなるかということである．最も一般的な反応は，成功を収めてきた専門家を集め，信用性のある弁護を固めることである．科学を応用することで成功を収めた分野が最終的にまた"抽象的な政策的判断の習慣"に頼る形になったのは，皮肉なことである．「市民は全ての事実を知らない」という言い分は，追い込まれた専門家の特徴的な表現であった．専門家の間では，論争の原因は一般市民の教育不足の結果であり，問題解決には教養に焦点を当てることが必要であるという考えが主流であった．情報と教育のプログ

ラムが州の野生動物管理機関に浸透していったのはこの頃（1970年代以降）であった．

情報と教育の戦略は，Leopold（1933）が真の目的とした"大地に対する新しい意識"をもたらすために有効な1歩ではあったが，専門家が期待していたほど有効な論争の解決法ではなかった．問題の根本は，市民の情報不足と同時に，専門家の市民に対する理解不足であるようだった．

人間事象が野生動物管理の中で重要な要素であると認識され，科学研究費が付いたり，文献に姿を現し始めたことに正式な開始時期があったわけではない．しかし，1971年にHenndee and Potterが第36回北米野生動物および自然資源学会（North American Wildlife and Natural Resources Conference）で発表した論文は，その後の人間事象研究を数多く促す発端となったようである．その『人間行動と野生動物管理：研究の必要性（Human Behavior and Wildlife Management: Needed Research）』と題された論文の序章をここに一部紹介する．

> 多くの狩猟管理者たちは，野生動物管理は人間管理でもあると明言し，その人間要素が優勢である可能性を認めている…（中略）われわれが文献検討を行った結果，野生動物に関わる人間行動を科学的に研究したものは極めて少ないようである…（中略）高い評価を受けている「Journal of Wildlife Management」においても，1960年〜1970年の間に出版された698の文献のうち，たった6本が人間と野生動物を扱ったものであった．したがって，学会や雑誌において野生動物に関わる人間行動の要素への関心が多く見られるのにも関わらず，厳密な社会と野生動物の研究は数少ない…（中略）そのため，さらなる研究が必要である．

1970年代を通して，多くの人間事象の研究者は自らの研究の必要性を説明するためにHendee and Potterを引用した．今日でこそ，その必要性は広く認識されているが，当時の研究者たちは人間事象の研究を正当化する必要があり，Hendee and Potterの論文がそのために利用されることが多かったのである．

野生動物管理の分野における次のパラダイムシフトは，科学的手法が人間事象に関わる決断に応用されたことで起こり始めたのである．もともと科学を応用してきた分野であることを考えれば，このパラダイムシフトは一見容易なことである．しかしLeopoldが記述したように，科学が狩猟管理に応用され始めた当時

の事例を見れば，野生動物管理における人間事象分野の誕生に伴った困難を理解することができる．人間事象の研究が1960年代に始まり，1970年代〜1980年代にかけて少しずつ増加していった一方で（Manfredo 1989），1990年代以前に州の野生動物管理機関に人間事象が応用された例はほとんどなかったのである．

　野生動物管理者が人間事象の応用を取り入れるのに遅れを取った理由の1つとして，Leopoldが最初のパラダイムシフトについて悲嘆していたことに似たものがある．それは，初期の人間事象の研究においても，"描写的"な科学的データが蓄積された一方で，管理者の役に立つような"管理的"な研究がなされていなかったのである．分野の発達に"描写的"な人間事象の研究時代はもちろん必要であったのだが，その分20世紀の終わり頃まで人間事象は学問的な分野として捉えられることとなったのであった．

　パラダイムの進化は，人間事象が科学として登場してから実際に野生動物管理に応用されるまでの時間差を理解するのに役立つ．まず，野生動物管理の分野には，規制を重視した以前のパラダイムで成功を収めた専門家が数多くいたことである．当時のパラダイムのもとでは，政策決定の際に人間的要素が無視されていたわけではなかったのだが，それらの判断は"推測と憶測"をもとに成り立っていた（Duda, Bissell, and Young 1998）．パラダイムシフトによって専門家たちはある程度の権力や名声を手放さなければならず，そのような変化はそう簡単に受け入れられるものではない．Barkerの1992年の著書『Paradigms』によると，このようなパラダイムシフトの時期は，指導者が新しいパラダイムをうまく利用する絶好の機会であるという．優秀な指導者であれば，人間事象の教育を受けてきた人材を雇い，新しいパラダイムを有効利用してそれによって対処可能になる課題に立ち向かっていくはずであった．

　人間事象の誕生を考察する別の方法として，それまで野生動物管理の分野が何を成功の尺度にしていたかを考えることができる．一般論で言えば，人間事象の分野は研究者や管理者が「なぜ人々は狩りや釣りをするのか」という単純な疑問を追及したことで始まった．初期のパラダイムの元では，獲物を得るために狩りや釣りを行うことが当たり前となっていたため，このような疑問はおかしな疑問であると考えられていた．公共の機関は何らかの成功の尺度を必要とし，その尺

度は管理パラダイムに沿って設定される．初期の管理者は自らの役目を供給することであると解釈していたため，最初の成功の尺度は獲物の捕獲量が使われたのであった．

しかし，時が経つにつれ（特に第二次世界大戦以降）人々の娯楽時間が増えることに伴って狩猟や釣り人口が増加するようになり，その結果獲物の捕獲量は減り始めた．そうして管理者たちは一種の矛盾と向かい合うことになった．つまり，彼らの評価によれば成功度は下がっているのに，狩猟や釣りに参加する人口は増えていたのである．彼らのパラダイムによれば，狩猟や釣り人口は減っているという予測であった．しかし，実際のところ参加者は減少していなかったため，管理者の役目は獲物ではなく"娯楽"を供給することへと変化していき，成功の尺度は捕獲量ではなく参加日数に変わったのである．

新しく参加日数の成功尺度が使われるようになってからも，管理者たちは捕獲量の重要性を捨て切らなかった．捕獲量を成功の尺度とする代わりに，それが満足度に大いに関わってくると信じ，当初考えていたほど捕獲量が重要でなかったか，捕獲量と満足度の関係が時と伴い変わってきたと解釈した．つまり，獲物を捕らえるのに長く狩りや釣りに費やすことを苦としなくなり，その結果管理機関が向上を示すために参加日数はより良い成功尺度とされたのである．しかし，そのうちに管理者らは狩猟や釣りの参加日数は満足度と比例していないことに気付き，なぜ人々は狩りや釣りをするのかという疑問にたどり着いたのである．この疑問から，狩りや釣りをすることで人々は多様な満足感を得ており，幅広い特典を供給することで管理方法にも満足するというHendee（1974）の複合満足度手法が発達した．この手法が最初に狩猟者や釣り人のニーズや要求を理解するための人間事象情報の必要性をつくり上げたのである．

野生動物管理の人間事象の現状

1998年にGigliottiは，学問的な人間事象研究が大いに発達し，その分野の中で数多くの画期的な成功を収めたにも関わらず，「この分野は肝心の野生動物管理機関の政策決定まではその効力を浸透させていない」と述べている．それから10年が経過した今日でも，随分と進歩は見られているものの，あまり状況は変わっていない．管理機関の多くは人間事象の専門家を雇い，その他の専門家もあ

る程度の人間事象の教育を受けてきている可能性が高い．しかし，さらなる発展が必要である．人間事象の分野には，利害関係者の意識や価値観，意見などを把握するためのアンケートを実施する以上のことが必要なのであり，すなわち事業の進め方そのものを象徴するのである（Manfredo, Decker, and Duda 1998）．人間事象に関する知識と理解は，生物学的，生態学的，財政的，そして政策的考慮とともに野生動物管理の政策決定の過程に応用されていかなければならないのである．それには，一般市民が自身に影響の及ぶ政策決定過程に参加する権利を考慮するという新しい考え方も必要となる．現状では，運がよければ管理機関に人間事象を専門とする職員がいるが，その職員が人間事象に関わる情報を効果的に利用できる範囲は限られているのである．

　人間事象の分野が効果を発揮するためには，その知識と理解を管理機関に幅広く浸透する必要があると考えられる．しかし，現存する職員にどのようにして人間事象を確実に応用するのに必要な技術や手法を供給するべきなのであろうか．この課題のためのデザインが，米コロラド州立大学とWestern Association of Fish and Wildlife Agencies（WAFWA）の試験的プロジェクトである．このプロジェクトは，4週に亘って管理機関の職員を対象に大学のキャンパスで行われる講習であり，参加者は講習間に予習や課題を与えられ，各自の管理機関にとって実用性のある企画をデザインし，実践するのである．このような講習は，管理機関が人間事象の分野を効果的に浸透させるために有効である．

　人間事象の分野は学問としては確立され，多くの野生動物管理機関もその重要性を認識するようになってきている．しかし，人間事象が野生動物管理の政策決定に本格的に組み込まれていくためには，さらなる発展が必要である．幸いにも人間事象の分野は，今後全般的に管理機関に取り入れられ，効果的に利用される可能性が見えるところまで来ている．また，大学などの教育機関で授業や研究が行われる学問的研究基盤が確立され，大学と管理機関の提携や民間の人間事象コンサルタントも増えた．そして最も重要なこととして，野生動物管理機関が難しい課題を解決していくために積極的に人間事象に関する情報を集めて利用する傾向が見られるようになってきている．管理機関が人間事象の技術や手法を使うようになると，それに関わる知識やスキルも向上し，管理者たちも今まで解決できなかった人間的な問題を解決していくことができるようになる．

変化する野生動物管理の文化：新しいパラダイムを受け入れるために

　野生動物管理の文化は，初期の頃から大掛かりな変化を遂げてきており，その変化は更に加速している．歴史を振り返ると，変化はたいてい不可欠であり，かつ物事を良い方向に導くことが分かる．うまく変化に対応するためには，現状を維持することに労力を費やすのではなく，パラダイムシフトを予測してそこから得られる新しい利益を利用していくことが必要である．今まで野生動物管理機関がどのようにパラダイムシフトに対応してきたかを学ぶことにより，将来の課題に備えられることを期待したい．例えば，人の管理が重要だと認識しながらも人間事象が野生動物の専門家に長く受け入れられなかった理由を理解することで，本分野が次のパラダイムを容易に受け入れるヒントを見出すことができるかもしれないのである．

　以下に述べる3例のパラダイムシフトは，野生動物の分野において現在起こっているか近い将来起こる可能性があるものである．それぞれの例には人間事象の要素が含まれているため，人間事象を受け入れることができれば，パラダイムシフト自体もスムーズに起こると考えられる．野生動物科学の応用のように，人間事象は全ての管理課題をつなぎとめている要素である．社会は発展し続け，変化し続ける．人間事象は，管理機関が一般市民の要望に応え続けていくために不可欠なものである．

生態系アプローチ

　米国における州の野生動物管理機関は，狩猟者や釣り人のために獲物を供給することを目的に確立され，現在でも主要な目的になっている．いくつかの州は数人の職員あるいは1つの部署が絶滅危惧種や非狩猟対象種を専門としているが，その管理手法は未だにLeopoldの唱えた1種ごとの管理を基本としている．管理者は個体数の増加や成功尺度の測り方などの基本的なことは理解しており，人間問題が浮上した場合には人間事象の技術や手法に頼ることができる．しかし，この方法は狩猟管理や特定の絶滅危惧種の管理には有効であったが，地域に存在する多様性に富んだ種をまとめて管理する場合には不向きである．野生動物の多様性や生態系全体を管理する場合には別の方法が必要となる．野生動物管理に生態系アプローチを応用することは，管理機関にとってはまた1つのパラダイム

シフトである．Scalet（2007）によると，このパラダイムシフトは州の管理機関よりも大学の野生動物分野の方が早く取り入れているようである．

気候変動と地球温暖化

地球気候変動はすでに野生動物に影響を及ぼし始めているが，このような大規模で複雑な問題において州の野生動物機関はどのような役割を果たすことができるであろうか．州の機関は，単に各州における野生動物の減少を記録し，その事業が何らかの変化をもたらすことを期待するだけで満足してしまうのか，それとももっと積極的に変化をもたらす役割を果たすであろうか．移動性動物種を除けば，州の管理機関のパラダイムは州の境界線内に限られてきた．移動性動物種に関しても，州ではなく広範囲の地域単位で管理はしているものの，その焦点はあくまでも生息地の管理や狩猟の規制にとどまっている．州単位の管理機関は，果たして世界的な課題を手にかけられるようにパラダイムを変えていくことができるであろうか．

新しい資金源

州の野生動物管理機関は昔から狩猟や釣りの許可証から得られる資金や，狩猟や釣り道具販売の際に発生する消費税に頼ってきた．管理機関は，資金源として狩猟者や釣り人に頼り続けるのか，それとも他の利害関係者を含めるためにもパラダイムを拡大することができるであろうか．いくつかの州の機関は狩猟や釣り人の枠を超え，一般的な税金など新たな資金源を確保しているが，ほとんどの州ではまだこのパラダイムシフトに奮闘しているのである．

引用文献

Alford, J. R. 2001. We're all in this together: The decline of trust in government 1958 — 1996. In *What is it about government that Americans dislike?* ed. J. R. Hibbing and E. Theiss-Morse, 28 — 46. Cambridge: Cambridge University Press.

Barker, J. A. 1992. *Paradigms: The business of discovering the future.* New York: HarperCollins.

Duda, M. D., S. J. Bissell, and K. C. Young. 1998. *Wildlife and the American mind.* Harrisonburg, VA: Responsive Management.

Gigliotti, L. M. 1998. Human dimensions and the next quarter century: An agency professional's perspective. *Transactions of the North American Wildlife and Natural Resources Conference* 63:293 — 303.

Gigliotti, L. M., and D. J. Decker. 1992. Human dimensions in wildlife management education: Pre-service opportunities and in-service needs. *Wildlife Society Bulletin* 20(1):8 − 14.

Hendee, J. C. 1974. A multiple-satisfactions approach to game management. *Wildlife Society Bulletin* 2（3）:104 − 13.

Hendee, J. C., and D. R. Potter. 1971. Human behavior and wildlife management: Needed research. *Transactions of the North American Wildlife and Natural Resources Conference* 36:383 − 96.

Huth, H. 1990. *Nature and the American: Three centuries of changing attitudes.* Lincoln: University of Nebraska Press.

Kuhn, T. S. 1962. *The structure of scientific revolutions.* Chicago: University of Chicago Press.

Leopold, A. 1933. *Game management.* New York: Charles Scribner's Sons.

Manfredo. M. J. 1989. Human dimensions of wildlife management. *Wildlife Society Bulletin* 17:447 − 49.

Manfredo, M. J., D. J. Decker, and M. D. Duda. 1998. What is the future of human dimensions of wildlife? *Transactions of the North American Wildlife and Natural Resources Conference* 63:278 − 92.

Mann, C. C. 2005. *1491: New revelations of the Americas before Columbus.* New York: Vintage Books.

Robinson, W. L., and E. G. Bolen. 1984. *Wildlife ecology and management.* New York: Macmillan.

Scalet, C. G. 2007. Dinosaur ramblings. *Journal of Wildlife Management* 71（6）:1749 − 52.

第7章
野生動物管理における統合的な人間事象のためのフレームワークに向けて

Irene Ring

訳：上田剛平

　生物多様性保全と人間活動との軋轢は急速に拡大し，農村部の生活と保全施策の成功に多大な影響を与えている（Woodroffe, Thirgood, and Rabinowitz 2005）．例えばヨーロッパのカワウのように，一般社会の意識の変化と保全型管理の成功は，すでに絶滅していた地域への回帰，新たな生息地の拡大といった野生動物の繁殖の成果につながっている．しかし，世界の他地域では，野生動物に対する人間の圧力は未だに高まっている．野生動物管理の発展は，新たな概念と手法をもたらし（例えば，Clark, Curlee, and Reading 1996；Treves et al. 2006；Woodroffe, Thirgood, and Rabinowitz 2005），これらの軋轢を学び解決すること，野生動物と人類双方にとって好適な状況をつくり出すことへの探求を可能にした．しかし，そのような戦略には，生態学と社会科学の異なる学問分野の統合が必要である．人間事象研究は，野生動物に関する意思決定において必要不可欠なものとして急速になりつつあるが（Vaske, Shelby, and Manfredo 2006），複合的な生物多様性研究のための自然科学と社会科学の連携は，未だに

　このプロジェクト，"大型脊椎動物の保全と生物資源の利用との軋轢調和のためのアクションプランに関する手続き的フレームワークの開発：漁業と魚食性脊椎動物の事例"（FRAPプロジェクトの一環）は，EU Fifth Framework Program の資金援助を受けて行われた．

大きな挑戦である（Jentsch et al. 2003；Gilbert and Hulst 2006）．本章では，2つの本質的な問題に焦点を当てることにより，野生動物管理における人間事象を整理していきたい．第1に，社会科学分野の体系的な問題指向型手法の統合が，実用性のある科学を基盤とする野生動物管理において，極めて重要であることを論ずる．第2に，科学と社会の連携が，長期的な野生動物管理の成功において学際的に不可欠であるということである．このことは，直接的な関係者，利害関係団体，野生動物の意思決定に影響を与える人々を，効果的に巻き込んでいくことを示唆している．統合的な生物多様性の研究は，人間と野生動物の軋轢を扱ううえで特に重要である．そして人間事象の役割の重要性を明らかにするために，本章ではこの点について焦点を当ててみたい．

人間と野生動物との軋轢管理のための基礎フレームワーク

図7-1は，野生動物管理における人間事象の統合のための一般的なフレームワークを示している．それぞれのモジュールは，人間と野生動物との軋轢解消のための異なるトピックを扱っている（Klenke et al.）．また，モジュールは3つのフェーズで構成されており，(1)軋轢のふるいわけ（モジュール1），(2)生態学的，法的，経済的，社会科学的観点からの状況の評価と分析（モジュール2〜6），(3)解決方法の提示（モジュール7〜10）となっている．次に，それぞれのモジュー

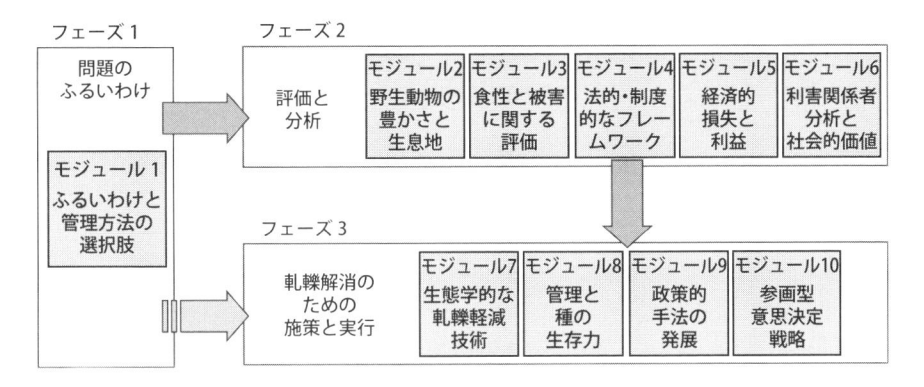

図7-1　野生動物管理における人間事象の統合のためのフレームワーク．（出展：Klenke et al.）

ルについて解説する．

モジュール1：問題のふるいわけと管理方法の選択肢

　フェーズ1の問題のふるいわけとは，期待できる政治的オプションを明らかにする作業である．既存の知識と必要とされる重要な知識とのギャップは，専門家と利害関係者に対する聞き取り調査によって明らかにされる．この情報は，問題に取り組む際，またどういった関係者，部局，利害関係者を取り込むべきなのかを決定する際，どのモジュールが最も重要なのかを理解するうえで重要である．例えば，モジュール4では，既存の政策，実際的な行政レベル（例えば地域，地方，国家レベル），国際的視点からの評価，重要な役割を果たす公的関係者を明らかにする．また，モジュール5と9では，政策の改善と経済的動機（例えば生態系サービスへの対価支払いや被害補償計画）の創出のための基礎として，地域の社会経済的評価と，異なる利害関係者にとっての野生動物管理の費用と便益に関する分析を行う．モジュール6と10では，参画型の意思決定戦略を進めるための準備段階として，重要な利害関係者（例えばNGOや専門的組織）の見解だけでなく，現在行われている教育的・情報伝達戦略について調査を行う．

モジュール4：法的，制度的なフレームワーク

　フェーズ2では，軋轢の評価における法的，経済的，社会的側面が網羅されている．法的，制度的なフレームワークは，野生動物管理当局の行政上の責務から構成されている．施策とその実行は，関連部局との協働によって検討される．異なる政府レベルでの法律と規則の矛盾は，必ずチェックされなければならない（Similä et al. 2006）．問題の種類によっては，政策の実行に関する歴史的展開から学ぶことは有効かもしれない．野生動物管理における問題は，たいていの場合，地域と地方レベルにおいて最も関心の高い問題である．その際，公的資金という観点から地域的な政策実行状況を分析すること，関連プログラムにおける当事者と非当事者を明らかにすることが有用である．比較可能な事例や他地域での政策を調査することも重要である．法的，制度的な要件は，必要な施策を導入するための道筋づくりのために取り組むべきである．

モジュール5：地域経済と野生動物管理の費用と便益

　生物多様性と野生動物管理のための資金源はたいていの場合不足している．野生動物管理の費用と便益を理解することは，野生動物管理を支える効果的な政策

と手法を明らかにする際，極めて重要である．また，この段階では，地域の社会経済的属性に関する評価と，野生動物管理と関わりをもっている，あるいは軋轢を抱える経済界の社会的位置づけに対する評価も含めた，地域的考察が重視されるべきである（Santos, Antunes, and Ring）．

　野生動物管理の直接的な費用には，事務費や管理費が含まれている（例えば職員の給与，インフラ整備，備品など）．しかし，野生動物管理のトータル費用は，本来得られるはずだった便益や，土地利用者や個人が被る野生動物被害，それらに対する補償といった間接費用や機会原価も含んでいる．便益については，野生動物の保護に伴う資源利用の禁止措置によって，目減りあるいは消失するかもしれない．野生動物による物理的，経済的な被害分析は，野生動物による被害補償制度の発展において不可欠である（Haney 2007 を参照）．取引費用は，費用対効果の観点から1つの政策の選択スキームに影響を与える（Schwerdtner and Gruber 2007）．

　野生動物がもたらす便益の面では，利用的価値と非利用的価値があげられる（Conover 2002）．生物多様性に関する価値は，個人の嗜好性と単体の特定のサービスへの着目を基本として引き出されることが多い．野生動物がもたらす生態系サービスの多面的機能については，異なる利害関係者を包括するように制度化されたプロセスと仕組みを取り入れた，革新的な手法によって急速に評価されている（Turner et al. 2003）．審議機能をもち，かつ多様な関係者を巻き込むプロセスを取り入れるために，グループ単位の評価技術が，野生動物の経済的な便益の抽出に急速に用いられ始めている（Lienhoop and MacMillan 2007）．

　野生動物管理の費用は，地域・地方レベルで負担させられがちであるのに対し，その便益はより広範囲に亘る．野生動物の保全と管理における地域の費用とグローバルな恩恵を調和させるために，適切な制度的メカニズムと施策を発展させていくことが，極めて重要な試みなのである（Perrings and Gadgil 2003；Ring 2008）．

モジュール6：利害関係者の意見と社会的価値

　このモジュールは，関連性のある参画者と利害関係者グループを識別し，その特徴を明らかにするものである．利害関係者に関する分析は，野生動物そのものや野生動物に関連した問題と軋轢に関して，利害関係者の意図，認識，意識，価

値観について理解するのに有用である．よく用いられているアプローチ手法は，利害関係者間にある既存の，あるいは潜在的なコミュニケーションに着目した談話分析である（Wilson 2004）．そのねらいは，軋轢に関わりをもつ人々の事実関係，価値観，利害を明らかにすることにある．よくあることだが，農村部の地域住民の意見と，野生動物保全に対して価値を見出している都市住民の意見は，相当異なっている．しかしながら，野生動物管理政策に対する一般社会からの幅広い支援は，その政策スキームの持続的資金調達を確実にする可能性を秘めている．

人間と野生動物の軋轢について，十分制度化された事例では，利害関係者の会議や委員会が成立しており（州政府当局やNGOによって組織化），定期的な参画型プロセスの中に，関連性のある参画者と利害関係団体が，すでに参画していることもある．ここで研究者は，このプロセスを構成する参画者の信頼を獲得する必要があり，これらの会議を総括することが，実際の管理戦略の出発点である．

モジュール9：政策の統合的な発展

フェーズ3は，モジュール2〜6（軋轢の評価と分析），つまりフェーズ2から見出された自然科学と社会科学の成果を，軋轢解消のための戦略のデザインとその実行に取り入れていくプロセスである（図7-1参照）．生態学的なモジュールによって見出された成果は，野生動物の豊富さ，生態学的ダメージの評価，生態学的な負荷を軽減する技術，個体群の生存能力，必要なモニタリング調査に関することである．また，野生動物管理政策をデザインし，改善するためには，生態学的な研究成果を，法的，経済学的，社会学的な研究成果と統合させなければならない．政策の発展は，初期段階の政策分析と（地域的な）実行データだけでなく，費用便益に関する経済学的分析に基づいて進められ，参画者や野生動物との軋轢の中にいる利害関係グループの価値観や意識を考慮に入れる必要がある．フェーズ2において学問的に明らかになったことを考慮に入れたうえで，政策は次の点においてより詳細に評価されなければならない．(1)政策の効果，(2)政策の費用対効果，(3)利害関係者の認識，(4)野生動物に関する政策の意思決定において，適切な参画者を網羅しているかどうか（Ring, Schwerdtner, and Santos）．

理想的に言えば，野生動物管理政策は，種の保護，規制，免除基準といった拘

束的な要素の強い規制からなる複合的な政策である．さらに，生態系サービスと被害補償スキームに対する支出を含めた，私的費用と種の保護による社会的便益を両立させるための，経済的な動機に基づく手法も含んでいる．特に，市民団体の活動は，野生動物管理政策において不可欠であるが，そのような活動はしばしば無視されがちとなっている．このことは，部分的に，コミュニケーションと教育の手法，参画型意思決定に結びつく問題である．

モジュール 10：参画型意思決定

人間と野生動物の軋轢に関する参画型意思決定のアプローチ構造は，4つのステップで表すことができる（Rauschmayer）．(1)軋轢を特徴づけ，参画型プロセスの実行可能性と，実行可能な場合の手法を示すこと，(2)適切な手法の選択，(3)プロセス促進者による意思決定，(4)プロセスにおける参画者の選定．

参画型意思決定には，異なる政府レベルにおいても常に公的機関が関わっている．参画型プロセスの成果を取り扱うための公的機関の委員会は，その成功において不可欠な要素である．利害関係者の参画戦略の基準は，当局と利害関係者両方に配慮されたものでなければならない（Chase, Decker, and Lauber 2004）．地元の知識と地域の利害関係者の参画は不可欠である（Treves et al. 2006）．高度に制度化された軋轢においては，参画型プロセスはすでに用意されているかもしれないが，最近の軋轢については，そのようなプロセスをこれから用意していく必要があるかもしれない．しかしながら，参画型アプローチは，常に広範囲なプロセスや全ての利害関係者あるいは一般社会の参画を可能にするものではない．あるケースにおいては，そのような機会があるかもしれないし，場合によってはないかもしれない．そのようなケースでは，意思決定戦略は単により多くの知識を得，改善された管理の実践に関する新たな情報を，利害関係者に提供するだけになるかもしれない．また，深刻な軋轢においては，新たな知識に基づく広範囲の是認を得るために，データ収集と科学的研究が，参画型プロセスに組み込まれる必要性があるかもしれない．

ヨーロッパの漁業と魚食性脊椎動物との軋轢の管理

場面設定：モデルとなる軋轢と地域

環境条件の改善と厳正な自然保護に関する法律は，希少な，あるいは地域的

に絶滅した動物種の復活や個体数の回復に寄与してきた．しかし，このことは結果的に，人間と野生動物とのかつてあった軋轢を再び生み出す結果にもなる．大型の脊椎動物，特に肉食動物や魚食性動物の保全は，時として人間活動との激しい軋轢を生み出すことにつながる．このような現象は，特に人間の食糧生産の場で顕著に見られ，例えば人工や天然の養魚場，礁湖の水産養殖，沿岸漁業などは，魚食性の脊椎動物にとって魅力的な餌資源を提供することになる．ユーラシアカワウソ（*Lutra lutra*），ハイイロアザラシ（*Halichoerus grypus*），カワウ（*Phalacrocorax carbo*）それぞれの保全と漁業との関係性は，これらの軋轢に関する有益なモデルとなる．これらの脊椎動物は，魚類の中でも商業的に重要な種を捕食することによって，漁業に深刻な被害を与える．そこで，これら3つの軋轢モデルそれぞれについて，欧州連合（EU）の異なる2地域において比較研究がなされた．この研究は，EUが資金提供をしているFRAP（Framework for Reconciliation Action Plans：軋轢解消アクションプランのためのフレームワーク）というプロジェクトの一環として行われた（Klenke et al.）．カワウについてはデンマークとイタリア，カワウソについては中央ヨーロッパ（ドイツとチェコ共和国），ハイイロアザラシについてはフィンランドとスウェーデンで比較研究が行われた．それぞれの軋轢と地域において，軋轢に関する生態学的，社会経済学的な基礎調査が行われ，軋轢の軽減戦略とその実行の分析，改善点の指摘，あるいは新たな戦略への発展につながった．

軋轢モデルの評価：法的，経済的，社会的側面から

　法的，制度的フレームワークでは，まずそれぞれの国における種を保護するための規制について，調査が行われた．軋轢の軽減手法としての保護的狩猟の利用は，それぞれの軋轢，国によって異なっていた．デンマークでは，第1期全国カワウ管理計画が1992年に樹立され，以降いくつかの変更がなされてきた（Jepsen and Olesen）．スウェーデンでは，様々な政策と軋轢軽減手法を組み込んだ，全国ハイイロアザラシ管理計画が2001年に樹立され施行されているが，フィンランドでは今現在樹立に向けて動いている途中である（Bruckmeier, Westerberg, and Varjopuro）．ドイツのザクセンでは，厳重に保護しなければならないカワウソに対し，種の保護計画が適用され，カワウソ個体群の再生における州の役割を明記している．このように，軋轢の管理というよりはむしろ，保全

第7章　野生動物管理における統合的な人間事象のためのフレームワークに向けて

手法に焦点が当てられている．情報やトレーニングに基づいた経済的動機と制度は，まだどこもできていないが，いくつかの国で少しずつ用いられ始めている．

　EUレベルでの法的フレームワークでは，それぞれの国の軋轢管理戦略のデザインにおける，選択肢の提供と制限の付与に関して分析がなされている（Similä et al. 2006）．ヨーロッパにおける財源は，いくつかの国では生物多様性に関する軋轢管理に用いられているが，他の国ではより広義な目的に用いられている．漁業に関する財源は，その大部分が未だに軋轢管理に用いられていない．ヨーロッパの国々の国庫補助法を見ると，特にフィンランドにおいて国の被害補償政策に対する制限を課している．

　社会経済的評価では，経済的側面から地域を特徴付けること，地域の状況を踏まえたうえでの漁業の重要性を評価すること，それが可能な場所では，漁業と生物多様性保全との軋轢の経済的な影響を評価することを可能にした．

　カワウソの事例では，モデル地域においていくつかの類似性が確認された．ポルトガルのサド河口域とドイツのラウジッツ地域の上流部は，"貧困な"地域の1つであり，失業率は平均より高く，年収も平均以下の地域である．いずれも農村部に位置し，たとえ軋轢が地域レベルで多少の影響を与えていたとしても，地域経済に与えるダメージはどちらの地域においても深刻ではなかった（Santos-Reis et al.；Myšiak, Schwerdtner, and Ring 2004）．

　フィンランドとスウェーデンのハイイロアザラシと沿岸漁業との軋轢についても，共通した特徴がいくつか見られた（Bruckmeier, Westerberg, and Varjopuro）．全国レベルあるいは地方レベルでは，社会経済的影響は明確に認められなかったが，地域レベルでは深刻であった．フィンランドのクヴァルケン地域は，沿岸漁業が地域住民の大部分が従事する職業となっている，国内でも数少ない地域の1つである．同様の特徴は，スウェーデンのモデル地域であるセーデルマンランド地域とエステルゴットランド地域にも見られた．沿岸地域で，漁獲量の損失，被害補償制度，アザラシ安全装置導入への補助，個体群のモニタリング，研究開発などが考慮されたが，経済的な側面から見たアザラシとの軋轢は，依然として深刻な問題となっている．着実に増加しているハイイロアザラシ個体群（北バルト海では年に8％以上の増加率）と，沿岸漁業に対する継続的な経済的圧力がある限り，軋轢はますます大きくなっていくと考えられる．

カワウに関する軋轢は，地域によって異なっている．デンマークでは，影響を受ける経済活動（張り切り網漁業）は，社会的にも経済的にも極めて小規模なので，軋轢の経済的な重要性（価値）はむしろ小さい．将来的には，軋轢は張り切り網漁業から釣りに移行する可能性があり，結果として地域の社会経済的な影響が深刻化することも考えられる（Jepsen and Olesen）．イタリアのポデルタ地域におけるカワウの軋轢は，社会経済的状況が異なっている．調査地域の住民の大部分が，漁業もしくは水産養殖に直接的あるいは間接的に関わる仕事についており，軋轢は社会経済的側面において重要な問題となっている．ヨーロッパにおけるカワウ個体群の着実な増加により，この軋轢はEUレベルの議論に発展しつつある（Rauschmayer and Behrens）．

利害関係者分析および利害関係者の意見と意識調査の主たる成果は，漁業に関するこれらの軋轢と保護されている脊椎動物との間にある，地域レベルの幅広い認識の相違に対する理解が深まったことである（Wilson 2004）．決定的な相違は，軋轢管理機関を設立し，その軽減にどの程度取り組んできたかによって生まれていることが明らかになった．

ポルトガルの事例は，その極端な事例の1つである．FRAPプロジェクトの試みは，カワウソと養魚場の軋轢を管理するための解決策を見出す最初の試みであった．一方，スウェーデンやデンマークのように，軋轢を生む種に対して，国家レベルでの管理計画を立ててきた事例は，その対極に位置付けられ，国としての軋轢への対応を実行してきた．また，国家レベルでの管理計画は，軋轢を管理することに加え，利害関係者による討議会が取り扱うテーマに対し，強い影響を与える（Bruckmeier, Westerberg, and Varjopuro）．このような状況に対し，Wilson（2004）は次のように指摘している．「スウェーデン，ある部分においてはデンマークの事例では，既存の詳細な計画が，問題の法的な危険性をいかに伝えるのか，すなわちその危険性を法律尊重主義の議論にどう組み込むか，重要性の高い将来展望を妨げる要因は何か，また可能な改善策の実施を困難にさせている要因は何かを示している．」

チェコ共和国の南ボヘミア地方と比較すると，ザクセンの養魚業者とカワウソの関係性は比較的寛大であり，カワウソを景観の一部としてみなしている（Zwirner and Wittmer 204）．このことは，技術的な被害防止対策とカワウソに

よる養魚被害補償制度を支援した EU 共同出資制度を，ドイツのザクセンの自由州が導入したことが影響している（Similä et al. 2006）．

　フィンランドでは，2001 年にクヴァルケンの議会によって設立されたプロジェクトが組織した，活発な利害関係者会議がある．その目的は，地域におけるアザラシの役割について，共通認識をもつことであった（Sava and Varjopuro 2007）．フィンランドの軋轢モデルの重要な側面はプロセスの問題であり，これについては関連のある利害関係者を包括することにより，利害関係者がたいていの被害軽減対策の実施を受け入れる結果となっている（Bruckmeier, Westerberg, and Varjopuro）．

政策の発展と参画型意思決定戦略：学ぶべき教訓

　異なる学問分野から見た軋轢の評価は，野生動物管理と保全政策に対し，様々な影響を与えてきた．これにより，既存の政策の評価，モデリング技術による様々な規制シナリオの分析，改善方策のさらなる発展だけでなく，参画型意思決定戦略の実行が可能となった．事例研究の結果に基づき，既存の調停計画は修正され（デンマーク），あるいは新たなものが生まれ（ポルトガル），軋轢管理に関する政策に進展が見られ（ドイツのカワウソによる被害補償制度），そしてプロジェクトの結果が，国家レベルの動物種管理計画の発展プロセスに盛り込まれた（フィンランド）．EU の政策に関して言えば，最も直接的な成果は，自然資源保全のための EU 生物多様性アクションプラン（EU Biodiversity Action Plan for the Conservation of Natural Resources）が策定されたことである（European Commission 2001）．これによって，アクションプランのフレームワークが提示され，指定を受けた絶滅の恐れのある種に対するフレームワークが明確となった．

　われわれは歴史の浅い確立されて間もない軋轢だけでなく（チェコ共和国，ポルトガル），高度に確立された軋轢（デンマーク，イタリア，スウェーデン，フィンランド，ドイツ）をも明らかにしてきた．例にあげれば，変化する利害関係者の情報を取り入れた合意参画アクション（ドイツ，イタリア），新しい国家レベルの計画への貢献（フィンランド），既存の計画に対する中間評価（スウェーデン），参画型の調停手法の改善（チェコ共和国），参画型意思決定戦略の策定（ポルトガル）があげられる．しかし，全国カワウ管理計画の改善のための勧告策定に成功したものの，新たな科学的知識の供給が，かつてはそれほど深刻ではなかった漁

業従事者の立場を強くする結果となった事例もある（デンマーク）（Rauschmayer 2006；Bruckmeier, Westerberg, and Varjopuro；Jepsen and Olsen；Polednikovâ et al.）．カワウに関するヨーロッパレベルでの調停アクション計画は，ある利害関係者からは強く求められている一方で反対意見もあり，1997年に策定されたものの未だ採択には至っていない（Behrens, Rauschmayer, and Wittmer 2008）．ポルトガルでは，カワウソと水産養殖業との軋轢を取り上げた政策がなかったので，そのアプローチは例外的であった．ポルトガルのプロジェクトチームは，利害関係者と一緒になって，よりよい政策を策定するため，幾度となくワークショップを開いた．これにより，関連する政策の策定に利害関係者を巻き込むことに成功し，FRAPプロジェクトの範疇を超えて，未だに進展し続けている（Santos-Reis et al.）．

学ぶべき総合的な教訓の1つは，生物多様性の軋轢管理において，科学的な側面と社会的な関連性をもち合わせた軋轢の解決策を導き出すためには，学際的研究と参画型のアプローチが必要だということである．資源と時間というコストを必要としたが，FRAPプロジェクトの成果は，生物多様性の調停戦略の確実な発展における，生態学者と社会科学者の継続的な相互作用の重要性を示したのである．

可能性と挑戦の応用

その包括的な資質とモジュラー構造によって示された野生動物管理への人間事象の統合のためのフレームワークは，関連する他の問題に応用することも可能である．もともとは，人間と生物資源の競合関係にある保護対象となっている大型脊椎動物のために開発されたものであるが，人間と野生動物の軋轢に幅広く応用することが可能である．

このフレームワークが，ヨーロッパの社会的背景を超越して応用される時，全国的かつ州政府の規制（これは連邦制のあり方にもよるが）が，より意味のあるものになっていくであろう．対照的にEUでは，例えば生息地と鳥類に関する規制（Habitats and Bards Directives）といった種に対する規制は，農業・漁業共通政策（Common Agricultural and Fisheries Policies）のように，加盟国による実行のための一般的なフレームワークが示される（Similä et al. 2006）．

保全政策は，第一義的に，生物多様性とそれに関連する生態系サービスの保全と持続的な利用を誘導する．それらは，生態学的に効果があり，かつ社会的に許容される政策でなくてはならない．また，費用対効果の評価に基づき，豊富ではない資金が配分される．しかし，社会から疎外的な位置にある集団においては，特別な対応を必要とする．低収入の地域や貧困層であればあるほど，人間と野生動物の軋轢の影響を受けやすく，人々の生活を持続可能なものにするという視点が，軋轢の管理戦略のデザインに組み込まれていなければならない（Woodroffe, Thirgood, and Rabinowitz 2005）．最近の文献を見ると，保全と公平性の妥協点に関する分析の必要性に着目したり，貧困の解消と持続可能な生活に寄与する軋轢の解消戦略が急速に求められている（Landell- Mills and Porras 2002；Millennium Ecosystem Assessment 2005）．貧しい農家や原住民のような社会から疎外的な位置にある集団が，潜在的な自然資源サービスの提供者であり，彼らが生活する土地が，高度な生物多様性の相補性，あるいはさらなる生態系サービスを提供する土地であったとするならば，生物多様性に関する政策が，かれらの生活を改善する可能性をもっている．このような視点に立てば，持続可能な土地利用を確保し，保護区と野生動物保全のための地域社会への支援を確保するためにあるべき，生態学的，経済的，社会的観点からの妥協点が明確化されるに違いない（Johannesen 2007）．

引用文献

Behrens, V., F. Rauschmayer, and H. Wittmer. Forthcoming. Managing international 'problem' species: Why pan-European cormorant management is so difficult. *Environmental Conservation.* 35(1):55 − 63.

Bruckmeier, K., H. Westerberg, and R. Varjopuro. Forthcoming. Baltic Sea reconciliation in practice: The seal conflict and its mitigation in Sweden and Finland. In *Human-wildlife conflicts in Europe*, eds. R. Klenke et al. Heidelberg: Springer Verlag.

Chase, L. C., D. J. Decker, and T. B. Lauber. 2004. Public participation in wildlife management: What do stakeholders want? *Society and Natural Resources* 17(7):629 − 39.

Clark, T. W., A. P. Curlee, and R. P. Reading. 1996. Crafting effective solutions to the large carnivore conservation problem. *Conservation Biology* 10(4):940 − 48.

Conover, M. 2002. *Resolving human-wildlife conflicts: The science of wildlife damage management.* Boca Raton, FL: Lewis Publishers.

European Commission. 2001. *Biodiversity Action Plan for the Conservation of Natural Resources.* Communication from the Commission to the Council and the European Parliament. COM(2001)162 final. Brussels, March 27, 2001.

Gilbert, K., and N. Hulst. 2006. *SoBio: Mobilising the European social research potential in support of biodiversity and ecosystem management. Final report.* Tilburg, Netherlands: European Centre for Nature Conservation.

Haney, J. C. 2007. *Wildlife compensation schemes from around the world: An annotated bibliography.* Conservation Science and Economics Program. Washington, DC: Defenders of Wildlife.

Jentsch, A., H. Wittmer, K. Jax, I. Ring, and K. Henle. 2003. Biodiversity: Emerging issues for linking natural and social sciences. *GAIA* 12 (2):121 − 28.

Jepsen, N., and T. Olesen. Forthcoming. Cormorants in Denmark: Re-enforced management and scientific evidence. In *Human-wildlife conflicts in Europe*, eds. R. Klenke et al. Heidelberg: Springer Verlag.

Johannesen, A. B. 2007. Protected areas, wildlife conservation, and local welfare. *Ecological Economics* 62:126 − 35.

Klenke, R., I. Ring, A. Kranz, N. Jepsen, F. Rauschmayer, and K. Henle, eds. Forthcoming. *Human-wildlife conflicts in Europe: Fisheries and fish-eating vertebrates as a model case.* Heidelberg: Springer Verlag.

Landell-Mills, N., and I. Porras. 2002. How can markets for environmental services be propoor? Forestry and Land Use Program (FLU), London: International Institute for Environment and Development.

Lienhoop, N., and D. MacMillan. 2007. Valuing wilderness in Iceland: Estimation of WTA and WTP using the market stall approach to contingent valuation. *Land Use Policy* 24(1):289 − 95.

Millennium Ecosystem Assessment. 2005. *Ecosystems and human well-being: Biodiversity synthesis.* Washington, DC: World Resources Institute.

Myšiak, J., K. Schwerdtner, and I. Ring. 2004. Comparative analysis of the conflicts between carp pond farming and the protection of otters (*Lutra lutra*) in Upper Lusatia and South Bohemia. *UFZ Discussion Papers* 7/2004. Leipzig: UFZ Helmholtz Centre for Environmental Research.

Perrings, C., and M. Gadgil. 2003. Conserving biodiversity: Reconciling local and global public benefits. In *Providing global public goods: Managing globalization*, ed. I. Kaul, P. Conceição, K. Le Goulven, and R. U. Mendoza, 532 − 56. Oxford: Oxford University Press.

Poledníková, K., A. Kranz, L. Poledník, and J. Myšiak. Forthcoming. Otters causing conflicts: The fish farming case of the Czech Republic. In *Human-wildlife conflicts in Europe*, eds. R. Klenke et al. Heidelberg: Springer Verlag.

Rauschmayer, F., ed. 2006. *Recommendations for effective stakeholder interactions*. FRAP project report. Leipzig: UFZ Helmholtz Centre for Environmental Research.

———. Forthcoming. Module 10: Designing participatory decision strategies. In *Human-wildlife conflicts in Europe*, eds. R. Klenke et al. Heidelberg: Springer Verlag.

Rauschmayer, F., and V. Behrens. Forthcoming. Screening the cormorant conflict on the European level. In *Human-wildlife conflicts in Europe*, eds. R. Klenke et al. Heidelberg: Springer Verlag.

Ring, I. 2008. Biodiversity governance: Adjusting local costs and global benefits. In *Public and private in natural resource governance: A false dichotomy?*, ed. T. Sikor, 107 − 26. London: Earthscan.

Ring, I., K. Schwerdtner, and R. Santos. Forthcoming. Module 9: Development of policy instruments. In *Human-wildlife conflicts in Europe*, eds. R. Klenke et al. Heidelberg: Springer Verlag.

Santos, R., P. Antunes, and I. Ring. Forthcoming. Module 5: Regional economics and policy analysis. In *Human-wildlife conflicts in Europe*, eds. R. Klenke et al. Heidelberg: Springer Verlag.

Santos-Reis, M., R. Santos, P. Antunes, T. Sales-Luís, J. Gomes, D. Freitas, and L. Madruga. Forthcoming. Reconciliation of the conflict between otters and fish farmers: Lessons learned from the Sado Estuary in Portugal. In *Human-wildlife conflicts in Europe*, eds. R. Klenke et al. Heidelberg: Springer Verlag.

Sava, J., and R. Varjopuro. 2007. Asymmetries, conflicting interests and the possibilities for cooperation: The case of grey seals in Kvarken. *Journal of Environmental Policy and Planning* 9(2):165 − 84.

Schwerdtner, K., and B. Gruber. 2007. A conceptual framework for damage compensation schemes. *Biological Conservation* 134:354 − 60.

Similä, J., R. Thum, R. Varjopuro, and I. Ring. 2006. Protected species in conflict with fisheries: The interplay between European and national regulation. *Journal of European Environmental Planning and Law* 5:432 − 45.

Treves, A., R. B. Wallace, L. Naughton-Treves, and A. Morales. 2006. Co-managing human-wildlife conflicts: A review. *Human Dimensions of Wildlife* 11:383 − 96.

Turner, R. K., J. Paavola, S. Farber, P. Cooper, V. Jessamy, and S. Georgiou. 2003. Valuing nature: Lessons learned and future research direction. *Ecological Economics* 46(3):493 − 510.

Vaske, J. J., L. B. Shelby, and M. J. Manfredo. 2006. Bibliometric reflections on the first decade of human dimensions of wildlife. *Human Dimensions of Wildlife* 11:79 − 87.

Wilson, D. C., ed. 2004. *Discourse analysis*. FRAP project report. Leipzig: UFZ Helmholtz Centre for Environmental Research.

Woodroffe, R., S. Thirgood, and A. Rabinowitz, eds. 2005. *People and wildlife: Conflict or coexistence?* Cambridge: Cambridge University Press.

Zwirner, O., and H. Wittmer. 2004. Germany. In *Discourse analysis*. FRAP project report, ed. D. C. Wilson, 125 − 55. Leipzig: UFZ Helmholtz Centre for Environmental Research.

注：発行年の記載のない文献は，原書が発行された時点では"発行予定"であったもの．

第 8 章
アマゾンにおける野生動物の共同管理とペルー国立パカヤ-サミリア保護区の支援活動

Richard Bodmer, Pablo Puertas, and Tula G. Fang

訳：矢部恒晶

　野生獣肉のための狩猟は，アマゾン地域で奥地における貧困層が伝統的に行ってきた重要な経済活動である．その適切な管理が行われた場合は，野生獣肉のための狩猟は地域社会に長期的な社会経済的利益をもたらすことができ，管理の中で手つかずの熱帯雨林を残すことを通じて，アマゾン地域の生物多様性を保全することにも貢献できる．もし管理が適切でなければ，野生獣肉のための狩猟は野生動物個体群の絶滅，奥地の人々が野生動物から得ていた社会経済的利益の減少，そして手つかずの森林の価値の低下を招くであろう．
　地域社会と政府・非政府の保全機関により野生動物を共同管理することは，ア

筆者らはペルーアマゾンへのモニタリング探査時に支援をいただいた WCS Loreto のスタッフ，DICE の学生，Earthwatch のボランティア，Operation Wallacea および BSES の学生諸氏に感謝する．野生動物管理モデルは，Wildlife Conservation Society（WCS）およびその Amazon Landscape sites, the Durrell Institute of Conservation and Ecology（DICE），ならびにアマゾン流域における地域社会のプロジェクトとの共同作業の中で開発された．INRENA（National Institute of Natural Resources in Peru）および Pacaya-Samiria 国立保護区管理執行部の，保護区の保全に関するたゆまない努力について敬意を表しなければならない．WCS, WWF-Peru, the Darwin Initiative, Earthwatch, Operation Wallacea, そして Gordon and Betty Moore Foundation の経済的支援に感謝する．

マゾンにおける強力な保全戦略となり得る．共同管理により，野生動物の持続可能な利用，ひいては野生動物個体群の保全を促進することができる．共同管理はまた，野生動物の生息環境や生物多様性全体の保全にも貢献するであろう．さらには，狩猟が行われず野生動物の供給源（ソース）となる区域，その実際のところは，地域の人々の文化や社会経済と調和した形で完全に保護されるタイプの区域であるが，それを設定する際にも，共同管理を適用することができる．

野生動物の共同管理には，現在ではNGO組織 Wildlife Conservation Societyの"アマゾンランドスケープサイト"で開発された管理モデルが採用され，それによってアマゾンの森林の保全を支援している．この管理モデルは，野生動物個体群，人間の狩猟活動，地域社会の文化と経済，および景観レベルでの保全の取り組みについての広範な研究に基づいている．

野生動物管理モデル

これまでの研究は，アマゾンにおける野生動物の共同管理の背景として重要な条件を明らかにしてきた．まず，野生獣肉は，自家消費と地元での販売のために野生動物を狩猟する地域住民にとって重要な資源であること（Robinson and Bodmer 1999），また，これらの人々が野生獣肉の長期的な社会経済的重要性の価値付けを行っていることである（Bodmer, Pezo Lozano, and Fang 2004）．加えて，都市定住域から離れて暮らす地域住民の方が近くに暮らす地域住民より野生獣肉に依存している．都市定住域から離れている地域はまた，より完全に近い生物多様性の組成内容を保持しているため，都市定住域の近くより高い生物多様度の値をもっている（Salovaara et al. 2003）．

研究からは全ての野生動物種が獣肉のための狩猟に適しているとは限らないことが分かってきた．アマゾンにおいて，ペッカリー，シカ類，大型齧歯類などを含む特定の野生動物種が進化させてきた生活史戦略は，過剰な捕獲に対する脆弱性がそれほど高くない．一方，アメリカバク，霊長類，食肉類のような分類群は，狩猟に対する脆弱性が高く，獣肉のための野生動物種としては適さない（Bodmer, Eisenberg, and Redford 1997）．

アマゾンにおける保全プログラムは，野生獣肉のための狩猟に適さない動物種の狩猟を抑制し，より適した動物種を持続可能な形で収穫することにより，地

域社会がそれに基づく野生動物管理プログラムをうまく設定できることを示した（Bodmer and Puertas 2000）．さらに，地域社会に基づく野生動物管理は，管理計画が地域社会の文化，社会経済の現実と適合している時に，より成功度が高くなる（Bodmer 1994）．

野生動物の狩猟の持続可能性を評価することは，アマゾンにおける野生動物の地域社会による管理を構築する鍵となる．これまでの10年で，"総合収獲モデル"のような個体群収獲モデルを利用して野生獣肉狩猟の持続可能性を評価することに，多くの努力が払われてきた（Bodmer and Robinson 2004）．さらに，地域社会の野生動物に対する影響については，狩猟登録，および単位捕獲努力量当たりの捕獲個体数（CPUE）の分析によってモニタリングが可能である（Bodmer and Robinson 2004）．

持続的な収獲が可能となる健全な野生動物個体群を維持するためには，手つかずの生息地を維持することが必要である．野生動物の生息地を破壊してしまうと，野生動物個体群にダメージを与え，結果として獣肉を目的とした狩猟が継続できなくなる（Bodmer and Ward 2006）．

野生動物個体群は予測が困難なサイクルで変動するが，そのことで狩猟の持続可能性には不確実性が生じる．地域の野生獣肉市場からの需要や地域住民の経済的な制約といった社会経済の推進要因も予測不能なサイクルで変動するため，狩猟圧についても不確実性が生じる（Fragoso, Bodmer, and Silvius 2004）．野生獣肉のための狩猟の生物学的，社会経済学的な不確実性は，"ソース・シンク地域"により緩和される．ソース地域とは，狩猟が行われている地域（シンク地域）に隣接している，狩猟が行われていない地域のことである．シンク地域で過剰な捕獲が行われている場合，野生動物はソース地域から移出し，シンク地域に移入する（Novaro, Redford, and Bodmer 2000）．

ここで示された背景となる条件は，野生動物の管理計画用のガイドラインに基づく管理モデルを開発するために利用された．野生動物の管理計画はアマゾンの多くのサイトにおける共同管理の基礎を形成している．野生動物の管理モデルは，下記のようなガイドラインに基づくことで，地域社会がそれに基づいた管理計画を通じて野生動物の狩猟を共同管理することを可能にする．

1. 文化的，社会経済的に許容できる，地域社会に基づいた管理計画を開発

すること．
2. 野生獣肉資源として適した動物種を狩猟対象とすること．
3. 野生獣肉資源として適さない動物種の狩猟は禁止するか大幅に減少させること．
4. "総合収穫モデル"を使って初期捕獲圧を設定すること．
5. 単位捕獲努力量当たりの捕獲個体数を使って捕獲圧をモニターすること．
6. 手つかずの野生動物生息地を維持すること．
7. 狩猟が行われているシンク地域に隣接していて狩猟が行われていないソース地域を設定すること．

　地域社会は文化的，社会経済的に許容できるガイドラインを設定する傾向がある．そのようなガイドラインを満たすことは，野生動物個体群が過剰に捕獲されず，持続可能な利用を通じて動物が保全されることを保証する．ガイドラインの履行はまた，野生動物の生息地を手つかずのまま維持することを保証し，そのことで獣肉に適した動物種だけでなく生物多様性全体の保全にも貢献する．さらに，ガイドラインを履行することはソース地域を不可欠な部分として管理計画に組み込むことになる．実際これらのソース地域は地域社会によって保護されている土地のタイプの1つで，そこでは動物の個体群が撹乱されていない環境で繁栄することが可能である．地域社会によって保護されている土地は，野生獣肉のために狩猟されている動物種だけでなく，熱帯雨林の幅広い生物多様性をも保護している．しかしさらに重要なのは，地域社会が合意のもとで狩猟が行われていないソース地域の保護を推進していることであり，それは長期的な利益のためにいくつかの地域では保護が必要なことを彼らが理解しているからである．この状況は，従来の保護地域，すなわち，本来は地域住民の狩猟の場だったところから，地域住民を排除してしまうことが多いタイプの保護地域とは対照的である．

ペルーのパカヤ‐サミリア国立保護区における野生動物の共同管理

　野生動物の共同管理の重要性についてはパカヤ‐サミリア国立保護区に見ることができるため，ここでは野生動物の共同管理がアマゾンの森林の保全戦略の鍵となっているケーススタディとして，この保護区について紹介することとする．パカヤ‐サミリア国立保護区はペルー東北部に位置し，2,000km^{2}の熱帯雨林を

第8章　アマゾンにおける野生動物の共同管理とペルー国立パカヤ-サミリア保護区の支援活動　*111*

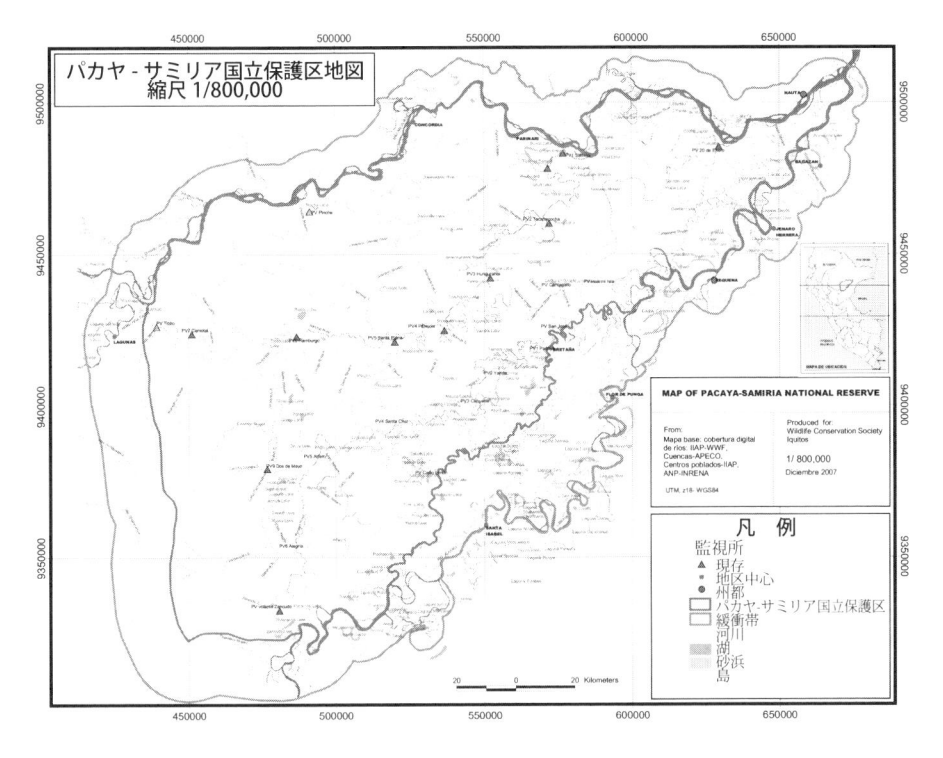

図 8-1　パカヤ-サミリア国立保護区地図

含んでいる（図8-1）．パカヤ-サミリア国立保護区は地球上で最も動植物の多様性が高い特異な湿地林の1つである（INRENA 2000）．

　パカヤ-サミリア国立保護区の水生および陸生野生動物は，この10年で大きく回復してきた（Bodmer and Puertas 2007）．サミリア川はカワイルカの特に大きな個体群を維持しており，またアマゾンマナティーに残された最後の避難地域の1つでもある．オオカワウソも戻りつつあり，年々川や湖，水路で目撃される群れが増えている．保護区には12種類のサルの仲間が生息しているが，その多くは普通に見られるようになっている．インコ類やサギ類も豊富で狩猟鳥となっている．ペッカリー，シカ類，アメリカバク，およびカピバラも増加している．カイマンワニやカメの仲間も回復し，現在では水路で普通に姿を見ることができる．

パカヤ-サミリア国立保護区周辺ではおよそ95,000人の人間が境界近くの村や町に住んでいる（INRENA 2000）．一部の村は保護区境界のすぐ内側に位置するが，保護区中心部の地域（コアエリア）には人間の居住地はない．住民のほとんどはコカマ-コカミラ先住民族である（Puertas et al. 2000）．衣服の作法が変わってきたものの，コカマ-コカミラ民族は今でも何世紀も昔からの様式で暮らしている．

保護区における人間の占有の歴史

19世紀の終わりには，コカマ，コカミラ，コニボス，チャミクロス，アグアノス，プイナグアスを含むいくつかの先住民集団がサミリアおよびパカヤ川周辺に居住していた（Raimondi 1880）．先住民の村は明らかにこれら2つの川の流域に広く分布していたが，この流域には今日の保護区のコアエリアが含まれている．保護区の内側にあった人間の居住地は，1940年代に完全保護を行う保護区が設立された時に境界線近くに移動された．

ペルー政府の保護区管理行政により公園保護官組織が創設されたが，それにより最初の管理計画期間である1986年〜1992年までの間に地域住民への厳しい取締りが展開された．この期間中，陸上での取締りは財源不足とインフラの未整備により限られたものとなった．住民は限られた地域における漁労と狩猟が認められ，立ち入りは厳しく管理された．公園保護官による取り締まりの努力にも関わらず密漁が横行した．密猟者は主に保護区の境界周辺の集落から来ていた．

1992年には厳格な保護主義者の組織が設立された．公園保護官は米国政府からの外部援助により資金に比較的恵まれ，地域住民による保護区への立ち入りを厳しく規制した．この期間には保護区における密猟者は増加し，同時に利用禁止の中心地域で動物が過剰に捕獲された．すなわち密猟が保護区一円に蔓延し，保護区の職員と地域住民の軋轢は高まり危険なものとなった．1997年11月に，地域住民の一団が彼らの漁網を公園保護官に没収された．報復のためにそれらの漁民は山刀で武装して保護官駐在所を襲撃し，2人の若い生物学者と1人の公園保護官が殺されてしまった．これは全国ニュースとなり，事態は明らかにペルー国立自然資源研究所（National Institute of Natural Resources：INRENA）の対応を必要とした．

この襲撃から間もなく，保護区の管理責任者が交代させられた．新しい管理執行部は，特に漁労と狩猟について，保護区の共同管理に地域住民を参加させる戦略を実行し始めた．この戦略には，保護区内の各区域について，野生動物の管理計画に沿って管理責任をもつ複数の管理グループを立ち上げることが含まれていた．それらの管理グループは，生物学者の技術支援を受けて自ら策定し，INRENAと保護区管理執行部から認可を受けた計画のもとで，限られた量の自然資源を利用することが認められた．管理グループには担当区域における密猟の監視を補助する責任も与えられた．

　パカヤ-サミリア国立保護区は明確にいくつかのタイプの管理システムを通じて運営されてきた．現在保護区には共同管理方針があり，その中で地域住民は，地域社会に基づいた野生動物管理計画と共同管理を通じて自然資源を管理する責任をもっている．

共同管理の影響

　厳格な規制の時代には，地域住民は，保護区に長期的な展望がもてず，保護区管理当局がより厳しい管理の手段をとりかねないことを常に恐れていたと述べていた．住民の態度は，彼らの将来がどうなるか分からないため，できる限り早く，大量に，密猟を行わざるを得ないというものだった．

　保護区管理執行部が変わり，保護区が地域社会を共同管理の一員として受け入れた時，地域住民の態度も変化した（Puertas et al. 2000）．地域の管理グループは管理すべき区域を与えられ，もはや密猟者と見なされることはなくなった．彼らは限られた量の資源を合法的に，保護区管理執行部の承認のもとに利用することができた．多くの地域住民が保護区に対する態度を変化させ，保護区からの長期的な利益について注目し始めた．保護区は彼らの将来計画の一部となり，管理に参加することへの関心も高まってきた．今では地域住民の多くは保護区の社会経済的利益について理解しており，彼ら自身がその保全に協力している．狩猟は実質的に減少しているが，それは元の密猟者が今は管理者となったこと，地域住民が外から来る密猟者を彼らの管理区域から閉め出してきたことによる（表8-1）．

表 8-1 San Martin 集落で 1997 年および 2004 年に捕獲された野生動物の数と割合

学　名	標準名	1997 捕獲総数	1997 捕獲 %	2004 捕獲総数	2004 捕獲 %
哺乳類					
偶蹄目					
Tayassu pecari	クチジロペッカリー	6	5	24	57
Tayassu tajacu	クビワペッカリー	8	7		
Mazama americana	アカマザマ	4	3		
奇蹄目					
Tapirus terrestris	ローランドアメリカバク	4	3		
霊長目					
Alouatta seniculus	アカホエザル	29	25	6	14
Ateles chameck	クモザル	3	3		
Cebus apella	フサオマキザル	10	9	1	2
Cebus albifrons	シロガオオマキザル	2	2		
Pithecia monachus	モンクサキ（monk saki monkey）	3	3		
Lagothrix lagotricha	フンボルトウーリーモンキー	17	15	2	5
Saimiri boliviensis	ボリビアリスザル	1	1		
齧歯目					
Agouti paca	パカ	18	16	8	19
Dasyprocta spp.	クロアグーチ類	6	5	1	2
貧歯目					
Dasypus spp.	アルマジロ類	4	4		
合　計		115		42	

保護区における共同管理の結果

　サミリア川流域では管理政策の変化の過程を通じて野生動物のセンサスが行われてきた．哺乳類およびクロカイマンワニについての 1995 年のセンサス結果が 2005 年のそれと比較された．1995 年のデータは保護区管理執行部の地域住民に対する厳格な規制が行われていた期間に，一方 2005 年のデータは地域住民の

参加による共同管理の期間に対応している．ここで報告するデータは筆者らとその研究チームが収集したもので，詳細は他で報告されている（Aquino, Bodmer, and Gill 2001；Bodmer et al. 1999；Buell 2003；Dullao 2004；Isola 2000；Moya, Pezo, and Verdi 1981；Reyes et al. 2001；Street 2004；Watson 2004）．保護区で増加してきた保全の鍵となる動物種には，ウーリーモンキー，ホエザル，クチジロペッカリー，ローランドアメリカバク，クロアグーチ，オオカワウソ，およびクロカイマンワニが含まれる（図8-2）．

これらのセンサスの結果は，厳格な規制の時代から共同管理の時代になって野

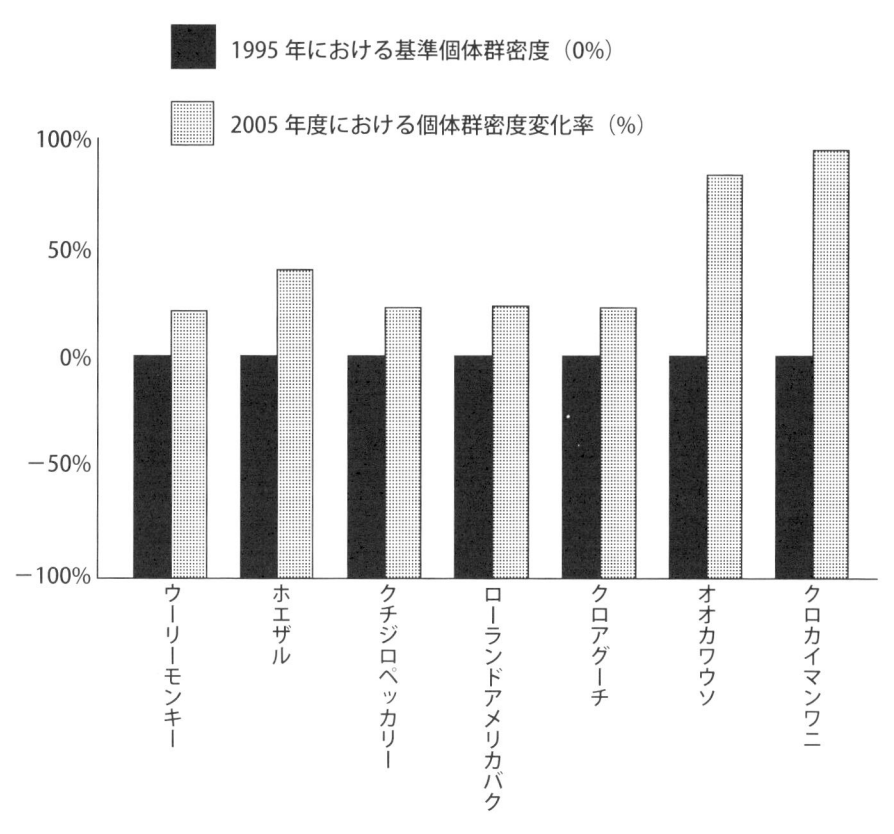

図8-2 サミリア川流域における厳正保護期間中（1995）と共同管理期間中（2005）の野生動物生息密度のパーセント割合変化（基準ライン（0%）は厳正保護期間中に設定した）

生動物個体群が著しく回復したことが示された．これは単なる相関ではあるものの，われわれはこれら2つの時代の間で地域住民の態度が変化したことが，上記の相関に原因と結果としての正当性を与えると感じている．厳格な規制の時代には密猟の程度はずっと高く，当時は狩猟圧もかなり高かった．地域住民は保護区に将来を見出せず，保護区管理執行部を彼らの伝統的な土地にある自然資源へのアクセスを取り上げる敵と見なしていた．結果として保護区管理執行部に対する住民の態度は反抗的となり，また将来の規制がより厳しいものになるという不安も生まれた．

　この地域住民と保護区の軋轢は，漁網の没収に対する報復で2人の生物学者と1人の公園保護官が殺害された時に頂点に達した．この事件の後，保護区の厳格な政策は変更され，地域住民は保護区の管理に参加することとなった．密猟が減少し，共同管理における地域住民の参加が増加するに従い，野生動物の個体数は増加した．現在では鍵となる動物種の多くで，少し以前と比べてもその個体群は大きくなっている．

アマゾン地域における野生動物の共同管理

　野生動物の共同管理は明らかにアマゾンにおける重要な保全戦略である．野生動物から得られる長期的な利益への，地域住民の社会経済的，文化的関心は，保全の成功にとって主要な要因となる．アマゾン地域一円における共同管理プログラムを通じて，地域住民は野生動物の管理者となりつつある．パカヤ-サミリア国立保護区におけるケーススタディは，共同管理が保全戦略として機能するという概念を支持している．このケーススタディはまた，外部から押しつけられた厳格な保護は，地域住民の参加を適切に伴わないため，長期的には多くの場合失敗することも示した．

　野生動物の管理モデルがこの10年の研究，保全活動，およびケーススタディを通じて開発された．この管理モデルはアマゾンにとって重要な保全戦略となることが立証されてきつつある．なぜならば，それにより野生動物個体群とその生息地が保全され，また地域住民の文化や社会経済と調和した住民参加型の共同管理方式で非狩猟地域が設定されるからである．このモデルはアマゾン流域一円の異なる地域における，保護区内と保護区外の両方の場所で利用されてきた．例え

ば，ボリビアのカエ-イヤ・デル・グラン・チャコ，ペルーアマゾンのタムシヤク-タヤホ共同体保護区，ボリビアアマゾンのグレーター・マディディ・ランドスケープ，ブラジルアマゾンのマミラウアおよびアマナン持続的開発保護区，そしてエクアドルアマゾンのヤスニ保護地域ランドスケープにおける共同管理の戦略として，この管理モデルが利用されている．野生動物から得られる地域社会の経済と生活のための利益を維持すること，保護区に対する圧力を阻止することのために，野生動物の利用の持続可能性が保証されるよう，このモデルは採用されている．これら全ての場所で，共同管理計画を通じた持続可能な野生動物の利用は，そこのランドスケープ内で森林と野生動物の保全を推進し，保護区の保全戦略を補完するものであることが示された．

またこの野生動物管理モデルは，ペルーアマゾンにおける生存狩猟のための共同管理戦略としても利用されており，それはペッカリーの毛皮認証プログラムを通じたものである．ペッカリー毛皮認証プログラムは，野生獣肉のための狩猟管理を持続可能な形で行っている地域においてペッカリーの毛皮に付加価値をつけるための仕組みで，認証基準を満たす地域社会に対して認証を行うプロセスを通じて運営されている．ペッカリーの毛皮はヨーロッパの国々に輸出され，高級な手袋や靴の製造業で利用されている．ペッカリー毛皮認証プログラムは，地域社会が認証を得るために従う必要がある野生動物管理モデルのガイドラインに基づいている．このガイドラインはそれぞれの地域社会で社会経済的，文化的必要性に応じて異なる形で設定されている．

野生動物管理プログラムの中で開発されたこのガイドラインは，さらに木材伐採権移譲地における野生動物の共同管理の方法としても提案されている．アマゾンにおける多くの伐採権移譲地では，伐採労働者の食料費を節約するために野生動物を狩猟している．それは多くの場合，伐採権移譲地内での過剰捕獲につながり，持続可能でない森林利用と木材認証の阻害をもたらす．管理モデルのガイドラインを履行することは，伐採権移譲地にとって持続的な野生動物の利用を可能とし，林産物の持続可能な利用を保証することを後押しする．

引用文献

Aquino, R., R. Bodmer, and J. Gil. 2001. *Mamíferos de la cuenca del río Samiria. Ecología poblacional y sustentabilidad de la caza.* Lima: Junglevagt for Amazonas, AIF-WWF/DK y Wildlife Conservation Society.

Bodmer, R. E. 1994. Managing wildlife with local communities: The case of the Reserva Comunal Tamshiyacu-Tahuayo. In *Natural connections: Perspectives on community based management*, ed. D. Western, M. Wright, and S. Strum, 113 — 34. Washington, DC: Island Press.

Bodmer, R., C. Allen, J. Penn, R. Aquino, and C. Reyes. 1999. Evaluación del uso sostenible de la fauna silvestre en la Reserva Nacional Pacaya-Samiria. Perú. Arlington, VA:Nature Conservancy.

Bodmer, R. E., J. F. Eisenberg, and K. H. Redford. 1997. Hunting and the likelihood of extinction of Amazonian mammals. *Conservation Biology* 11:460 — 46.

Bodmer, R. E., E. Pezo Lozano, and T. G. Fang. 2004. Economic analysis of wildlife use in the Peruvian Amazon. In *People in nature: Wildlife conservation in South and Central America*, ed. K. Silvius, R. Bodmer, and J. Fragoso. New York: Columbia University Press.

Bodmer, R. E., and P. Puertas. 2000. Community-based co-management of wildlife in the Peruvian Amazon. In *Hunting for sustainability in tropical forests*, ed. J. G. Robinson and E. L. Bennett, 395 — 409. New York: Columbia University Press.

———. 2007. Impacts of displacement in the Pacaya-Samiria National Reserve, Peru. In *Protected areas and human displacement: A conservation perspective*, ed. K. H. Redford and E. Fearn, 29 — 33. WCS Working Papers, No. 29. New York: Wildlife Conservation Society.

Bodmer, R. E., and J. G. Robinson. 2004. Evaluating the sustainability of hunting in the Neotropics. In *People in nature: Wildlife conservation in South and Central America*, ed. K. Silvius, R. Bodmer, and J. Fragoso. New York: Columbia University Press.

Bodmer, R. E., and D. Ward. 2006. Frugivory in large mammalian herbivores. In *The impact of large mammalian herbivores on biodiversity, ecosystem structure and function*, ed. K. Danell. Cambridge: University of Cambridge Press.

Buell S. 2003. Activity levels and abundance of the Amazonian manatee, *Trichechus inunguis*, in the Pacaya-Samiria National Reserve, Peru BSc project. Loreto, Peru: Wildlife Conservation Society, Durrell Institute of Conservation and Ecology.

Dullao, T. 2004. *Density and biomass of terrestial mammals in the Santa Elena region of the Samiria River.* Canterbury, UK: University of Kent.

Fragoso, J., R. E. Bodmer, and K. Silvius. 2004. Wildlife conservation and management in South and Central America: Multiple pressures and innovative solutions. In *People in nature: Wildlife conservation in South and Central America*, ed. K. Silvius, R. Bodmer, and J. Fragoso. New York: Columbia University Press.

INRENA (Instituto Nacional de Recursos Naturales). 2000. *Plan maestro para la conservación de la diversidad biológica y el desarrollo sostenible de la Reserva Nacional Pacaya-Samiria y su zona de Amortiguamiento*. Lima: Instituto Nacional de Recursos Naturales.

Isola, S. 2000. Determinación de la distribución y abundancia de lobo de río (*Pteronura brasiliensis*) en la Reserva Nacional Pacaya-Samiria. Tesis presentada para optar el título de Ingeniero Forestal. Lima, Peru: Universidad Nacional Agraria la Molina.

Moya, L., R. Pezo, and L. Verdi. 1981. *Observaciones preliminares sobre la bioecología del lagarto blanco* (Caiman crocodylus L.) *en la cuenca del río Samiria*, 107 — 23. Peru: Iquitos.

Novaro, A. J., K. H. Redford, and R. E. Bodmer. 2000. Effect of hunting in source-sink systems in the neotropics. *Conservation Biology* 14:713 — 21.

Puertas, P., R. Bodmer, J. López, J. del Aguila, and A. Calle. 2000. La importancia de la participación comunitaria en los planes de manejo de fauna silvestre en el nor oriente del Perú. *Folia Amazónica* 11(1 — 2):159 — 79.

Puertas, P. E., and R. E. Bodmer. 2004. Hunting effort as a tool for community-based wildlife management in Amazonia. In *People in nature: Wildlife conservation in South and Central America*, ed. K. Silvius, R. Bodmer, and J. Fragoso. New York: Columbia University Press.

Raimondi, A. 1880. Foja No. 8. Mapa del Peru. Paris.

Reyes C., R. Bodmer, J. Garcia, and D. Díaz. 2001. Presión de caza y bases para el manejo de fauna con participación comunitaria en la Reserva Nacional Pacaya-Samiria. In *Manejo de fauna con comunidades rurales*, ed. C. Rozo, A. Ulloa, and H. Rubio, 49 — 55. Bogota, Colombia: Fundación Natura.

Robinson, J. G., and R. E Bodmer. 1999. Towards wildlife management in tropical forests. *Journal of Wildlife Management* 63:1 — 13.

Salovaara, K., R. E. Bodmer, M. Recharte, and C. F. Reyes. 2003. Diversity and abundance of mammals in the Yavari valley. In *Perú: Yavari — rapid biological inventory*, ed. N. Pitman. Chicago: Field Museum.

Street, K. 2004. *The diet and abundance of three caiman species* (Caiman crocodilus, Melanosuchus niger *and* Paleosuchus trigonatus) *along the Rio Samiria, Peru*. Canterbury, UK: Durrell Institute of Conservation and Ecology, University of Kent at Canterbury.

Watson, K. 2004. *The ecological and structure of the primate in the Pacaya-Samiria National Reserve, Peru*. Canterbury, UK: Durrell Institute of Conservation and Ecology, University of Kent at Canterbury.

第9章
保全の目標達成にむけた
コミュニティとの協働

Catherine M. Hill

訳：伊吾田宏正

　植民地時代に大型狩猟獣の個体群が減少し，人間と野生は両立し得ないと考えられるようになると，狩猟家たちはロビー活動によって野生動物とその生息地の保護に関する法律を成立させた（MacKenzie 1988）．同じ頃，北米の狩猟家たちは在来の狩猟獣を保護するために，捕獲数を減らしたり，保護区を設定したりしている（Gray 1993）．その後，国立公園のように人間と家畜を排除するなど，資源搾取を禁止した保護区の設定は，希少種とその生息地の保護のための世界的に有効なモデルとなった．この保護論者的アプローチは，特に発展途上国の多くの脆弱な農村社会に大きな困窮と貧困をもたらしてきた（Newmark and Hough 2000）．保護区周辺の住民は，土地の没収，資源利用の禁止，農業・財産・人身被害などの問題に直面したが，主に国立機関，政府，国際研究者，科学そのもの，観光客が受けたような利益を得ることはほとんどなかった（Bell 1987）．
　農村社会に悪影響を与え，世界で最も貧困で脆弱な人々をさらに困窮させる，このようなアプローチは支持されなくなってきた．公園内における効果的な野生動物保護は経済的コストがかかること（Leader-Williams and Albon 1988，ただし Caro et al. 1998 を参照），それ以外の土地利用に比べて経済的利益が少ないこと（Adams and Hulme 2001 に引用された Norton-Griffiths and Southey 1995），および公園地域からの排除と立ち退きに対する倫理上の課題（Adams and Hulme 2001 に引用された Neumann 1997）があるため，この伝統的なアプローチは生物多様性の保護策として受け入れられなくなった．

その結果，保全思想およびその政策と実践はここ40年間で大きく変容した．保全の目的は見直され，保全活動の焦点と正当性が，野生動物保護に特化したものから，人間生活を重視または最優先するものへと世界的に変化したのだ（Bell 1987）．実務と政策だけでなく倫理と人権を考慮に入れて，保全政策が人々に貧困ではなく，よりよい生活をもたらすものとなるよう求められている（Blaikie and Jeanrenaud 1997）．しかし，保全活動の予算が増えるにつれて，政治的な都合と経済という世俗な要因が，保全と開発を結び付ける動機となってきた（Oates 1999；Oates 1999に引用されたHoldgate and Munro 1993）．

本章の目的は，コミュニティが保全に対してどのように主体的に関わっているかを見直し，変遷してきた生物多様性保全の実践例の有効性について議論し，これらのアプローチについての諸問題を示し，コミュニティとともに保全の目標達成をするためのより有効な戦略を明らかにすることである．

コミュニティと保全

野生動物の生息地周辺に住む人々の支持と協力は長期に亘る保全の成功にとって不可欠である（Hackel 1999に引用されたWorld Conservation Union 1980）．この認識は，保全に対するコミュニティの関心と支持を得るための多様なアプローチの発展に貢献してきた〔ただし，Brockington（2004）は，多様性保全はコミュニティの協力なしで可能であるとしている〕．大まかにいえば，これらの新しいアプローチは，地域主体型保全（community-based conservation：CBC）と保全開発統合プロジェクト（integrated conservation and development project：ICDP）とに分類される（Spiteri and Nepal 2006）．地域主体型保全の概念は，コミュニティが保全活動の計画と実施に参加することで，自然資源を所有するという感覚とそれに伴う説明責任が生まれ，その結果，持続的資源管理が発展する，というものだ．一方，保全開発統合プロジェクトは，保全の代償として，経済的，社会的に発展する機会が提供されることで，コミュニティの支持が得られるというものである（Newmark and Hough 2000；Brockington 2002に引用されたHartley 1997）．

コミュニティ：それは何者なのか

　コミュニティという言葉は，保全と開発に関する文献の中で，"干渉する対象としての人々"の意味としてよく使われる．しばしば，コミュニティは空間，民族性，宗教，言語，政治体制を共有する集団から構成されると考えられている（Leach, Mearns, and Scoones 1999）．コミュニティの共通性は，目的と行動のための協調と均一性を促し，構成員の公平を生み出すものだとされる．しかし，これらのコミュニティの定義は必ずしも適切ではない．どんな集団でも，資源利用の程度は，年齢，性別，暮らし，資源，階級，政治構造の相互関係を反映している（Agrawal and Gibson 1999；Sharpe 1998）．したがって，コミュニティの構成員共通の意見，ニーズ，行動を限定するのは早計である．利益を生み出すものはコミュニティ内で単一ではないので，全ての利害関係者に対して保全を動機づけるような利益は存在しないのである（Spiteri and Nepal 2006）．

　あるコミュニティの構成員を特定するのは，必ずしも簡単ではない．しかし，そのコミュニティに含めるかどうかは，地域主体型保全または保全開発統合プロジェクトを進めるうえで重要な意味をもっている．それで利益を得る利害関係者や共同管理の体制が決定され，意志決定過程に影響が及ぶのである．その結果，個々の構成員の参加が阻まれたり，内部の力関係が見えなくなって，損得の不平等ができたり，少数派が意志決定過程に参加できなくなったりするのである．

保全を達成するためのコミュニティとの協働はどれほど有効か

　1970年代から地域主体型保全と保全開発統合プロジェクトは排他的な保護論の代替案として発展してきた．しかし，研究者と実践家はこの20年間で，これらのアプローチが生物多様性保全（Barrett and Arcese 1995；Songorwa 1999）や地域の生活改善（Hackel 1999；Newmark and Hough 2000）に有効かどうか疑問をもちはじめた．よく考えなければならないのは，このような手法が保全と発展の両者のニーズに対して同時に対応できるかということである．どのように"成功"を定義し，定量化するかということが重要である．成功の定義はプロジェクトが成功したかどうかにも関連する．例えば，コミュニティに対して伐採による収入の代わりに非木材林産物の利用を促すことは，森林の構造を保護し，持続

的な水資源の確保につながる．しかし，果実・草本または蔓などをめぐる人間と野生動物との競争が加速するかもしれない．この場合，自然資源の保護は成功していても，生物多様性の保全にはなっていない（Hill 2002）．生物多様性よりも特定の自然資源の保護を優先させているためである．

生物多様性の実現

今のところ，効果的な生物多様性保全につながった地域主体型保全と保全開発統合プロジェクトの実例はほとんどないが（Hulme and Murphree 2001a），特定の種と生息地の保全における成功例はいくつかある．中央ベリーズ（中米）のコミュニティー・バブーン・サンクチュアリーでは，ボランティアによる土地管理でクロホエザル個体群が50％増加した（Alexander 2000）．ネパールのアンナプルナ保全地域では，植生調査の結果，外部の地域よりも植物相の密度と多様性が高いことが分かった（Bajracharya, Furley, and Newton 2005）．しかし，方法論上の問題点として，生態学的変化と保全による効果の因果関係はとても区別しづらく，時間と資源の制限が足かせとなり，生物多様性への影響を監視し評価するための十分なデータがとれないことが多い（Kangwana 2001）．

地域のコミュニティの社会・経済的発展の実現

地域のコミュニティは，特に収益の共有や収入の発生のような，社会・経済的な利益がある場合，地域主体型保全や保全開発統合プロジェクトを高く評価する（例えばAlpert 1996）．しかし，多くの事例で，ある程度の利益（発展の機会を含めて）が得られたものの，それは必ずしも野生動物保全のコストに対する満足のいく代償にはならなかったり，保全機関が期待したような，野生動物とその生息地に対する人々の行動の変化を促す十分な動機にならなかったりした（Abbot et al. 2001；Emerton 2001；Infield and Namara 2001）．

比較的辺境に住む人々の生活の様式は，変化する環境で生き残れるように柔軟性と多様性に富んでいる（Moran 2000）．これは，現金経済に大きくのみ込まれたり，教育や外部の人間との交流によって新しい社会や文化に晒されたりすることによって，さらに多様化するかもしれない．結果として，新たな収入源を得ることで，彼らの生活が自然資源への依存度を必ずしも低めるというわけではなく，むしろ代替の収入源を既存の多様な生活様式に組み込んでいくかもしれない．新しいビジネス・チャンスを最大限に利用するために，彼らは自然資源の利用度

を維持，またはさらに増加させるかもしれない．したがって，価値のある自然資源を持続的に利用できるかどうかは保全の成功にかかっているので，生活様式と生物多様性の保全を強く結び付けることによって，資源を継続的に利用したり，外部からの資源利用を妨げたりする動機が生まれる．繰り返しになるが，成功のカギは，地域のコミュニティが保全への投資に見合う十分な見返りを得ることが，適切な管理方法を採用する動機になるかどうかにかかっている．

保全および保全機関を肯定的にとらえてもらうには

おそらく，コミュニティによる保全活動において現在最も価値のある成果は，保全と保全機関に対する地域住民の前向きな姿勢を促したことである（Arjunan et al. 2006；Mehta and Heinen 2001；Weladji, Moe, and Vedeld 2003）．しかし，最近の文献調査によると，個々の利害関係者の考え方は，次のようなことを反映していることが明らかになった．1つは，彼らがどれだけ目に見える利益を得ているか（Wild and Mutebi 1997），次に，彼らの特定の生業または自然資源の支配が及ぶ範囲（King 2007；Masozera et al. 2006；Scholte et al. 2006；Weladji, Moe, and Vedeld 2003），次に，彼らの所有感および意思決定と実施に対する一体感（Alexander 2000；Bajracharya, Furley, and Newton 2005），そして，管理活動と問題解決過程に地域の慣習がどれだけ尊重されるか（Lepp and Holland 2006；Zimmerman et al. 2001）ということである．これは，異なる利害関係者が異なる考え方をもち，彼らの関心は特定の資源への利用形態の違いを，少なくとも部分的には反映していることを示している．

今後の発展

途上国における効果的で長期に亘る生物多様性保全と農村社会の発展を実現させるうえで，地域主体型保全と保全開発統合プロジェクトは，大部分は期待外れなアプローチであったことを見てきた．それらの主な成果は，何か特定の新しいことというより，野生動物と保全プロジェクトに対して，より肯定的な姿勢を生み出したことである．その結果，野生動物当局，保全機関，および地域住民の間の関係を改善する効果的な仕組みをつくることができる．今日の課題は，これらのアプローチを洗練し発展させて，生物多様性とコミュニティにとってよりよい成果を手に入れることである．

地域主体型保全と保全開発統合プロジェクトの問題点について
コミュニティの特定

　保全計画の設計の際には，コミュニティの社会的な複雑さを深く理解することが必要である．その目的は，より平等に資源を配分すること，利益共有と意志決定過程における透明性を確保すること，利益はコミュニティが行動を決定するうえでの実際の動機となるような意味をもつ必要があると認識することである．さらに，多くの場合，長期に亘って状況を見直す必要がある．例えば，ある地域に移住者が来る場合，既存のコミュニティに誰が含まれるかという境界を見直す必要があるかもしれない．もし，移住集団がそのコミュニティに含まれなければ，彼らは，故意に直接的に（Dzingirai 2003），または，間接的に資源に影響を与える形で（Oates 1995），そのプログラムを妨害するかもしれない．しかし，彼ら"部外者"は受益者の枠を広げて，平均的な分け前を少なくしてしまうので，既存のコミュニティの構成員から抵抗を受けるかもしれない．コミュニティというのは，静的で均一な集団ではなく，構成員が変わる多様なものであると認識することは重要なステップである．これをどのように長期的な計画の仕組みに盛り込むかが課題となってくるが，今後はより効果的に取り組む必要がある．

コミュニティの利益の規模とその担保

　地域住民が地域主体型保全や保全開発統合プロジェクトに参加する時の第1の興味は，自然資源の保護というよりも利用権，および介入による受益であることが，しばしば報告されている（Lepp and Holland 2006 に引用された Mugisha 2002；Masozera et al. 2006）．地域住民は保全に興味はないというのが，1つの一般的な解釈だが，これが実際にそうであるかの判断は難しい．しかし，生活の安全が比較的不安定である，またはそうなるような場合，自然資源利用についての住民の意思決定は，持続的利用よりも，短期的または直近の危機への必要性を反映している．さらに，地域主体型保全や保全開発統合プロジェクトに最も積極的に協力するのは，最も損をしていない人々である（King 2007；Wild and Mutebi 1997）．ということは，プロジェクトによる発展の機会がコミュニティの構成員全員には与えられていないということを示している．したがって，コミュニティの構成員が積極的にプロジェクトに参加する動機につながるようなレベルの利益を確保することが重要なのである．

スポーツハンティングや野生動物観察などで住民の収入を引き出すプロジェクトは，戦争，暴動，為替変動および観光客の嗜好の影響を受けやすく，それらは全てコミュニティの外部の要因である（Masozera et al. 2006）．自然資源への依存を減らしたり，保全のコストを埋め合わせたりするために，換金作物が導入された場合，コミュニティとその構成員は，カメルーンのKorup国立公園周辺のコーヒーとココアの栽培者が経験したように，商品市場の変動による急激な減収に見舞われる場合がある（Alpert 1996）．このような状況下では，利益が生物多様性保全の結果と直接，明白に結びついている場合でさえ，地域住民は自然資源への依存を強めて，彼らの家計の不足を取り戻さなければならなくなるかもしれない．柔軟性，そして，アプローチを再評価し，必要ならば修正することが重要である．したがって，地域主体型保全と保全開発統合プロジェクトは長期間常に十分機能するわけではないことを認識すべきであり，可能であれば，このことを計画と実施の際に考慮に入れることが重要である．

透明性と管理システム

もし，コミュニティの構成員が利益配分の不平等を感じたり，利益が思っていたほど得られなかったり（Abbot et al. 2001；Alexander 2000），利益がコストに見合わないと思ったり（Emerton 2001），プロジェクトの負担を受けている人たちに対して利益が直接配分されなかったりすると（Abbot et al 2001；Walpole and Goodwin 2000），問題が生じる（Kellert et al. 2000）．これらの問題の多くは，利益配分と意思決定過程が不透明で，異なる利害関係者間を疑心暗鬼にさせた場合に生じる（または悪化する）．腐敗と資源の不正利用は，住民から役人，国際機関の職員までに至る全ての段階で起こり得る（Polansky 2003）．多様な利害関係者間の結びつきを強化し，誰も過剰な権利を得ないようにチェックしてバランスを保つ強い体制をつくることが，これらの問題に対処する方法であろう（Agrawal and Gibson 1999；Hulme and Murphree 2001b）．

モニタリングと評価

有効な生物多様性保全を確保することは，多くの地域主体型保全と保全開発統合プロジェクトの中で最も弱い側面の1つである．利益供与と生物多様性保全を両立させることが重要なように，動植物相とコミュニティに対する影響のモニタリングと評価のための適切なシステムを組み込むことも重要である．このこと

は，その後の管理決定を周知するうえにも有効である．モニタリングと結果の解釈の過程にコミュニティを巻き込むことが，地域の所有感を高め，透明性を増すことになる．このことは特に，そのデータが地域消費のための収獲率や捕獲枠を設定するのに使われる場合に重要である．

タイムスケール

　地域主体の取組みの成功のためには，様々な利害関係者間の十分な信頼と調和を確立し維持することが必要である．これは，それまで野生動物機関などと対立したことがあるコミュニティでは，妨害を受けるかもしれない．地域文化のシステムと構造に対する多量な感受性も求められる．したがって，参加型の保全管理プログラムを発展させ実践することは，長期間に亘る多面的な過程であるため，多くの助成団体が支援できるような期間には終わらないのである．このようなプログラムを立ち上げるということは，その最初の計画をスタートさせ，その過程を監視して，適切な修正を加えるためのモニタリングと評価の体制を構築するということである．これは10年以上かかるかもしれないが（Polansky 2003），たいてい成果はその半分以下で要求される．多くの寄付団体は3～5年の期間で仕事をしており，その期間内での目に見える成果を望んでいるので，このことが地域主体の取組みが成果を上げるうえでの障壁となっているのだ．

結　論

　20世紀後半，地域主体型保全と保全開発統合プロジェクトという，保全活動を達成するために地域コミュニティを巻き込む戦略に対して大きな関心が寄せられたが，コミュニティの発展と生物多様性保全を確実に実現するという意味では，今のところ期待に添うものではない．一部の保全活動家と多くの最近の助成団体は，この明らかな失敗に幻滅させられてきたが，コミュニティが保全活動に参加したことと，ささやかながら発展する機会ができたことは，野生動物，野生動物機関，および保護地域にとって大きな前進である．しかし，野生動物とコミュニティにとってのより確かな未来のために必要な戦略と体制は，どんなものが最善なのかという課題が残されている．

引用文献

Abbot, J. I. O., D. H. L. Thomas, A. Gardner, S. E. Neba, and M. W. Khen. 2001. Understanding the links between conservation and development in the Bamenda Highlands, Cameroon. *World Development* 29(7):1115 − 36.

Adams, W. M., and D. Hulme. 2001. If community conservation is the answer in Africa, what is the question? *Oryx* 35(3):193 − 200.

Agrawal, A., and C. C. Gibson. 1999. Environment and disenchantment: The role of community in natural resource management. *World Development* 27:629 − 49.

Alexander, S. E. 2000. Resident attitudes towards conservation and black howler monkeys in Belize: The Community Baboon Sanctuary. *Environmental Conservation* 27(4):341 − 50.

Alpert, P. 1996. Integrated conservation and development projects. *BioScience* 46(11):845 − 55.

Arjunan, M., C. Holmes, J.-P. Puyrarand, and P. Davidar. 2006. Do developmental initiatives influence local attitudes towards conservation? A case study from the Kalakad-Mundanthurai Tiger Reserve, India. *Journal of Environmental Management* 79: 188-97.

Bajracharya, S. B., P. A. Furley, and A. C. Newton. 2005. Effectiveness of community involvement in delivering conservation benefits to the Annapurna Conservation Area, Nepal. *Environmental Conservation I* 32(3):239 − 47.

Barrett, C. B., and P. Arcese. 1995. Are integrated conservation-development projects (ICDPs) sustainable? On the conservation of large mammals in sub-Saharan Africa. *World Development* 23(7):1073 − 84.

Bell, R. H. V. 1987. Conservation with a human face: Conflict and reconciliation in African land use planning. In *Conservation in Africa: People, policies and practice*, ed. D. Anderson and R. Grove, 79 − 101. Cambridge: Cambridge University Press.

Blaikie, P., and S. Jeanrenaud. 1997. Biodiversity and human welfare. In *Social change and conservation*, ed. K. Ghimire and M. Pimbert, 46 − 70. London: Earthscan Publications.

Brockington, D. 2002. *Fortress conservation: The preservation of the Mkomazi Game Reserve, Tanzania.* Oxford: James Currey.

———. 2004. Community conservation inequality and injustice: Myths of power in protected area management. *Conservation and Society* 2(2):411 − 32.

Caro, T. M., N. Pelkey, M. Borner, K. L. I. Campbell, B. L. Woodworth, B. P. Farm, J. L. Kuwai, S. A. Hiuish, and E. L. M. Severre. 1998. Consequences of different forms of conservation for large mammals in Tanzania: Preliminary analyses. *African Journal of Ecology* 36:303 − 20.

Dzingirai, V. 2003. CAMPFIRE is not for Ndebele migrants: The impact of excluding outsiders from CAMPFIRE in the Zambezi Valley, Zimbabwe. *Journal of Southern African Studies* 29(2):445 – 59.

Emerton, L. 2001. The nature of benefits and the benefits of nature: Why wildlife conservation has not economically benefited communities in Africa. In *African wildlife and livelihoods: The promise and performance of community conservation*, ed. D. Hulme and M. Murphree, 208 – 26. Oxford: James Currey.

Gray, G. G. 1993. *Wildlife and people: The human dimensions of wildlife ecology*. Urbana and Chicago: University of Illinois Press.

Hackel, J. D. 1999. Community conservation and the future of Africa's wildlife. *Conservation Biology* 13(4):726 – 34.

Hill, C. M. 2002. Primate conservation and local communities: Ethical issues and debates. *American Anthropologist* 104(4):1184 – 94.

Hulme, D., and M. Murphree. 2001a. Community Conservation in Africa: An introduction. In *African wildlife and livelihoods: The promise and performance of community conservation*, ed. D. Hulme and M. Murphree, 1 – 8. Oxford: James Currey.

———. 2001b. Community conservation as policy: Promise and performance. In *African wildlife and livelihoods: The promise and performance of community conservation*, ed. D. Hulme and M. Murphree, 280 – 97. Oxford: James Currey.

Infield, M., and A. Namara. 2001. Community attitudes and behaviour towards conservation: An assessment of a community conservation programme around Lake Mburu National Park, Uganda. *Oryx* 35(1):48 – 60.

Kangwana, K. 2001. Can community conservation strategies meet the conservation agenda? In *African wildlife and livelihoods: The promise and performance of community conservation*, ed. D. Hulme and M. Murphree, 256 – 66. Oxford: James Currey.

Kellert, S. R., J. N. Mehta, S. A. Ebbin, and L. L. Lichtenfeld. 2000. Community natural resource management: Promise, rhetoric, and reality. *Society and Natural Resources* 13:705 – 15.

King, B. H. 2007. Conservation and community in the new South Africa: A case study of the Mahushe Shongwe Game Reserve. *Geoforum* 38:207 – 19.

Leach, M., R. Mearns, and I. Scoones. 1999. Environmental entitlements: Dynamics and institutions in community-based natural resource management. *World Development* 27:225 – 47.

Leader-Williams, N., and S. Albon. 1988. Allocation of resources for conservation. *Nature* 336:353.

Lepp, A., and S. Holland. 2006. A comparison of attitudes toward state-led conservation and community-based conservation in the village of Bigodi, Uganda. *Society and Natural Resources* 19:609 – 23.

MacKenzie, J. M. 1988. *The empire of nature: Hunting, conservation and British imperialism.* Manchester, UK, and New York: Manchester University Press.

Masozera, M. K., J. R. R. Alavalapati, S. K. Jacobson, and R. K. Shrestha. 2006. Assessing the suitability of community-based management for the Nyungwe Forest Reserve, Rwanda. *Forest Policy and Economics* 8:206 — 16.

Mehta, J. N., and J. T. Heinen. 2001. Does community-based conservation shape favourable attitudes among locals? An empirical study from Nepal. *Environmental Management* 28:165 — 77.

Moran, E. F. 2000. *Human adaptability: An introduction to ecological anthropology.* Boulder, CO: Westview Press.

Neumann, R. P. 1997. Primitive ideas: protected area buffer zones and the politics of land in Africa. *Development and Change* 28:559 — 82.

Newmark, W., and J. Hough. 2000. Conserving wildlife in Africa: Integrated conservation and development projects and beyond. *BioScience* 50:585 — 92.

Norton-Griffiths, M., and C. Southey. 1995. The opportunity costs of biodiversity conservation in Kenya. *Ecological Economics* 12:125 — 39.

Oates, J. F. 1995. The dangers of conservation by rural development: A case-study from the forests of Nigeria. *Oryx* 2 (2):115 — 22.

———. 1999. *Myth and reality in the rain forest.* Berkeley, Los Angeles, London: University of California Press.

Polansky, C. 2003. Participatory forest management in Africa: Lessons not learned. *International Journal of Sustainable Development and World Ecology* 10:109 — 18.

Scholte, P., W. T. De Groot, Z. Mayna, and Talla. 2006. Protected area managers' perceptions of community conservation training in West and Central Africa. *Environmental Conservation* 32(4):349 — 55.

Sharpe, B. 1998. "First the forest": Conservation, "community" and "participation" in South-West Cameroon. *Africa* 68(1):25 — 45.

Songorwa, A. N. 1999. Community-based wildlife management (CWM) in Tanzania: Are the communities interested? *World Development* 27(12):2061 — 79.

Spiteri, A., and S. K. Nepal. 2006. Incentive-based conservation programs in developing countries: A review of some key issues and suggestions for improvement. *Environmental Management* 37(1):1 — 14.

Walpole, M. J., and H. Goodwin. 2000. Local economic impacts of dragon tourism in Indonesia. *Environmental Conservation* 28:160 — 66.

Weladji, R. B., S. R. Moe, and P. Vedeld. 2003. Stakeholder attitudes towards wildlife policy and the Bénoué Wildlife Conservation Area, North Cameroon. *Environmental Conservation* 30(4):334 — 43.

Wild, R. G., and J. Mutebi.1997. Bwindi Impenetrable Forest, Uganda: Conservation through collaborative management. *Nature and Resources* 33(3 − 4):33 − 51.

Zimmerman, B., C. A. Peres, J. R. Malcolm, and T. Turner. 2001. Conservation and development alliances with the Kayapo of south-eastern Amazonia, a tropical forest indigenous people. *Environmental Conservation* 28(1):10 − 22.

第 10 章
包括的評価における生態系要素としての人と野生動物

Kathleen A. Galvin, Randall B. Boone, Shauna B.
BurnSilver, and Philip K. Thornton

訳：竹田直人

　歴史的に見ると，人間は生態系から外れていると考えられてきたため，生態系が乱れる原因が人間にあると見られてきた．言い換えると，人の手が加わっていないために生態系の均衡が保たれているところを，人の生活が入り込むことで生態系のバランスが壊されたとみなされてきたと言える．現実としては生態系のほとんどに人間の土地利用の足跡があることから，こうした概念はある程度変化をしてきた．加えて，アフリカのサバンナのような多数の野生動物が依然生息している多くの生態系は，人間の土地利用との共進化がみられ，特に牧畜の土地利用において顕著なことが報告されている（Galvin et al. 2002；Reid, Galvin, and Kruska 2008）．しかし，近年野生動物の生息地の消失が生物多様性に深刻な影響を与えているように，こうした問題を特定の視点のみで扱うことは，全く有用性がないことが示されている（例えば，Brooks et al. 2002；Naeem 2002）．そのため，人間，特にその土地利用と，野生動物のような生態系の構成要素の間

本研究にあたり，Richard Solonga Supeet, Leonard Onetu, そして参加していただいたマサイ族の皆さまに感謝する．本研究の解析は，ケニアのナイロビにおける国際家畜研究所（International Livestock Research Institute：ILRI）の，ベルギーにより支援されている Reto-o-Reto 計画（Reid 主任研究員）と，全米科学財団（U.S. National Science Foundation）の環境における生物複雑性プロジェクト（Grant DEB-0119618：N.T. Hobbs et al.）のサポートを受けて行われた．

の相互作用を理解するためには，システムそのものを扱う必要がある．また，気候の変化や人口の増加率の上昇，土地の所有形態と土地利用の変化等，複数の要因が同時に人間と周辺の環境に影響を与える場合，包括的に要因を評価することは特に有用であることも示されている（例えば，Galvin et al. 2008；Reynolds et al. 2007）．このように，問題を包括的に取り組む目的は，人間を組み込んだ形でシステム構成要素の相互関係を調査し，社会生態学的なシステムの複雑さと順応について理解を進めることによって，人間と生態系のより良いあり方を考え直すことにある（Davidson-Hunt and Berkes 2003；Galvin et al. 2006）．

　では，なぜ人間を組み込んだ形で生態系を理解しようするアプローチを取るのであろうか．なぜなら，人間の繁栄と生態系の持続可能性は双方とも，人間を切り離して考えられないと認識されはじめたからである．このことは，地球規模での変化をたどった時，人間と生態学的プロセスが相互に強い影響を与えあっており，人間と環境のつながりを否定できないという先行研究に基づいている（National Research Council 1999；Adger et al. 2007；Christensen et al. 2007）．

　この全体を捉えた枠組みは，レジリアンスフレームワークと呼ばれている．この章では，レジリアンスの概念，適応，順応的能力および人間と周辺の環境をつなぐ管理の問題や，調査に取り組む時に役立つような生態系機能について詳細に述べていく．このフレームワークを使うと，私たちは人間のニーズに応えると同時に生態系を保全することで持続可能性を実現させることができる．これは，人間と生態系のどちらか一方のみを扱う場合よりもうまくいく．

レジリアンスフレームワーク

　レジリアンスとは，撹乱にもちこたえ，変化（気候や経済的ショック，政策の転換）を吸収して，それ自身で維持・発展できるような社会的かつ生態学的なシステムの能力のことである．これは，人間 - 生態系は必然的に変化し，予測不可能であることを前提としていて，機械論的に自然は安定であるというパラダイムとはかけ離れている（Berkes, Colding, and Folke 2003）．レジリアンスの消失は，天候の定期的変化や清らかな水ときれいな空気，植物や動物の生産，食料や木材，繊維といった非常に価値のある生態系機能の消失を引き起こす要因になる（Millennium Ecosystem Assessment 2005）．そのため，レジリアンスの消失が

持続可能性を制限しているといえる．現在までに，多くの陸上・海洋システムがもつ社会に有用な生態系機能を生み出す能力は，人間の影響によって衰えてきている．しかし，全ての社会は生態系機能のうえに成り立っており，こうした機能が衰退すると，生態系だけではなく人間の発展にも影響を与える．

　レジリアンスを測る方法の1つが，社会が変化に対応する仕組み，または必要条件としての社会生態学的なシステムの順応的能力を把握することである（Nelson, Adger, and Brown 2007）．順応的能力とは，公私問わずに利用可能な文化的・社会的な資源のまとまりによって表される．例えば，技術やインフラ，経済資本，統治制度，情報および社会的学習があげられるであろう．

　人間が順応するということは，変化にうまく対応できるような行動をとることである．例えば，一般的なものでは農業保険や，大災害への救済があげられ，より個人に近いところでは家庭内の生計手段の多様化や強化，所有している財産の販売，変化に対するコミュニティーのモニタリングがあげられる．こうした管理戦略が順応的になるには，実体験から学んだことを重要視する必要があるように，資源管理政策も管理者が学んできた経験を重視する必要がある．こうした経験に基づいた管理を行うことで，管理システムには，安定性よりも柔軟性が生まれてくる．システムは柔軟性をもつことで順応的になると考えられるが，システムの順応度は変化がどのような背景で生じたのかにより変わっていくことには注意するべきであろう．

　人口が増加して，ニーズや将来への期待が高まると，多くの社会，特に牧畜システムで起きる変化の1つが，土地利用が過剰になることである．牧畜用の土地利用や牧場経営では，自家消費用と市場出荷用の家畜が飼育されているが，自家消費用と市場出荷用の家畜生産物の両方に多様な変化が生じている．こうした変化は外的な力によるものがあり，水はけの良い土地への農民の移入や，保護地域の拡大の際の土地保有権の移譲を促す政策によるものもある．一方で，牧畜システムの生産戦略の変化など内的な力による変化も多く生じている．人口増加，期待の上昇，共有地から私有地へといった土地保有形態の変化などである（BurnSilver, Worden, and Boone 2008；Stokes et al. 2008）．こうした変化の中で，家畜所有者が十分な資本をもっているところでは，家畜所有者が水道を整備したり，放牧のためにフェンスで土地を囲んだり，より良い獣医療ケアや繁殖管理の

ために投資をすることにより，家畜の生産を強化していくのである．

本章では，上記の多くの変化が実際に生じている地域であるケニアのカジアドゥ地区における研究を，包括的評価のケーススタディとして紹介する．この経済圏では，定住化による移動の制限に伴って各家庭は生産を高めようとするため，生計の多様化と家畜生産の集約化が緊急の戦略になっている．こうした状況は，集団経営と個人経営に土地が細分化していく過程により生じている．その結果，季節的な移動がなくなるもしくは限定的になり，私有の土地区画が増加している．この地域で生活しているマサイ族の牧畜民たちは水道整備に投資をし始めており，本ケーススタディではこの例に焦点を当てている．

包括的評価

土地利用の集約は牧畜用の地形において，避けられないものであり，ある状況下では望ましいプロセスとなるであろう．しかしながら，土地利用を集約化する方法はたくさんある．方法の如何で，生態系の特性や地域住民に有害な影響を与える可能性がある一方で，他のものにとっては有益であることもある．そのため，土地利用が集約化した時に見られる，無数の補償交換制度をわれわれが完璧に把握することは不可能といえる．われわれは，集約化がどのように生態系と地域住民に影響するのかを理解する1つの手法として，包括的評価とよばれるアプローチを用いる（Rotmans and van Asselt 1996；Galvin et al. 2006）．包括的評価は，土地利用の変化が地域の大きな課題となっている場合にとても適している．この包括的評価の基盤は，重要な生態学的プロセスや人間同士の相互関係の原則を捉えるコンピューターモデルである．またそれだけではなく，生態学的，人類学的な野外調査や，政策の分析，文献のレビュー，そして管理のシナリオの作成という要素も含んでいる．とはいっても，包括的評価は情報を統合する道具であるが，まだモデルにすぎない．ここでは，このことに焦点をあてる．

生態系と地域の人々のモデリング

われわれは，SAVANNAという統合的な生態系モデルと，牧畜で生活している人たちや彼らの意思決定のシミュレーションをするPHEWS（Pastoral Household Economic Welfare Simulator）と呼ばれるモデルとを対応させながら

研究を行った．SAVANNA とは，Coughenour が 20 年以上前にケニアのタルカーナ地方で開発を始め，継続的に改善されながら，全世界で適用できるようにしてきたものである（例えば，Coughenour 1992；Thornton, Galvin, and Boone 2003；Boone et al. 2005）．SAVANNA は正方形の格子で景観を区切ることで，生態系モデルを空間に明示するものである．空間的なデータはそれぞれの格子を特徴づけるために，高度，傾斜度，方位，土壌，そしてその土地の植生タイプが使用されている．測候所の気象情報によって降雨量と気温を推定した．植物は機能グループにより表され，水，養分，光，空間を競い合うようにシミュレーションをした．草食動物もできるだけ機能グループで示したが，ヌーやウシ，ヒツジのように種でも示している．動物のシミュレーションは，特定の植物機能グループを食べ，エネルギーを得，新陳代謝や妊娠，授乳，移動にエネルギーを使うように設定した．余剰エネルギーは，先行研究にある条件指標を反映して，体重増加に使われるように設定している．また，モデルの中の多くのフィードバックの1つとして，エネルギーに関する条件指標が減少すると，出生率が減少し，死亡率は増加するとした．

Thornton と Galvin らが開発した PHEWS は，牧畜業者による意思決定を示すルールベースモデルである（Thornton et al. 2006）．PHEWS の中では，人々は牛乳と自家栽培の穀物や野菜，砂糖入りの紅茶，少量の肉を消費する．彼らのエネルギー摂取は，彼らの要求量と同じとした．もし蓄えのある状態で彼らのエネルギー摂取量が不足すると，彼らは，消費する穀物を購入するようになる．もし蓄えに余裕が出るようになると，彼らは家畜を購入する．彼らが食べ物を買う余裕がない時は，周辺住民や友人，行政が支援すると設定した．

様々な手法で SAVANNA と PHEWS を評価した結果，シナリオ分析では，現状の調査対象の生態系における重要な相互関係を表現することができた．さらに，未決定の政策課題や土地利用に焦点を当てるために，シミュレーションの中にある選択した属性を変更した．われわれは，調査結果が十分信頼できると確認するために，地域の人々とシミュレーション結果を共有している．

カジアドゥ地区インビリカニ集団牧場への水源の増設

この地域は，1年のほとんどが乾燥または半乾燥しているため，水は貴重であ

る．野生と家畜の有蹄類の多くは規則的に水分補給する必要があり，移動はエネルギーコストがかかるので，採食地は水源地付近に限られる．ケニアのカジアドゥ地区のインビリカニ集団の牧場では，井戸，地下水，貯水池が野生動物と家畜に自然の水源を提供している．雨季の間，野生動物は乾季に利用しているアンボセリバシンの沼地から，この牧場周辺に移動してくる．重要な水源の1つは，ノルトレッシュ川で，これはタンザニアとの国境とキリマンジャロ山麓からパイプラインによって供給される（図10-1）．

　マサイ族の人々は，牧草資源について正しい認識をもっていて，全ての土地を無制限に利用すると乾季の飼料がなくなってしまうリスクを把握している．それだけではなく，集団牧場の長老たちは，BurnSilver（2007）が"staged grazing（段階的な放牧地）"と呼んでいることを実行していた．マサイ族は，通年使用できる水源の近くに定住している．雨季の間，水源が近い場所では放牧が行われる一方で，水源から遠い場所では，牧草は温存されている．土地が乾燥し，周辺の牧草が枯渇すると，マサイ族の長老たちは，水源地から離れた地域を開放する．インビリカニ北部の集団牧場では，定住地がノルトレッシュパイプライン周辺に集まっており（図10-1），放牧地はパイプラインに平行して存在している．チュル丘とパイプラインから西に遠く離れた地域は，インビリカニの最終放牧地となっている．つまり，乾季の終わりには，ウシはチュル丘の牧草保存地を利用するようになるわけである．雨季になると家畜所有者たちは，定住地に戻ってくる．

　水不足を緩和する方法の1つが，もともと水源のある場所から離れた地域にも新たに水源を増設することである．2004年，インビリカニ集団牧場委員会は，チュル丘に水源を設けるために，集団牧場の中心にノルトレッシュパイプラインの東から北東に亘る水道を建設する許可を得た（図10-1）．利害関係者と研究者は，牧草保存地に水源を加えることについて慎重になっている．管理がうまくいけば，乾季にノルトレッシュパイプラインの長い道のりを移動する必要がなくなることで，ウシへの負担を減らせる可能性がある．もし管理がうまくいかなければ，ウシは不必要に放牧保存地を利用してしまい，家畜と野生動物の牧草は不足するだろう．

　ノルトレッシュパイプラインは，合法または非合法に，住民に水を供給するためにところどころ穴が開けられてきており，漏水と損傷が生じている．この

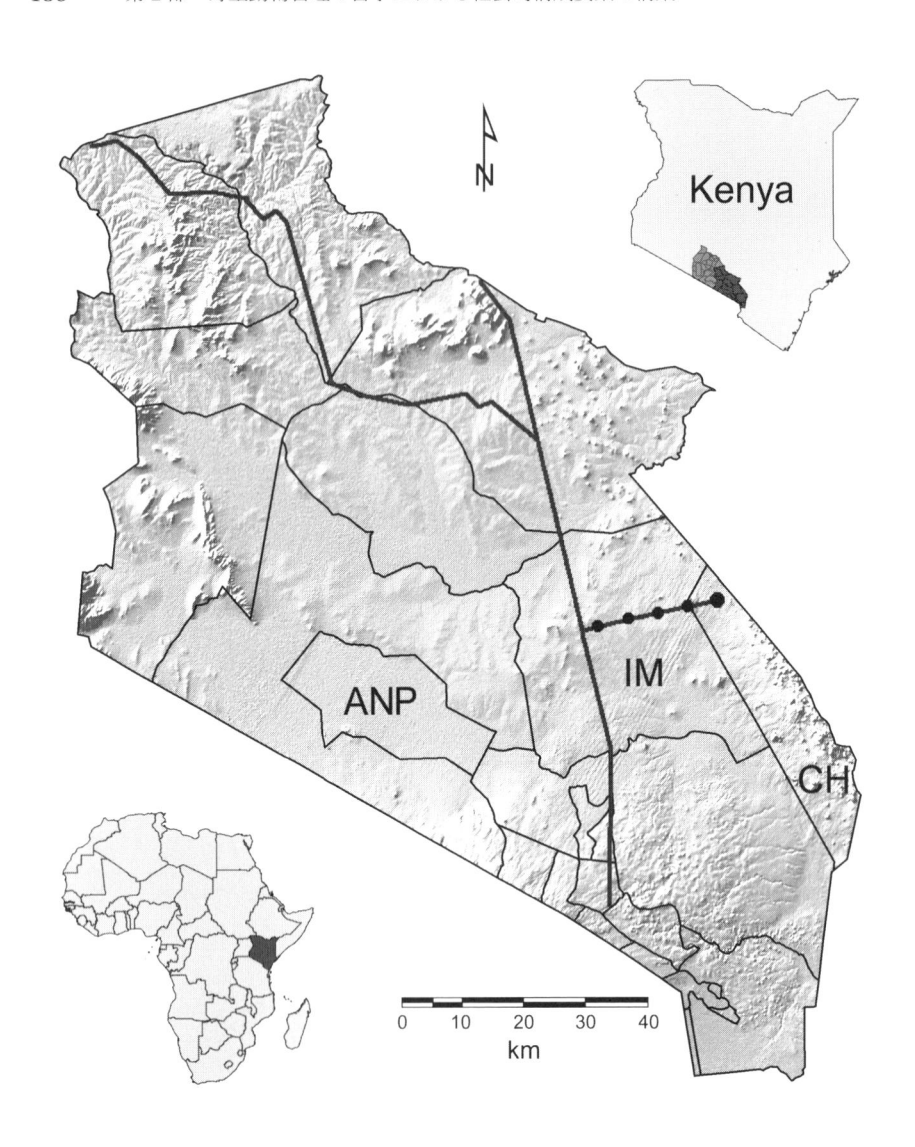

図 10-1 ケニアにおけるカジアドゥ地区

図における略称を以下のように示す．IM（Imbirikani Group Ranch）：インビリカニ集団牧場，CH（Chyulu Hills）：チュル丘，ANP（Amboseli National Park）：アンボセリ国立公園．黒の太い線は，キリマンジャロ山から北に向かって流れるノルトレッシュパイプラインを示し，そこからチュル丘に伸びている線が新しいパイプラインを表している．水源は，パイプラインの終点から5km間隔で設置されている（黒い点）．地区の境界線は細い線で，地形はグレーの陰影で，対象地の位置は右上の図で示している．

パイプライン沿いの水源は，家畜や人だけが利用できるものと，漏れた水を家畜と野生動物が利用できるところがある．われわれは，チュル丘パイプラインの水道の終点に貯水タンクを設置する影響をモデル化する．また，パイプライン沿い5kmごとに水源を設置した場合の影響についてもモデル化した．それぞれのケースについて，家畜と野生動物だけが新しい水源にアクセスするという前提で，どのような影響がマサイ族の人々と生態系機能に起こり得るのかを求めた．また，水源の利用の条件として家畜と野生動物が1年中利用できる場合と，乾季後のみ利用できる場合，の2つの状況を設定し新しい水源からどんな影響が生じるのかを見た．

モデルの適用

Boone and Colleagues（2005, 2006）はSAVANNAの応用の詳細を示しているが，これを要約すると以下のようになる．インビリカニの集団牧場は500m×500m単位のセルによって表現されている．モデリングで設定したのは，7つの植物機能グループと3つの家畜（ウシ，ヤギ，ヒツジ）を含む9つの動物機能グループである．また，実際の牧草保存地の利用に近づけるために，家畜がチュル丘を利用するのはその年の最も乾燥する4か月と設定した．SAVANNA内での水までの距離を示す地図は，新しいパイプラインに沿う5kmごとの水源と新しく設置する貯水タンクを表現するために修正を施している．水源が家畜もしくは家畜と野生動物によってのみ利用されるようにマップ化した．

分析方法

PHEWSが無効な場合と有効な場合の2つのアプローチから，結果を解釈しなければならない．PHEWSが無効な時，家畜の売却と購入は起こらず，有蹄類の個体数は環境収容力に近づく．PHEWSが有効な時は，食料に困っているマサイ族は，実際の状況と同様にトウモロコシや他の食料，そしてヤギやヒツジを同時に購入するためにウシを売るようになる（BurnSilver 2007）．こうした家畜の売却は，しばしば集団牧場内の動物の数を減らす．

結果と解説

図10-2aは，家畜の売買（PHEWS）が無効な時の有蹄類の変化を示しており，図10-2bは，売買が有効な時の有蹄類の変化を示している（概要は，図説明に述べられている）．全てのシミュレーションで，牧草保存地としてのチュル丘（そ

の年の4か月間利用されている）は，影響を受け続けた．また，チュル丘のパイプラインの終点に水源を加えることは，有蹄類にわずかな影響を与えた．5kmごとに水源を設置することは，水源周辺を利用する家畜と野生動物の生体量全体の減少を引き起こしており，終点のみに設置するよりも大きな影響を与えたことが分かった（図10-2a）．水源を終点に設置した場合と，5kmごとに設置した場合の両方で，採食が強くなれば強くなるほど，地域全体の動物の数は減少した．終点に設置した水源が最も乾燥した時期にのみ使われるように設定すると，家畜の個体数と野生動物の生体量は現在の状態よりも高くなった（図10-2a）（前の3か月が75mm以下の降水量になると，シミュレーションされた288か月の間に，乾季が81回起こった）．同様に野生動物の生体量はシュミレーションで増加した．家畜の売買（PHEWS）が有効な時，牧草保存地の新しい水源が無制限に利用できるようになると家畜の個体数は減少した．個体数が減少し，動物たちが現状よりも多く牧草保存地を利用したのは，牧草が乾期の間に利用不可能な時であった．家畜の売却が減ると，牧場主たちは家畜を売ることで，金銭やエネルギー要求上の大きな損失を補った．例えば，熱帯の家畜ユニット（TLUs）と成人等価（AE）を標準化したものを参照に使うと，新しい水資源は家畜を5.27TLUs/AEから4.37TLUs/AEに減少させた．

　家畜と野生動物が新しい水源へアクセスできるようになると（図10-2a），そのパターンは，家畜のみがアクセスできる時と比べて逆になることがある．家畜はチュル丘を利用することを1年のうちの8か月間妨げられているが，野生動物はそうではない．そのため，水源を加えることによって，野生動物がより多く水源周辺の場所を利用するようになった．しかしながら，牧草保存地を利用することは，最終的に家畜だけでなく野生動物を減少させた．つまり，乾季にのみ動物が水源を利用できるよう制限することで，家畜・野生動物全体の生体量が増加することが分かった（図10-2a）．

　これらの結果を補強するために，ランダムな気象条件かつ家畜の売買が無効な状態において，20のシミュレーションをそれぞれのアクセスのタイプについて行った（1km四方の単位で行ったのは，シミュレーションのスピードを上げるためである）．結果は著しいものであった．シミュレーションした期間の最も乾燥した月にのみ，有蹄類が新しい水源へのアクセスができる時（すなわち，前

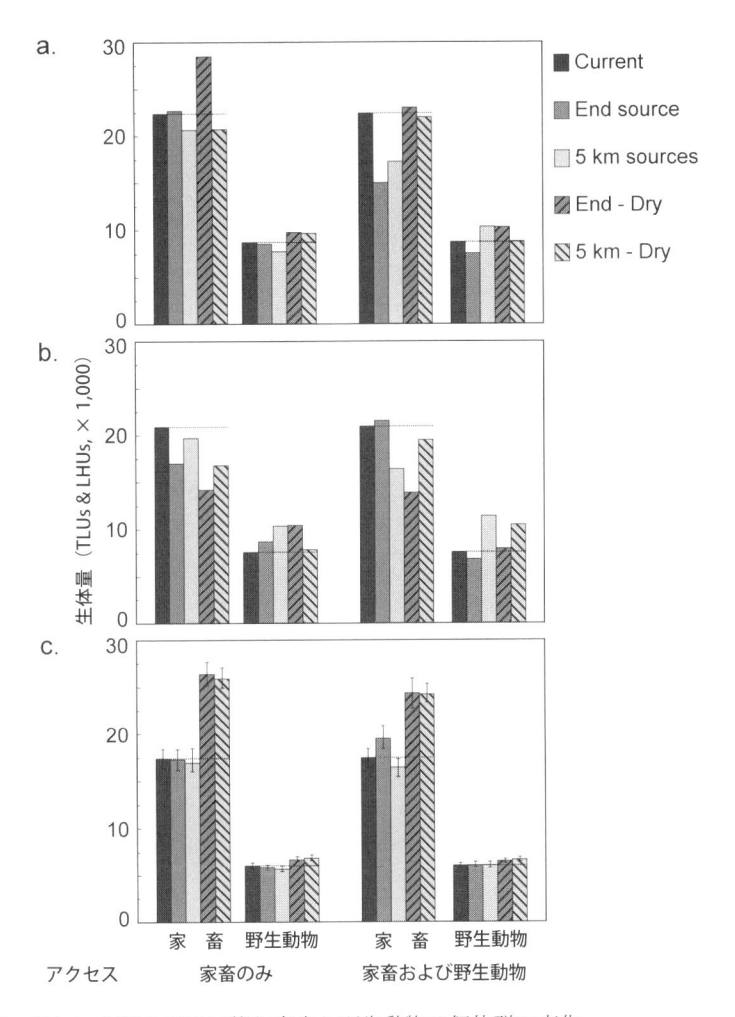

図 10-2 新しい水源の設置に伴う家畜と野生動物の個体群の変化

家畜（TLUs）と野生動物（LHUs）の変化について以下のように示した．Current：現在の水源の状態，End source：終点にのみ水源を設置した状態，5km sources：新しいパイプラインに水源を 5km 間隔で設置した状態，End-Dry および 5km-Dry：終点と 5km それぞれの場合において前の 3 か月が乾季の時に利用する状態．各グラフは，a：住人のモデルが無効の時，b：住人のモデルが有効の時，c：住人のモデルが無効の時にシミュレーションを繰り返した時，を示している．また，棒グラフのグループは 2 つに分かれており，1 つは家畜のみが新しい水源を利用できる場合の結果を，もう一方は家畜と野生動物の両方が新しい水源を利用できる場合の結果を，それぞれ表している．TLUs（Tropical Livestock Units）と LHUs（Large Harbivore Units）は機能的に等しく，それぞれ単位当たり家畜と野生動物の生物量 250kg を示している．

の 3 か月で 75mm 以下の降水量の時)，家畜の数は際立って増加し，それだけではなく野生動物も増加した（図 10-2c）．新しい水源の周辺地域は，ほとんどの月で家畜の牧草保存地として機能していた（モデルを行った 288 か月のうち，72% が前の 3 か月において 75mm を越える降水量があった）．一方で，飼料の供給が最も不足し動物のエネルギーの蓄えが低い乾季では，新しく水源ができることによって，遠い水源への移動にエネルギーを消費することなく飼料を供給できるようになった．おそらくこれは，家畜が分散して，水源から離れた地域で種間競争が減り，野生動物が何らかの利益を得たためだと考えられる．

この結果は，新しい水源によって，牧草保存地において草食動物の過剰利用が起きるというリスクがあることを示している．牧草保存地内の新しい水源は，家畜，もしくは家畜と野生動物によって，そこを 1 年中利用できるようにしてしまい，乾季の終盤には牧草保存地として機能しなくなる．家畜所有者や彼らの家畜が，乾季の前の 3 か月の降雨量が 75mm 以下の時にのみ新しい水源を利用すると仮定すると，シミュレーションでは生体量が 7000TLUs 増加した．

インビリカニ集団牧場で 2006 年 6 月の普及会合において，これらの結果は以下の反応とともに受け入れられた．「そう，これこそが私たちが考えていたことなのだ．新しい貯水タンクはずっと開放すべきではないだろう．」包括的評価は，マサイ族の疑いを定量化し，裏付けたのである．

まとめ

総じていうと，本研究の価値は，詳細な部分にはない．それは，新しい水源の管理についての異なるオプションについて，大まかな方向性と折り合いをとるための話合いにこそある．このことは，最初にコミュニティメンバー自身から出された課題でもあった．しかしながら，管理のオプションや分析の道具としての包括的評価の利用は，モデルの中で利用される情報でしかないといっても過言ではない．加えて，科学としての包括的評価は，まだ発展途上であり，多くの分野での向上が必要である．とはいっても，使われたデータを信頼できるものと仮定すると，包括的評価は，非常に偏りの少ない評価を可能にする．包括的評価は，生態系の特徴に合わせるだけでなく人間の福祉も独立してまたは同時に含めて，管理の選択肢の影響を把握することを可能にする．さらに，管理決定の影響につい

て長期的に扱うことができるため，この統合したシステムは長期間で実行可能性があることが期待される．また，様々なシナリオ結果を空間や時間の側面から検討することで，積極的な順応的管理ができるようになっている．このことにより，全ての利害関係者が，結果を簡単に理解することができる．加えて，このタイプの分析は，世界の多くの牧畜民のように，人間生活と自然環境が一連となったシステムにとって重要である．なぜなら，彼らは自分たちの暮らしの安全を自分たちのいる環境に直接依存しているためである．持続可能性を科学することとは，人と環境の問題が一緒に扱われることにほかならない（Clark 2007；Turner et al. 2003）．種の絶滅，水・空気の質，人の要求するもの（食物，エネルギー，水，雨露をしのぐ場所）は全てつながっているのである．これらは包括的なシステムとして同時に研究されるべきであり，それは，将来起こり得る突然の変化に対する順応的な生産能力を維持するために必要不可欠である．本章で取り上げた包括的評価とは，まさにそれを実行するための有用な道具なのである．

引用文献

Adger, W. N., S. Agrawala, M. M. Q. Mirza, C. Conde, K. O'Brien, J. Pulhin, R. Pulwarty, B. Smit, and K. Takahashi. 2007. Assessment of adaptation practices, options, constraints and capacity. In *Climate change 2007: Impacts, adaptation and vulnerability*. Contribution of Working Group II to the Fourth Assessment Report of the Intergovernmental Panel on Climate Change, ed. M. L. Parry, O. F. Canziani, J. P. Palutikof, P. J. van der Linden, and C. E. Hanson, 717 − 43. Cambridge: Cambridge University Press.

Berkes, F., J. Colding, and C. Folke. 2003. Introduction. In *Navigating social-ecological systems: Building resilience for complexity and change*, ed. F. Berkes, J. Colding, and C. Folke, 1 − 29. Cambridge:: Cambridge University Press.

Blench, R. 2001. "*You can't go home again*"*: Pastoralism in the new millennium*. London: Overseas Development Institute; Rome: the Food and Agriculture Organisation of the United Nations.

Boone, R. B., S. B. BurnSilver, and P. K. Thornton. 2006. *Optimizing aspects of land use intensification in southern Kajiado District, Kenya*. Report to the International Livestock Research Institute (ILRI), Nairobi, Kenya: ILRI.

Boone, R. B., S. B. BurnSilver, P. K. Thornton, J. S. Worden, and K. A. Galvin. 2005. Quantifying declines in livestock due to land subdivision. *Rangeland Ecology and Management* 58:523 − 32.

Brooks, T. M., R. A. Mittermeier, C. G. Mittermeier, G. A. B. da Fonseca, A. B. Rylands, W. R.

Konstant, and P. Flick, et al. 2002. Habitat loss and extinction in the hotspots of biodiversity. *Conservation Biology* 16 (4) :909 – 23.

BurnSilver, S. B.2007.Economic strategies of diversification and intensification among Maasai pastoralists: Changes in landscape use and movement patterns in Kajiado District, Kenya. PhD diss. Colorado State University, Fort Collins.

BurnSilver, S. B., J. Worden, and R. B. Boone. 2008. Processes of fragmentation in the Amboseli ecosystem, Southern Kajiado District, Kenya. *Fragmentation in semi-arid and arid landscapes: Consequences for human and natural systems*, ed. K. A. Galvin, R. S. Reid, R. H. Behnke Jr., and N. T. Hobbs, 225 – 53. Dordrecht, Netherlands: Springer Verlag.

Christensen, J. H., B. Hewitson, A. Busuioc, A. Chen, X. Gao, I. Held, and R. Jones, et al. 2007.Regional climate projections. In *Climate change 2007: The physical science basis*. Contribution of Working Group I to the Fourth Assessment Report of the Intergovernmental Panel on Climate Change, ed. S. Solomon, D. Qin, M. Manning, Z. Chen, M. Marquis, K. B. Averyt, M. Tignor, and H. L. Miller. Cambridge and New York: Cambridge University Press.Clark, W. C. 2007. Sustainability science: A room of its own. *Proceedings of the National Academy of Sciences* 104:1737 – 38.

Coughenour, M. B.1992. Spatial modelling and landscape characterization of an African pastoral ecosystem: A prototype model and its potential use for monitoring drought. *Ecological indicators*, Vol. 1, ed. D. H. McKenzie, D. E. Hyatt, and V. J. McDonald, 787 – 810. New York: Elsevier.

Davidson-Hunt, I. J., and F. Berkes. 2003. Nature and society through the lens of resilience: Toward a human-in-ecosystem perspective. In *Navigating social-ecological systems: Building resilience for complexity and change*, ed. F. Berkes, J. Colding, and C. Folke, 53 – 82. Cambridge: Cambridge University Press.

Galvin, K. A., J. Ellis, R. B. Boone, A. L. Magennis, N. M. Smith, S. J. Lynn, and P. Thornton. 2002. A test case using integrated assessment in the Ngorongoro Conservation Area, Tanzania. In *Conservation and mobile indigenous people: Displacement, forced settlement, and sustainable development*, ed. D. Chatty and M. Colchester, 36 – 60. *Studies in Forced Migration* 10. Oxford: Berghahn Books.

Galvin, K. A., R. S. Reid, R. H. Behnke Jr., and N. T. Hobbs, eds. 2008. *Fragmentation in semi-arid and arid landscapes: Consequences for human and natural systems*. Dordrecht, Netherlands: Springer.

Galvin, K. A., P. K. Thornton, J. R. de Pinho, J. Sunderland, and R. B. Boone. 2006. Integrated modeling and its potential for resolving conflicts between conservation and people in the rangelands of East Africa. *Human Ecology* 34:155 – 83.

Little, P. D., K. Smith, B. A. Cellarius, D. L. Coppock, and C. Barrett. 2001. Avoiding disaster: Diversification and risk management among East African herders. *Development and Change* 32（3）:401 − 33.

Millennium Ecosystem Assessment. 2005 Ecosystems and Human Well-Being: Synthesis. Washington, D.C.: Island Press.

Naeem, S. 2002. Ecosystem consequences of biodiversity loss: The evolution of a paradigm. *Ecology* 83（6）:1537 − 52.

National Research Council（NRC）. 1999. *Our common journey: A transition toward sustainability.* Washington, DC: National Academy Press.

Nelson, D. R., W. N. Adger, and K. Brown. 2007. Adaptation to environmental change: Contributions of a resilience framework. *Annual Review of Environment and Resources* 32:11.1 − 11.25.

Redfern, J. V., R. Grant, H. Biggs, and W. M. Getz. 2003. Surface-water constraints on herbivore foraging in the Kruger National Park, South Africa. *Ecology* 84:2093 − 2107.

Reid, R. S., K. A. Galvin, and R. S. Kruska. 2008. Global significance of extensive grazing lands and pastoral societies: An introduction. *Fragmentation in semi-arid and arid landscapes: Consequences for human and natural systems*, ed. K. A. Galvin, R. S. Reid, R. H. Behnke Jr., and N. T. Hobbs, 1 − 24. Dordrecht, Netherlands: Springer.

Reynolds, J. F., D. M. Stafford Smith, E. F. Lambin, B. L. Turner II, M. Mortimore, S. P. J. Batterbury, and T. E. Downing, et al. 2007. Global desertification: Building a science for dryland development. *Science* 316:847 − 51.

Rotmans, J., and M. Van Asselt. 1996. Integrated assessment: A growing child on its way to maturity. *Climatic Change* 34:327 − 36.

Stokes, C. J., R. R. J. McAllister, A. J. Ash, and J. E. Gross. 2008. Changing patterns of land use and tenure in the Dalrymple Shire, Australia. In *Fragmentation in semi-arid and arid landscapes: Consequences for human and natural systems*, ed. K. A. Galvin, R. S. Reid, R. H. Behnke Jr., and N. T. Hobbs, 93 − 112. Dordrecht, Netherlands: Springer Verleger.

Thornton, P. K., S. B. BurnSilver, R. B. Boone, and K. A. Galvin. 2006. Modelling the impacts of group ranch subdivision on agro-pastoral households in Kajiado, Kenya. *Agricultural Systems* 87:331 − 56.

Thornton, P., K. Galvin, and R. Boone. 2003. An agro-pastoral household model for the rangelands of East Africa. *Agricultural Systems* 76:601 − 22.

Turner, B. L. II, R. E. Kasperson, P. A. Matson, J. J. McCarthy, R. W. Corell, L. Christensen, and N. Eckley, et al. 2003. A framework for vulnerability analysis in sustainability science. *Proceedings of the National Academy of Sciences* 100:8074 − 79.

Western, D. 1975. Water availability and its influence on the structure and dynamics of a savannah large mammal community. *East African Wildlife Journal* 13:265 − 86.

第3部
魚類と野生動物の管理における法律と制度

訳：吉田剛司

　地球上で爆発的に増加している人口は，人間と野生動物の相互関係を激化させ，新しい野生動物管理学の戦略設計の必要性を浮き彫りにした．地球温暖化および生物多様性の喪失のような，新しく台頭した国際的な環境問題に対しては，政策の必要性，財政支援，社会基盤など長期的視野に基づいた管理が必要であり，明確な目標設定が重要である．広範囲にわたる法律および制度上の改革は，すでに21世紀になって数年の期間で進められた．第3部の各章では，21世紀初頭に変化してきた法律の分析，野生動物管理の制度上の特徴について紹介する．

　法律とは，人間と魚類および野生動物の交流に利用するための社会構造として定義する．第11章では，現況の魚類および野生動物政策の傾向を概説し，特に変化の著しい野生動物管理政策においての政治力の影響を紹介する．さらに野生動物管理に及ぼす政治的な影響の実例の数々，および野生動物管理の将来を決定するうえでの野生動物法の役割などの議論を進める．

　米国の野生動物法は，公共信託の原理によって築かれている．野生動物は，国民にとって最大共通善となるべく，政府によって管理される所有者の存在しない財産である．歴史，概念および公共信託の原理を脅かしているものを，第12章の中で詳しく述べている．第12章では，さらに野生動物の制度化と民営化，ゲームランチ（猟区）制度，持続不可能な土地利用の運営，また公共信託の原理に付随する様々な問題について，野生動物管理の将来を交えながら詳しく検討している．

野生動物管理の不確かな未来を案じ，第3部の最終の2章では，独創的な方法で制度上の問題や資金問題を解明している．今後は，長期的な計画を支援できる資金源の開発について，第13章，第14章の中で推奨しているような建設的な共同研究および改革を必要とするであろう．

第 11 章
魚類と野生動物の政策における法的な動向

Ruth S. Musgrave

訳：山本俊昭

　21世紀初頭は，魚類と野生動物の政策にとって興味深く，類を見ない時期であった．本章では，法廷の決定を論評しながら21世紀初頭の8年間における新しく現在も続いている法的な動向を紹介する[1]．具体的には，連邦としての希少種保護の変化，科学への政治的な影響，絶滅の危機に瀕する種の保護に関する法律（ESA）からリスト除外および回復した種の管理，不十分な水環境での産業発展と野生動物の保護とのバランス，州と連邦間における保護管理への協力，公有地へのアクセス，野生動物管理における国際的な影響，気候変動についてなどを取り扱った．

　法律は，社会が魚類と野生動物と人間との調和に対して役立つ体系を提供する．魚類と野生動物の政策における法的な動向は，連邦・州・地域の法令，規制，そして政策を通してみることができる．これら動向は，野生動物の保護管理を進めるグループと，野生動物に影響する計画を提示するグループ間で起こる活発で未決着である直接的なやり取りからも見ることができる．1970年代から環境活動が盛んになり，新しい世紀になっても増え，法廷は野生動物の政策を強化したい人，無視したい人，変えたい人たちなど様々な人々の思惑を最終的に裁く場となっている．したがって，判例法は21世紀も増え続けるであろう野生動物政策における法的動向を俯瞰することができる．

　気候変動や野生動物に関する問題に対して国の今後の対応は，世界中の野生動

物資源の管理や有効性だけでなく，生存にも多大なる影響を与えるであろう．今後，気候変動の現実を受け入れ，行動を起こし，価値ある野生動物資源の管理をするにあたり，計画と協同をしていくことであろう．

種の保護管理：
絶滅の危機に瀕する種の保存に関する法律

　最も明確な野生動物に影響する人間事象は，一夜にして野生動物管理政策を変えることができる現在の政治権力である．国際レベルでは，George W. Bush 政権が，商業の利害関係者を支持し，絶滅危惧種をはじめ野生動物の保護管理を軽視した政策を貫いた．これに対して，野生動物の保護管理を行う非営利団体によって多くの訴訟が起きた．反対に，産業関係者および利害関係者によっても，絶滅の危機に瀕する種の保存に関する法律（Endangered Species Act：ESA）に関連する機関の行動および決定に対して告訴するなど大胆な行動が起きた．そして両者の訴訟は，法廷において和解している．

　例えば，環境運動グループは，ESA により，リストされた種に関連して米国魚類野生生物局（U.S. Fish and Wildlife Service）を繰り返し訴えた．いつかの法廷では，新しい政策あるいは要求した予算上の制約は ESA のリスト条件に従うことを避けることはできないと判定した[2]．他の法廷では，リストしないとした米国魚類野生生物局の決定は，行政手続法のもとで行われる"最終連邦行為（final agency action）"ではないと判決した[3]．米国魚類野生生物局は，裁判によってなぜ"絶滅の恐れのある種"とするのではなく，"危険に晒されている種"とリストしたのか，なぜ絶滅の恐れのある種をリストしなかったのかについて説明することが求められた．また，絶滅の方向に向かっている種の科学的な根拠があるにも関わらず，ESA によるリストに記載されないことも追求された[4]．

　また，裁判では米国政府に対し，ESA によってリストした種の重要な生息場所を示すことを求めた．新しい管理政策では，重要な生息場所を提示することは好まれておらず，裁判での命令を無視した法廷侮辱罪として政府当局を裁く恐れさえあった[5]．さらに，政府側は ESA の第 7 項による"生物学的な見解"について問題点が指摘された．これは，連邦高裁が ESA でリストされた種の継続的な存続が"危険でない"とする根拠であった[6]．法廷では，"生息地の重大な変化お

よび破壊"の定義など ESA の規定が法令条文に違反しており，無効と判断した[7]．そうしている内に，開発者や他の産業関係者は，ESA のリスト，重要な生息地，それに関連した決定の正当性を疑うようになった[8]．

1990 年代から，米国連邦会議案による付加条項の法律制定は，産業の利害関係者をはじめ被告にとって不利な裁判の決定をくつがえすために利用された．実例として，法廷は公正である法律が全面的に変更していることから議論の余地があると判断しなければならなかった[9]．2000 年初頭に野生動物の連邦管理をはじめ，いくつかの審判で重要な生息地の決定あるいは ESA のリスト作成において科学の正確性と法律上の基準に対する疑問[10]があるとして野生生物局による再検討が行われた[11]．

2007 年に ESA の広範囲な影響力が連邦最高裁での全米住宅建設協会と野生動物の保護団体との法廷で抑制された．5 分の 4 の大多数によって，最高裁判所は，水の放出を州に許可する権限がある環境保護機関の交付金は，ESA の対象でないとした．法廷は，州が 9 つの必要基準を満たす場合は，州への水質汚染防止法（Clean Water Act：CWA）へ譲渡が義務であると判決した．CWA は ESA より古い法令であり，ESA は CWA を改正するか廃止しないかぎり，リストした種への影響を ESA 機関が協議することは不必要と大多数のものが意見した．この判決による影響は，未だ明らかではない．

オオカミ：ESA における次の局面

ESA は設立 35 年経った現在も，大きな目標としてリストした種の保護のため，修正や改正を行ってきているが，法律は未だ一部の支持を受けるまでである．保護の下により，リストした個体群のいくつかは，リストから除外するまで回復していると思われている．リストから除外した結果，ESA は新しい局面に入っている．それは，魚類と野生動物管理者が新しく，かつ複雑な管理決定をしなければならない．時に，歯に衣着せぬ受益者と利害者との間で橋渡しをして協議しなければならない．オオカミの再導入，回復管理およびリストからの削除は，複雑であり論争となる野生動物管理の人間事象の実例である．オオカミに関して 3 つの立場がある．大牧場で働く人々，狩猟者，そしてオオカミを長い間怖れることがなく，捕食者による自然の状態が回復することを望む人々である．州，地域，

あるいは連邦レベルでのオオカミの管理へのチャレンジは，野生動物管理者が最終管理決定を受益者に説明することがあるほど，非常に困難である．

オオカミはアメリカのほとんどの地域で絶滅した．そこで，1980年代から1990年代にかけて南部や北部のロッキー山脈などにて再導入が行われたが，全ての場所で法的な論争が激しく起こった．例えば，イエローストーン国立公園にハイイロオオカミを再導入することに対して強く反対していた大農場者は，米国政府を相手に私財が奪われるとして訴えた[12]．また，2003年にハイイロオオカミが"絶滅危惧種"から"絶滅の恐れのある種"にリストが変更された時，野生動物保護グループは訴え，法廷は政府の変更決定は過剰すぎると判決した[13]．オオカミの個体群が回復し，米国政府がオオカミの管理を州政府に要求した際に州は直接的な利害関係者になり，場合によっては米国魚類野生生物局がその計画を拒否し，告訴することもあり得る[14]．オオカミの個体群管理を拒否したワイオミング州では，米国政府によるオオカミ回復の関係者を犯罪者とみなして訴訟が試みられた[15]．

オオカミの個体群がESAのリストから除外された時，州の魚類野生動物管理者はオオカミを狩猟対象獣にすることを検討し始めている．これは，野生で絶滅した種に対する新しい試みである．そこでESAのリストに入れて再導入し，法律により米国政府が守っている．以前は保護の対象であった種の狩猟は，ハイイログマやバイソンで行われたのと同様に行うことがオオカミの管理でも新たな傾向として求められ始めている．その一方で，野生動物保護関係ではこのような変化に対しては反対であり，特にイエローストーン国立公園のハイイログマやハイイロオオカミ個体群のリストからの除外に対して訴訟を起こすであろう．回復し，ESAのリストから除外した種の管理を行ううえで，様々な利害関係者による創造的で柔軟な組織をつくらなければならないであろう．

アラスカ州ではオオカミの管理において将来の傾向に対して先見の明があったのであろう．アラスカ州のオオカミ個体群は，ESAでの"絶滅の恐れのある種"や"絶滅危惧種"のリストには載っておらず，州ではオオカミの狩猟を含めた捕食者のコントロール政策を活発に行っている．狩猟者，野生動物保護管理関係者，および州の市民との間ではオオカミの狩猟に対して論争になっている．近年アラスカ州での魚類と野生動物政策は，狩猟を積極的に受け入れ，州の法律や市民の

意見あるいは法廷での命令などを考慮しながら進められている[16]．アイダホ州やワイオミング州など他の州では，オオカミの管理モデルとしてアラスカ州の動向を見ているのが現状である．

資源配分と建築した環境

　水生生物や野生動物にとってだけでなく，商業的にも不十分な水の分配問題の中で，野生動物資源を保護するための方法を見出すため挑戦が行われている．ESA および他の法律では，種が危険な状態にならないよう，水供給の管理を連邦機関に要求している．同時に，米国陸軍技術工兵部隊が農家および商業目的で水を利用する者へ水を供給することは簡単な仕事ではない．魚類と野生動物の保護のために水を管理することは，米国のほとんどの河川にて設置されているダムや堰堤など"人工構造物"を含めて考えなければならない．加えて，放流魚が野生魚と同じ環境を利用することも考えなければならない．ブッシュ政権は，改変した環境が種へ与える影響を解析するうえで新しい"環境基準"を設けるべきであることを主張した．しかしながら，本件は法廷において否決された[17]．

　これらの問題は，コロンビア川やスネーク川流域で最も重要な課題となっており，法廷は再三開かれ，米国政府はニジマスやリストされているサケを守らなければならず，エネルギー生産のために種の保護をなおざりにしてはならないと判決した[18]．ある裁判官は，ESA がリストしたサケに対する影響を示した米国政府の解析結果に対して判決を下した．幾人かの訴訟を起こした利害関係者は，もし政府が魚類の必要性を見出せないのであれば，スネーク川に建設されたダムの撤去を願っている[19]．古いダムが本当に撤去されるとなれば，管理者は魚類と野生動物の生存に配慮した"建築した"環境をつくるよう要求することになるであろう．

　ミズーリ川やクラマス川などは，魚類野生動物資源が原因となり，アメリカ先住民や州などを含んだ様々な利害関係者によって多くの問題が法廷で争われている場所である[20]．これら複雑で大きな問題は，ESA に記載された種と水資源を守ろうとするニーズと成長し続ける人間側のニーズとの間での訴訟であり，不足する水資源における典型的な争いである[21]．これら問題の解決にとってモデルとなる1例は，絶滅危惧種である Rio Grande silvery minnow（リオ・グランデ・シ

ルバー・ミノー）を守るためにリオ・グランデ川水域における水の分割が行われ，和解したことがあげられる[22]．

連邦・州および各州間の協力

野生動物，水域，絶滅危惧種などによる争いはあったものの，21世紀初頭は野生動物の管理において連邦と州との間で新しい協力が始まった．これまで州は，市民の信頼により野生動物は州の所有と考えてきた．したがって州は，野生動物の管理における責任の大半を負っている[23]．2000年の連邦会議では，State Wildlife Action（州野生動物のアクション）助成金およびWildlife Conservation and Restoration（野生動物保全と再生）など州に対して連邦援助を行う新しいプログラムが承認された[24]．これらのプログラムのもと，全ての州で野生動物と魚類の保護管理を目的とするWildlife Action Plan（野生動物アクションプラン）が行われた[25]．

州の野生動物管理局は，お互いの協力のもと外来種の分布拡大の制御，野生動物の感染防止，インターネットカメラによる違法行為の狩猟取締り，気候変動の緩和まで様々なことを行っている[26]．1980年代後半に施行された州間の野生動物違反協定（Interstate Wildlife Violator Compact）も多くの州が参加し，有効的な州間の協力例となっている[27]．協定は，参加した州の狩猟と釣りの規制や野生動物に関する法律での州間の同意である．例えば，加わった州からの狩猟ライセンスの一時取り消しの報告を受けると，在住の州にてライセンスの処分を受けることになる．現在，州の半分以上が参加しており，法廷では州間で野生動物に対する違反に関わる部分が多少異なる場合，契約を確認している[28]．

野生動物と公有地へのアクセス

合法的に，娯楽として公有地と同様に野生動物に接近したい要求は，野生動物の政策に影響する人間事象である．例えば，"狩猟する権利"の法律の改正および制定は，多くの州で1990年代後半から検討されているか，あるいは施行されている[29]．しかしながら，これらは魚類と野生動物管理にとって必ずしも有益ではない．州の野生動物局にとって野生動物の法律違反で起訴するために必要な立証が多くなってしまうこと，また現存の野生動物管理法に対する修正条項の曖昧

さがあるため，支持されていない[30]．

　狩猟する機会を連邦の公有地にて行うことを考え，ブッシュ政権は国立野生動物公園（NWRs）などの公有地にて狩猟を認めることを試みた．しかしながら，野生動物保護活動者は反対した．訴訟が起こり，法廷では37の国立公園にて狩猟することによってどのような影響があるのかを調査することを米国魚類野生生物局に命じた[31]．しかし，ある法廷では，政府は狩猟がわずかな影響であることを示して，ある国立公園ではクロクマの狩猟禁止を拒否した[32]．

　狩猟することを公有地にて行うことが支持されている時，2007年8月George W. Bush大統領は，連邦の土地において狩猟することができるように米国政府に指示した[33]．この指示がどの程度野生動物を保護するために規制されている公有地に影響を与えるのかは不明である．

　オフロード車（ORV）の急激な増加は，今世紀初頭において公有地へのアクセスする要求を生み出した．魚類と野生動物などの関係者の間では，野生動物の生息場所の保護に関して様々な意見があるなかで，オフロード車によるアクセス問題に対して決着をつけることの要求が高まっている．野生動物の生息場所も守らなければならない管理者らは，中立的な立ち位置である．機関は，シンリンマウンテンカリブーなど絶滅危惧種の生息地を保護する一方で，いくつかのオフロード車が利用できることを許可した[34]．例えば，連邦最高裁は，連邦機関が保護地域からオフロード車を排除しないとする連邦森林管理法から，オフロード車の利用を認める判断を下した[35]．

　この法廷は，オフロード車によるアクセス問題にて論争を巻き起こすこととなった．例えば，連邦裁判所は，イエローストーン国立公園内にてスノーモービルを許可するサービス計画を差し止めた．しかしながら，他の裁判所では最初の法廷での決定には，強制力はないとした．その後，最初の法廷では，なぜ内務長官らが禁止命令を軽んずるのか，その理由を示すよう指示した[36]．そのため，現在でも未だイエローストーン国立公園内でのスノーモービルに関しては決着がついていない．

　その一方で，様々な州において，狩猟および釣りをすることにおいて在住者と非在住者との間で様々な論争が行われている．非在住者の狩猟および釣りを制限することは，全ての州において個人の権利に関する法律に違反することにな

る[37]．しかしながら，他の法廷では，商業条項（州間での通商を規制する権利は議会に委ねられている）および他の州で個人が恩恵を受ける権利の法律は，狩猟者を保護するものではないとした[38]．2005 年には，非在住者には魚類と野生動物を州が規制すべきであると会議によって議決したノースダコタ州に対して，ミネソタ州は訴訟を起こした[39]．現在のところ膠着状態のままであるが，他の州で狩猟や釣りを行う非在住者に対して法的に区別するのかどうかは，米国連邦議会が最終的に決めることであろう．

私財権

アメリカ合衆国憲法第 5 条に違反して，野生動物の保護管理目的のために補償なしで政府に私財を"取り上げられた"というクレームが近年増えている．私財が政府に取られたとして牧草地，森林伐採，農場関係者，地主，そして釣り関係者によって起こされた訴訟は，例外なく不成功に終わっている．それでもやはり，魚類と野生動物の管理者は，時間，お金，および努力を，これらの主張を守るために費やしている．さらに，時々大きな損害賠償金が第一審裁判所では出ても，上級裁判所では一転することがある．

例えば，一般的に裁判所は，野生動物を保護する目的で課した私財の制限は，土地の経済的利用を全て奪っているのではないため，取り上げられたとすることはないと判断を下す[40]．後の法廷では，憲法第 5 条の財産権ではなく，野生動物を獲ることを許可するため，商業用ライセンスなど取り消し可能なライセンスを与えると判決した[41]．1 例として，法廷は，個人の海岸へのアクセスを制限することは，ウミガメの産卵場所を保護する町での計画のように，公の義務であるとした[42]．州および連邦での法廷では，財産所有者に対して，法律違反で捕獲された野生動物の処分を指示する州の野生動物委員会は，私財を取り上げているのではないと判決した[43]．

反対に，セントラルヴァレーの水利用者は，ESA がリストした魚類を保護するために，契約した水が不足したとして数百万ドルも補償した．ただし，9 回目の控訴裁判所では補償することを一転させ，連邦最高裁では極端な特権は灌漑工作者の水の契約違反とするクレームを遮るとした[44]．しかしながら，野生動物を保護するために規制を強制する時に私財が取られたかどうかの問題は発展し続けて

おり，2002年にはマダラフクロウがつがいをつくったのを州が保護するため，材木会社に数百万ドルを支払った[45].

気候変動と野生動物

科学者は，人間が温室効果ガスを排出したことによって気候変動が起きていることに大方同意する．だが，魚類と野生動物の管理に大きな影響を与えているにも関わらず，"予想外の"人間事象として考えられている．連邦最高裁を含む法廷では，特に魚類と野生動物への気候変動の影響に関する訴訟を再審理している．州，連邦機関もこれらの問題に対する対処が求められている．例えば，気候変動によって生息場所や個体群が失われているホッキョクグマや12種のペンギンは，市民の嘆願によって2005年および2006年にESAのリストに入った．ホッキョクグマについての嘆願が受け入れられなかった後，連邦裁判所にて訴訟が起こり，ホッキョクグマがリストに載る提案がなされた[46]．米国魚類野生生物局も12種のペンギンのうち10種がESAのリストに載ることを90日間で発表した[47]．また，カリフォルニア州では気候変動によって影響を受けている種のリスト作成を始めた[48]．

2007年には連邦最高裁でさえ，気候変動による影響に対する法律上での承認を行うこととなり，政府は直接的な魚類と野生動物に対しての緩和措置にはならないが，影響を軽減する責任があるとした．最高裁判所でのマサチューセッツ州対環境保護局間の裁判では〔Massachusetts v. EPA S. Ct 1438 (U.S., April 2, 2007)〕，車両からの炭素排出など温室効果ガスを規制するよう政府当局が訴えられた．法廷では，気候変動に関連した損害は重大であり，よく理解を得た判決が下った．温室効果ガス排出と気候変動との間にある因果関係に対して反論できない環境保護局は，マサチューセッツ州で損害を受けた原告者を統制することができなかった．

加えて，2007年連邦最高裁判所では，ブッシュ政権に対して，生物多様性あるいは人間の健康に関連したことを含んだ地球規模での気候変動調査法（Global Climate Change Research Act of 1990）に記載された条件を満たすように命じた[49]．国際機関さえ，先住民の狩猟や必要最低限の生活レベルが地球温暖化によって脅かされているとして訴えられている[50]．気候変動による訴訟，新しい法律は，

必然的に起こっており，野生動物の管理にとって大きく，新しい争点になるであろう[51]．

魚類と野生動物における国際的な影響

21世紀初頭の米国における野生動物の管理に関連した法廷判決，政策，そして法律は，世界各国においてしっかりと観察されている．CITES（Convention on International Trade in Endangered Species of Wild Fauna and Flora：絶滅の恐れのある野生動植物の種の国際取引に関する条約）の会議など国際的な会議において米国は，議論の結果に多大な影響を及ぼす．絶滅危惧手法はCITESにとって権能賦与法である．CITESおよびESAによってリストされた多くの種は，国内だけでなく国外でも見つかる．例えば，ESAの保護対象であるペンギンやホッキョクグマは，米国の一部だけで見つかっている．これらの種を輸入することを米国では硬く禁じていることが，国際的に大きな影響を与える．

米国の政策による世界規模での影響は，海洋漁業の例で明白に例証される．米国における漁業への影響として，米国の漁業を再建することを目的として，商業用および遊漁を規制することを開始したことで，世界中に衝撃が走った．加えて，野生動物の保護団体からの圧力が働き，イルカやウミガメなどの種に対して致命的な影響を与えるような漁業を制限することを行った[52]．しかしながら，イルカにとって安全ではない網で捕まえたマグロの輸入など[53]，米国自身が，許可されていない方法で捕獲された魚類を輸入していたことから，国際的な批判を受けた．21世紀初頭における米国政府の政策では，エビや絶滅の恐れのあるサケなどの輸入制限を取りやめることとして，いくつかの法廷では支持する判決となった[54]．米国の魚類と野生動物の保護政策も世界貿易機構のような国際機関によって厳密に調べられている[55]．

結論

魚類と野生動物の個体群の状態は，人間や惑星の健康状態を最も分かりやすく示す指標である．人口が爆発的に増え，土地と資源を必要とする一方，魚類と野生動物の生息地を保全することを目的として，様々な利害関係者が，気候変動，生息地の消失，それに生物多様性の減少ということについてますます考えなけれ

ばならない．とりわけ，地球温暖化や気候変動が，州・国それに世界中の魚類と野生動物の管理にとって最も大きな課題であり，21世紀における法的な傾向は，この新しい課題を反映したことが続くことに疑う余地がない．

引用文献

1. For a review of federal wildlife law trends in the twentieth century, as well as of wildlife law , see chapters 2 and 3 in Ruth S. Musgrave et al., *Federal Wildlife Laws Handbook with Related Laws* (Rockville, MD: Government Institutes, 1998). See also Michael Bean and Melanie Rowland, *The Evolution of National Wildlife Law*, 3rd ed. (Westport, CT: Praeger Publishers, 1997). See also generally Ruth Musgrave, ed., *Wildlife Law News Quarterly* and "Wildlife Law News Weekly Alerts" (Albuquerque: University of New Mexico Center for Wildlife Law, 1993-present).
2. *Center for Biological Diversity v. Norton*, 254 F.3d 833 (9th Cir. 2001); *Center for Biological Diversity v. Norton*, No.CIV 01-0258 (D.N.M. 2001). But see *Center for Biological Diversity v. Norton*, 163 F.Supp.2d 1297 (N.D.Calif. 2001).
3. *Fund for Animals v. Hogan*, 428 F.3d 1059 (D.C.Cir. 2005).
4. *Defenders of Wildlife v. Kempthorne*, No.04-1230 (D.D.C. 2006); *Defenders of Wildlife v. Kempthorne*, No.CV 05-99-M-DWM (D.Mont. 2006); *Trout Unlimited v. Lohn*, No.CV-06-1493 (D.Ore. July 13, 2007); *Western Watersheds Project v. Foss*, No. CV 04-168-MHW (D.Idaho 2005).
5. *Center for Biological. Diversity v. Norton*, 304 F.Supp.2d 1174 (D.Ariz. 2003); *Save the Manatee Club v. Ballard*, 215 F.Supp.2d 88 (D.D.C. 2002); *Center for Biological Diversity v. Norton*, No.02-1067 (D.N.M. 2001).
6. *Sierra Club v. Kempthorne*, No.CV 07-0216-WS-M (S.D.Ala., July 2007); *NRDC v. Kempthorne*, 506 F,Supp.2d 322 (E.D.Ca., May 25, 2007).
7. *Sierra Club v. U.S.*, 245 F.3d 434 (5th Cir. 2001); *Spirit of the Sage Council v. Norton*, Civ.No.98-1873 (D.D.C. 2003).
8. *National Association of Home Builders v. Norton*, No.02-15212 (9th Cir. 2003).
9. *Desarrollo v. U.S.*, 482 F.3d 1157 (9th Cir., April 6, 2007).
10. See notes 4 and 5; *Pacific Coast Federation of Fishermen's Associations v. National Marine Fisheries Svc.*, 482 F.Supp.2d 1248 (W.D.Wa., March 30, 2007); *Trout Unlimited et al. v. Lohn*, No.CV-06-1493 (D.Ore., July 13, 2007).
11. U.S. Fish and Wildlife press release, July 20, 2007, www.fws.gov.
12. *Gordon v. Norton*, 322 F.3d 1213 (10th Cir. 2003).
13. *Defenders of Wildlife v. U.S. Fish and Wildlife Service*, 354 F.Supp.2d 1156 (D.Ore. 2005).

14. *State of Wyoming v. U.S. Dept. Interior*, 360 F.Supp.2d 1214 (D.Wyo. 2005), *aff'd*, 442 F.2d 1262 (10th Cir. 2006).
15. *State of Wyoming v. Livingston*, 443 F.3d 1211 (10th Cir. 2006).
16. For example, *Friends of Animals v. Alaska*, No.3AN-03-13489 (Alaska Sup.Ct. 2006); 2007 Alaska Op.Atty.Gen. 1; *Friends of Animals v. State of Alaska*, Nos. 3AN-06-10956-CI, 3AN-06-13087-CI (Alaska Sup.Ct., Mar. 30, 2007).
17. The Office of the Solicitor at the Department of the Interior on March 16, 2007, issued an opinion regarding the meaning of the phrase in the ESA: "endangered throughout a significant portion of its [a species'] range." The office concluded that the phrase means the range where a species currently exists, not its historical range. Department of the Interior Solicitor General, www.doi.gov/solicitor/M37013.pdf. But see *National Wildlife Federation v. National Marine Fisheries Service*, No. CV01-640-RE (D.Ore. 2005); *Alsea Valley Alliance v. Lautenbacher*, No.06-6093-HO (D.Ore., Aug. 14, 2007).
18. *National Wildlife Federation v. National Marine Fisheries Service*, 254 F.Supp.2d 1196 (D.Ore. 2003); *National Wildlife Federation v. National Marine Fisheries Service*, 422 F.2d 782 (9th Cir.2005); *Id.*, 481 F.3d 1224 (9th Cir., April 9, 2007); American Rivers v. NOAA Fisheries, No.CV-04-0061-RE (D.Ore. 2006).
19. See note 20; Northwest Energy Coalition, "Going With the Flow, http://nwenergy.org/publications/reports/miscellaneous-reports-and-studies/going-with-the-flow/; "Revenue Stream," http.nwenergy.org/publications/reports/revenue-stream/.
20. *In re: Operation of the Missouri River System Litigation*, 421 F.3d 618 (8th Cir. 2005); *Pacific Coast Federation of Fishermen's Associations v. Bureau of Reclamation*, 138 F.Supp.2d 1228 (N.D.Calif. 2001), *aff'd*, 426 F.3d 1082 (9th Cir. 2005), *injunction reaff'd*, No.06-16296 (9th Cir. Mar. 22, 2007); *Kandra v. US*, 145 F.Supp.2d 1192 (D.Ore. 2001); *U.S. v. Adair*, 187 F.Supp.2d 1273 (D.Ore. 2002).
21. The influence of industry stakeholders in the Klamath water conflict allegedly goes all the way to the top. Congress attempted to investigate whether Vice President Dick Cheney improperly overrode, and ordered the rewriting of, government scientific documents so that water would be released to irrigators in 2006. Cheney refused to appear before Congress. For whatever reason, the water was released in 2006, resulting in the death of over seventy thousand salmon returning to spawn.
22. The conflict came to a head when the Tenth Circuit held that the Bureau of Reclamation has discretion to reduce contracted-for water deliveries in order to comply with the ESA and save the minnow. *Rio Grande Silvery Minnow v. Keys*, 333 F.3d 1110 (10th Cir. 2003). Convening the ESA "God Squad" was considered, as was an expedited appeal to the U.S. Supreme Court. Then a rider attached to the FY04

Energy and Water Development Appropriations Act, Pub. L. No. 108-137, § 208(a) (2004) forbade the government from failing to make water deliveries under federal contracts. The suit was eventually settled by the parties who all agreed to contribute to a water-banking system and a water-leasing program that will save the minnow and meet contractual needs.
23. *Geer v. Connecticut*, 161 U.S. 519 (1896). See discussions of public trust doctrine in other chapters of this book. See also chapter 10 in Clifford Rechtschaffen and Denise Antolini, eds., *Creative Common Law Strategies for Protecting the Environment* (Washington, DC: ELI Press, 2007).
24. Title IX of the Commerce, Justice, State Appropriations Act of 2000 contained a Wildlife Conservation and Restoration Account, and Title VIII of the Interior Appropriations Act (Land Conservation, Preservation and
Infrastructure Improvement). See 66 FR 7657 (January 24, 2001). See also "CARA-Lite," 16 U.S.C. 669(b), § 3(2)(C)(c)(1)(2000).
25. Association of Fish and Wildlife Agencies, State Wildlife Action Plans, www.fishwildlife.org/wildlife_action_plans.html; Teaming With Wildlife, State Wildlife Grants, www.teaming.com/state_wildlife_grants.htm.
26. Almost one-half of the states outlawed cyberhunting within two years after introduction of the practice in Texas. And in February 2007 Arizona, California, New Mexico, Oregon, and Washington signed an agreement to work on climate change issues, including identification of measures to adapt to impacts of climate change. Western Climate Initiative, www.westernclimateinitiative.org/.
27. See, for example,, Wildlife Violator Compact of New Mexico, N.M.S.A. § § 11-16-1 through 12 (1978).
28. *Stapley v. Arizona*, 966 P.2d 1031 (Ariz.Ct.App. 1998); *Gray v. North Dakota Game and Fish Department*, 706 N.W.2d 61 (N.D. 2005).
29. Twelve states have right to hunt amendments or other provisions, though only six specifically use the term "right" : Alabama, California (right to fish only), Rhode Island (right to fish), Virginia, West Virginia, and Wisconsin.
30. See, for example, *NEB.OP.A.G.* No.04003 (2004).
31. *Fund for Animals v. Williams*, 391 F.Supp.2d 132 (D.D.C. 2005).
32. *Moore v. Kempthorne*, 464 F.Supp.2d 519 (E.D.Va. 2006).
33. Executive Order No. 13443, Facilitation of Hunting Heritage and Wildlife Conservation, Aug. 16, 2007.
34. *Defenders of Wildlife v. Martin*, No.CV-05-248-RHW (E.D.Wa., *injunctions entered* Dec. 20, 2005; Sept. 22, 2006, *order entered* Feb. 26, 2007).
35. *Norton v. Southern Utah Wilderness Alliance*, 542 U.S. 917 (U.S. 2004).

36. *Fund for Animals v. Norton*, 294 F.Supp.2d 92 (D.D.C. 2003); *Inernational Snowmobile Manufacturers Association v. Norton*, 304 F.Supp.2d 1278 (D.Wyo. 2004); *Wyoming Rest. and Lodging Association v. U.S.*, 398 F.Supp.2d 1197 (D.Wyo. 2005).
37. *Conservation Force, Inc. v. Manning*, 301 F.3d 985 (9th Cir., 2002) cert. denied, 537 U.S. 1112 (2003); *State of Minnesota v. Kolla*, 672 N.W.2d 1 (Ct.App.Minn. 2003); *State of Connecticut v. Crotty*, 346 F. 3d 84 (2nd Cir. 2003).
38. *Taulman v. Hayden*, No.05-1118 (D.Kan. 2006).
39. Rider to the Emergency Supplemental Appropriations Act for Defense, the Global War on Terror, and Tsunami Relief, 2005, Pub.Law No.109-13 (May 11, 2005), Section 6063. Appeal dismissed as moot, *Hatch v. Hoeven*, 456 F.3d 826 (8th Cir., 2006).
40. *Coast Range Conifers v. Board of Forestry*, 117 P.3d 990 (Ore. 2005); *Seiber v. U.S.*, 52 Fed.Cl. 570 (U.S.Ct.Fed.Claims 2002), *aff' d*, 364 F.3d 1356 (Fed.Cir. 2004).
41. *Conti v. U.S.*, 291 F.3d 1334 (Fed.Cir. 2002); *Bensen v. State of South Dakota*, 710 NW2d 131 (S.D. 2006).
42. *Slavin v. Town of Oak Island*, 584 S.E.2d 100 (Ct.App. N.C. 2003).
43. *Delancey v. State of Arkansas*, No.CR 03-615 (Ark. 2004).
44. *Tulare Lake Basin Water Storage District v. U.S.,*, 59 Fed.Cl. 246 (Ct.Fed.Claims 2003); *Orff v. U.S.*, 358 F.3d 1137 (9th Cir. 2004), *aff' d* 125 S.Ct. 2606 (U.S. 2005).
45. *SDS Lumber Co. v. Washington Dept. of Natural Resources*, No.93-2-00003-6 (Wa., settled 2002); but see *Avenal v. State of Louisiana and Dept. of Natural Resources*, No.03-C-3521 (La. 2004).
46. 72 FR 1063 (January 9, 2007).
47. 72 FR 37695 (July 11, 2007).
48. Petition to List American Pika, www.biologicaldiversity.org/swcbd/species/pika.
49. *Center for Biological Diversity v. Brennan*, No.C06-7062 (N.D.Calif., August 21, 2007).
50. Earthjustice, 2005 Petition to the Inter-American Commission on Human Rights, www.earthjustice.org/library/legal_docs/petition-to-the inter-american-commission-on-human-rights-on-behalf-of-the-inuit-circumpolar-conference.pdf. A 2004 Arctic Climate Impact Assessment found that the "Inuit face major threats to their food security and hunting cultures." Arctic Climate Impact Assessment, www.acia.uaf.edu.
51. For example, in February 2007 conservation organizations petitioned seven Bush administration cabinet secretaries to establish binding rules on global warming and the growing potential of significant wildlife extinctions this century. The petition is at www.biologicaldiversity.org/swcbd/programs/bdes/gw-es/index.html. See also Bluewater Network Petitions, www.bluewaternetwork.org/campaign_gw.wildlife.shtml.
52. For example, International Dolphin Conservation Program Act, Pub.L.No.105-42

(Aug. 15, 1997).
53. *Earth Island v. Evans*, 256 F.Supp.2d 1064 (N.D.Calif., 2004) ("This court has never, in its 24 years, reviewed a record of agency action that contained such a compelling portrait of political meddling."); *Earth Island Institute v. Hogarth*, 484 F.3d 1123 (9th Cir., April 27, 2007), *amended and superceded*, 494 F.3d 757 (July 13, 2007) (agency ignored its own statistical methodology, relied on inconclusive data, and was influenced by international political rather than scientific concerns).
54. *Turtle Island Restoration Network v. Evans*, 284 F.3d 282 (Fed.Cir. 2002); *Salmon Spawning and Recovery Alliance v. Basham*, No. 06-00191 (U.S. CIT, Mar. 6, 2007).
55. U.S. embargo of Malaysian shrimp imports upheld by World Trade Organization: WT/DS58/17 (October 2, 2001).

第 12 章
北米における野生動物管理基盤としての公益信託主義の復活

John F. Organ and Gordon R. Batcheller

訳：角田裕志

　北米における野生動物の保全は，野生動物資源が誰のものでもなく，現在および将来世代のために政府による信託において保持されるという原則に基づく（Geist, Mahoney, and Organ 2001；Geist and Organ 2004）．世界中の野生動物保全における最も偉大な事例として北米の事例を歓迎してきた人も多い（Prukop and Regan 2005）．約150年間に亘ってその歴史が受け継がれ，誰もがその保全モデルが確かなものであると考えていただろう．しかし，この保全モデルが新たな世紀に入ってから，その基盤ともいえる公益信託主義に対する批判が高まっている．われわれは現在の脅威に照らし合わせて公益信託主義について再考し，今後の野生動物管理における基盤としてのその役割について評価する．

公益信託主義：その歴史的背景

　公益信託主義においては，野生動物とは何ものにも所有されない財産であり，現代の国民と将来世代のために政府による信託の中で保持されるもの，とされている．自然資源の基本概念は何ものにも所有されない公共財産とされているが，これは最初にローマ人が彼らの子孫のために記したものである．ユスティニアヌス法典の旧勅法彙纂（AD 529）は，ギリシャの法学者で自然法を編纂したGaiusの法学提要およびジャーナルに基づいた（Slade, Kehoe, and Stahl 1997）．〔訳者注：ユスティニアヌス法典＝東ローマ帝国初期の皇帝ユスティニアヌス1世によって編纂された「ローマ法大全」．捗法彙纂，学説彙纂，法学提要，新勅

法の4つからなる．Gaius＝ガイウス（AD130～180）．古代ローマの法学者で「法学提要（全4巻）」をまとめた5大権威の1人．〕ローマ人による記述の一部分は次のとおりである．

> 自然法によると，大気，河川，海，そして海岸に至る全てのものは人類全てが共有する．したがって，国際法の下での海のような場合を除けば，個人所有の住居や記念碑，建造物を尊重する限り何人も海岸に近づくことは禁止されない（Slade, Kehoe, and Stahl 1997）．

マグナカルタ（AD 1215）では，自然資源の所有および他人への譲渡に関する王の権限の制限に関してローマ法（Adams 1993）に拠った．1842年の連邦最高裁では，ニュージャージー州のとある干潟の地主が，そこで人々がカキを採ることを禁ずる訴えを棄却する裁決を下したが〔Martin 対 Waddell 裁判（Bean 1983）〕，その際には最高裁長官の Roger Taney がマグナカルタの解釈に基づいて判断した．その判決は公益信託主義として知られるようになった．

公益信託主義に非常に詳しい学者である Joseph Sax はその根源を辿っており，われわれは現代の状況をよりよく理解できるであろう（Sax 1999）．ローマ人はよくできた財産システムを有していた．それは，異なる機能を提供する様々な財産を認識するためのものであった．各種の財産は特徴的な属性を有しており，特定の方法で扱われなければならなかった．例えば，ある財産を売り買いすることはできなかった．別のある種の財産は共有財産となり（res commnnis：万民共有物），(1)私的に所有することができず，(2)皆で共通に使用された．ローマ法では，野生動物（ferae naturae）が何者にも所有されないもの（res nullis）として規定されている．これらのカテゴリーは，ローマ人が自然物の中で豊富なものと，売買や私有物に適さないものとを判断するためにあったと考えられる（Horner 2000）．野生動物の所有権は，物理的に所有された時，典型的な例としては食用のために殺された時にだけ発生した．

英国人は，マグナカルタ以降，実質的にはローマ市民法を採用した（Slade, Kehoe, and Stahl 1997）．英国のコモン・ローにおいても，特別な種類の財産が存在していることが認識されているが，それには独自の解釈がなされている．英国のコモン・ローでは"所有者不在の物"という考え方は嫌われたため，共有財産の所有権は王にあるとされた（Horner 2000）．王はこれらの財産を所有したが，

彼の私的使用のためではなかった．王は誰か他の人のある財産を所有する管理人であり，特別な責任を有していた（Sax 1999）．

英国の法律は植民地時代の米国においても適用されたが，米国が独立・建国された後は管理人となるべき王は存在しなかった．それは，管理人の資格が国に帰属するとした Martin 対 Waddell 裁判の最高裁判決が出る 1842 年まで続いた．以降の判決では〔例えば，Hughes 対オクラホマ州裁判（Bean 1983）〕，野生動物の所有者を国とする原則に対して異議申し立てがなされたが，野生動物に対する公的所有の判断が維持されてきた〔Geer 対コネティカット州裁判（Horner 2000）〕．

カナダでは，野生動物は自動的に一部が公共資源とされた．なぜならば，国王の領土が居住地として占有されない国土の大部分にも及ぶため，そこに生息する野生動物の事実上の所有者とみなされたためである．さらに，野生動物が先住民の食物となっていたため，カナダ政府は食料供給のために保護する以外になかった（Hewitt 1921；Threlfall 1995）．

公益信託に関する古代の概念とより近代の公益信託主義が，いずれも野生動物にとっては特効薬とならなかったが，いかに野生動物保護の柱として成立してきたかを理解するためには，その法的根拠に目を向けなければならない．

法律としての公益信託

Sax（1999）は以下のような公益信託に関する 4 つの基本概念を区別した．

公益信託はコモン・ローである．これまで公益信託主義が正式に立法化されてこなかったため，それに特化した法規が存在しない．つまり，これは判決を通して解釈され，発展してきた"判例法"である．20 世紀の間，米国の多くの法律は法令化されてきたが，英米の法制度の大部分が確立するまでの間は，コモン・ローが普及していた．

公益信託は州法である．そのため，単一の法律は存在せず，多岐に亘る．しかし，各々の法律は，全ての市民の基本的権利に関して統一された原理が具体的に表現されている．

公益信託は財産法である．公益信託主義の大きな強みの 1 つは，それを主張する際に，財産権が公共に帰属するという財産権を州が主張する

ことである．そのため，ある人が他人から財産権をとることができないのと同様に，権利を主張したとしても，"取得"の問題は未決定である．

　公益信託は公共の権利である．信託財産は国民によって所有され，国民の利益のために信託の中で保持される．要求に際して特別の身分は必要ではない，すなわち，一国民であるだけで十分である．

公益信託主義はコモン・ローであり，裁判官によってつくられたものであるため，立法府はそれを撤廃することができない．公益信託主義下における従来の公共権の行使は，水運，魚釣りおよび交易であった．ニューイングランド地方のマサチューセッツ州，メイン州およびニューハンプシャー州は権利として，さらに野鳥狩りを加えた．1986年までは，法律の中で野生動物が州の公益信託資源として規定されてはいなかった．Gerr対コネティカット州裁判は，"野生動物は現代の公益信託の中核をなす"という判例法となった（Horner 2000, 21）．この原理が現代の米国の法律へと変化し，野生動物が公益信託資源であるとの概念が米国の法律の中で明確化される中で，法廷は次のように述べた．

　休猟地内の公共財における明確な基本原理はいかなる変化にもさらされない．独立した法令の確立は，共有権の結果として，政府にとっての利益の特権としてではなく，特定の人々のためでもなく，もしくは，公共性から切り離された個人の利益のためでもなく，全ての人民の利益のための信託として，政府が有する他のあらゆる権限のように州に与えられた権限と管理が実行されるという事実を認識させた（161 U.S. 519, 1896）．

野生動物が，最高法規条項（米国政府による条項制定の権限），州際通商条項，および財産条項等のアメリカ合衆国憲法の制限内にある場合は，野生動物に関して州がもつ管理人の権利は米国政府へと移される．1842年のMartin対Waddell裁判において公益信託主義を明確化させた最高裁長官Taneyは，次のように表現した．「州が負っている権限とは，アメリカ合衆国憲法によって米国政府に引き渡された権利のみを条件としたものである」（41 U.S. 367, 1842）．

野生動物保全の北米モデルとしての公益信託基礎

　公益信託主義に関する判例法は極めて広範に亘るものであり，また，大部分は

水資源にも関係するが，公益信託主義を支持する法廷において解釈された基本原理は野生動物に関してもよく当てはまったものであり，公益信託資源として法律上の確固たる属性を与えられている．Sax (1970) はこのトピックに関する判例法をうまく要約した．北米モデルに関連する特殊な記述の中に，判例法における財産としての公益信託資源の取扱いに関する記述がある．そのような財産に関わる管理人の基本的な責任は，それが一般大衆によって利用可能な状態に保持されなければならないということであり，それは，その価値に相当する現金であっても売ることが許されず，また，それは特定の使途のために維持されなくてはならない．保護対象となる資源の利用方法に関して2つの方法が明示されている．1つはレクリエーションや漁業のような伝統的な利用であり，もう1つはその資源をそのまま加工せずに利用する方法である．後者の1例は，ボートや水泳のために水域を利用することであるが，たくさんのボートが係留されるような状況は認められない．野生動物を従来の方法やそのまま利用することとしての採取(すなわち，釣り，狩猟，罠猟）を拡大することにまで，想像を膨らませる必要はない．Sax (1970) は，公益信託の最も偉大なる歴史的立場とは，彼らの独立した有用性が社会を奴隷ではなく一国民とみなす傾向にあるほど，確固たる権利が全ての国民にとって本質的に重要であると主張している．

北米の野生動物保全に関する基礎的な構成要素は広くこれらの原則から得られたものである．例えば，狩猟における市場の排除，法律による野生動物の割当て，狩猟機会の均等化は，いずれも野生動物が何者にも所有されないということを前提としている（Geist, Mahoney, and Organ 2001)．北米の野生動物保全の基礎は野生動物を公益信託資源として扱うという概念に基づいているが，管理人としての米国政府がこの概念を支持する能力は，多くの要因に蝕まれつつある．それらの要因は，社会的態度や社会的価値の変化，民間企業の便宜主義の産物なのかもしれない．

公益信託資源としての野生動物の衰退

野生動物が公益信託において保護される必要性は，「野生動物法の目的である19世紀の基礎概念としての食料供給の維持」(Bean 1983, 16) を起源とする．北米の野生動物保全の先駆者達は，野生動物は食料供給のためではなく，文化的・

精神的に高い価値を有するものであると確信した（Organ and Fritzell 2000；Reiger 1975；Trefethen 1972）．文化的な営みとしての狩猟（金儲けのためのスポーツハンティング，売買を目的とした狩猟や競技としての狩猟とは区別されたもの）は野生動物保全の北米モデルの開発における推進力となった．より多くの人々により多くの利益をもたらすこと（Reiger 1975）を目的として，現代世代および将来世代の利益のための野生動物保全を実施するために科学的管理を命じたルーズベルト主義は公益信託主義に強く根ざしたものである．政府が担当機関に野生動物を管理させる理由，そして州立大学や公立大学に野生動物管理を行う科学者の養成プログラムがある理由は，政府の管理人としての立場による．管理人を欠いた共有権は，これらの資源の崩壊を導くことになったであろう（Hardin 1968）．今日，野生動物資源に対する市民の利用制限や利用排除が強制的になされる，あるいは，法律に明文化されないものに対する公益信託の適用を認めない判決が出るといったことによって，野生動物に関する公益信託は脅かされている．

野生動物の私有化

　個人の利益を目的として野生動物管理を行う民間業種が，北米の至る所で増加傾向にある．従来の野生動物資源の利用は，地権者によって制限されたり（多くの事例で登場する"高い壁"など），利用権の賃借や使用料徴収を通して利用者を制限することなどがなされてきた．結局のところ，市場競争によってその土地に生息する野生動物の個体数や品質を管理する努力を促進することとなる．そのような需要の結果として，捕食者の駆逐，生物多様性の劣化，"スポーツにおける民主主義"の消失〔Leopold and Meine（1988）の169ページで引用〕，野生動物利用による生業の衰退（Geist 1988, 1995）を招く．野生動物保護政策を実行するためのツールとして，科学は野生動物保全の北米モデルの重要な構成要素である．北米モデルの目立った業績は科学的管理を実施するために野生動物管理の職業を確立したことである．野生動物管理とその政策において科学を活用することは，公益信託の維持を保証するために野生動物学者の職務として公的に評価することに基づいている．民間の支配化では，科学の利用がなされても利益にしか注目されない．信託資源の中には他の資源を最大化するために消費し尽くされてしまうかもしれないような資源も存在する．

狩猟牧場

　野生動物の民間業種と密接に関連するものとして，1980年代以降の狩猟鳥獣の繁殖業の増加がある．そのような産業は自由市場において野生動物の売り上げを伸ばすことに尽力した．この産業は北米における全ての主な野生動物保全策に反する立場にある（Geist 1985, 1995）．狩猟牧場は野生動物市場の根絶，狩猟頭数の法規制，民主的な狩猟といった野生動物保全策を効果的にするための法的な枠組みを危うくしかねない．それは，死体となった野生動物の市場を形成し，持続可能な利用の原則に反して市場原理に基づいた狩猟頭数規制をし，報酬に応じてアクセスを制限してしまう．それは，野生動物と人間にもたらされた病的な関係の中でも最も危険なものである．狩猟牧場は野生動物と家畜と人間との間でのとてつもない病気の架け橋となってしまう．さらに，捕獲した野生動物の逃走や遺伝子操作によって，野生動物の遺伝的正常さを破壊してしまう可能性がある．

持続可能ではない土地利用の実例

　米国の人口は2000年の国勢調査では2億8100万人となっており，2050年には約4億にまで増加すると予測されている（Trauger et al. 2002）．これは，加速的成長割合を示しており，数年前に報告された予測値を約5000万人上回っている．米国人は世界人口の5％に満たないが，世界の資源の30％を消費している．現在の政治方針は経済成長を重要視するが，それは野生動物資源への影響とその消費を悪化させることとなる（Czech 2000）．野生動物にとって利用可能で持続可能な土地は驚くべき割合で消失している．現代の土地に対する人為的な影響の深刻さは野生動物に対して最も強大でかつ長期的な脅威を生み出している．われわれは，野生動物の個体群の分断化と孤立化の増加，そして原生自然の有用地への転換の増加に遭遇することになるだろう．さらに，野生動物産業の民間企業参入とそれに伴う野生動物の利用の富裕層への偏りは，少数の利害関係者に未利用地の利益が与えられることになることを示唆しており，それによって，残された原生地保全のための政治的・資金的援助の縮小を招く．社会的な価値観が大きく変化し，それに応じて政治的イデオロギーが大きく変わらない限り，われわれの信託資源を守るための勝利は遠くなってしまうだろう．人口増加とそれに伴って起こる景観変化が野生動物という公益信託に与える影響は，その管理人である政府にとって，現代世代および将来世代のために全ての野生動物を存続さ

せるという約束がさらに困難となってしまう．人類を維持するために必要な土地面積は，おそらく野生動物の生息地とのトレードオフに帰結するだろう．これらのトレードオフによっては生息地が"縮小される"という結論に至る可能性もある．

公益信託を確固たるものにする

　Smith (1980) は，公益信託主義が有効なツールとなるために満たすべき3つの基準を特定した．それは，(1) 一般大衆の中に法的な権利による概念として存在しなければならないこと，(2) 政府に対して強制力をもたなければならないこと，(3) その時代の懸案事項と矛盾がない解釈ができなければならないこと，の3点である．野生動物保全の観点から単純に言えば，野生動物が誰の財産であるかに関わらず，人々がその属性について理解している必要がある．政府は管理人として，信託の浪費を防止することに対して，責任を負うことができなければならない．最後に，ある資源が公益信託の創始者達に信託の対象として考慮されていなかったとしても,現代に重要と考えられる資源をも対象とできるように,その原則は十分に長い期間存在しなければならない．例えば，ローマ人は，種の絶滅や野生動物管理の必要性に対する現代の関心を想定できたわけではないが，ローマ法では野生動物が無主物であるという現代の価値観の先例が確立されていた（Horner 2000）．

　Sax (1970) は，公益信託主義を支持した裁判の欠点について述べている．これは，公共の利益のために政府が負う一般の責務と特定の公共資源の管理人としてのより大きな責務を分けてしまった法廷の無力さが生じさせた．例えば，公共の利益に対する行動責任を支持した法廷では現状のみが考慮され，これらの資源を維持する管理人としての特別な責務の決定要因を考慮されなかったようだ．このような狭い観点は，野生動物が長期的に持続可能となる状態に対して悪い影響を及ぼすようなトレードオフを導いてしまうかもしれない．すでに適用されている一般的な制約を超える形で政府が抑えられるような法的な強制力が，公益信託主義にあるのかどうかという疑念を生じる．最近，ウィスコンシン州では，"ウィスコンシン州の何らかの自然資源に対して悪影響を与える疑義がある政府活動"に対して公益信託主義が異議申し立てをする権利は与えられないとする決定が下

された．"水路における公共権の直接的な侵害"に関してウィスコンシン州では公益信託主義は適用されなかった（Kramer 対 Clark 裁判，第 2005AP2970 番，2006 年 12 月 21 日）．

　公益信託を確固たるものにするための当面の最重要事項は，州あるいは地方の魚類野生動物局の法的な権限を再確認することである．魚類および野生動物の性質を決定するこれらの法令では，これらの資源の財産としての支配権（の所在）を明らかにすること，そして，これらの資源が現代および将来世代の利益のために供給されることを目的とした信託責任として指定されることを明示すべきである．Musgrave and Stein（1993）は，全ての州における魚類野生動物局の権限の一覧を示している．州ごとの違いはあるものの，公益信託の根本的な信条は明確である．しかし，誰も拡大解釈をすべきではない．不確かな部分があるならば，明確な目的のために見直されるべきである．

公益信託の復活と適用

　共通資源としての野生動物にかかる管理権の主張は，今日に比べて利害関係者の基盤が狭かった時代の北米において誕生した．主要な利害関係者は消費的な利用者もしくは農業に利害関係のあるものだった．現代社会では，直接的な利害関係がなく，野生動物の観賞を楽しむ程度の人から，野生動物との関係を嫌がる人まで，多様な価値観をもった利害関係者となっている．野生動物に対する許容（Carpenter, Decker, and Lipscomb 2000）は，同所的・同時的な利害関係者であっても，人によって大きく異なる場合がある．現代の野生動物の管理者に要求されるのは，野生動物資源の割当ておよび管理の意思決定において相対するニーズと利害関係のバランスを取ることである．

　気取った一般人の大部分や多くの野生動物の専門家は，野生動物保全のための公益信託の基礎に関する理解や正しい認識がほとんどない．利害関係者と実務者間で公益信託の原則に対する関心を高めることは，管理権の選択や（例えば，米国政府と州政府の間の）法的な責任の範囲を明確にすることに資する可能性がある．管理当局の権限が及ぶ範囲やその権限の起源を人々がいったん理解すれば，それらの制限の範囲内で許容された利用を行うようになるかもしれない．生物科学は持続可能性の範囲を決め，社会科学が許容の範囲を決めることができる．公

益信託に関してより広い制約をもつこれら2つを統合することによって，最終的な雛型が明確となるだろう．すでに指摘したように，公益信託が機能するためには，その下での自身の権利について人々が認識する必要があり，それに対して責任をもった政府を擁することができ，自信の利害関係との関連性を見出さなければならない．野生動物管理の基盤として公益信託主義を復活させることは，これらの要因の実現を確実にすることから始まるに違いない．

引用文献

Adams, D. A. 1993. *Renewable resource policy*. Washington, DC: Island Press.
Bean, M. J. 1983. *The evolution of national wildlife law*. New York: Praeger Publishers.
Carpenter, L. H., D. J. Decker, and J. F. Lipscomb. 2000. Stakeholder acceptance capacity in wildlife management. *Human Dimensions of Wildlife* 5:5 − 19.
Czech, B. 2000. Economic growth as a limiting factor for wildlife conservation. *Wildlife Society Bulletin* 28:4 − 15.
Geist, V. 1985. Game ranching: Threat to wildlife conservation in North America. *Wildlife Society Bulletin* 13:594 − 98.
──. 1988. How markets in wildlife meat and parts, and the sale of hunting privileges, jeopardize wildlife conservation. *Conservation Biology* 2:1 − 12.
──. 1995. North American policies of wildlife conservation. In *Wildlife conservation policy*, ed. V. Geist and I. McTaggart-Cowan, 75 − 129. Calgary: Detselig Enterprises.
Geist, V., S. P. Mahoney, and J. F. Organ. 2001. Why hunting has defined the North American model of wildlife conservation. *Transcripts of the North American Wildlife and Natural Resources Conference* 66:175 − 85.
Geist, V., and J .F. Organ. 2004. The public trust foundation of the North American model of wildlife conservation. *Northeast Wildlife* 58:49 − 56.
Hardin, G. 1968. The tragedy of the commons. *Science* 162:1243 − 48.
Hewitt, C. G. 1921. *The conservation of the wild life of Canada*. New York: Charles Scribner's Sons.
Horner, S. M. 2000. Embryo, not fossil: Breathing life into the public trust in wildlife. *University of Wyoming College of Law, Land and Water Law Review*. 35:1 − 66.
Meine, C. 1988. *Aldo Leopold: His life and work*. Madison: University of Wisconsin Press.
Musgrave, R. S., and M. A. Stein. 1993. *State wildlife laws handbook*. Rockville, MD: Government Institutes.
Organ, J. F., and E. K. Fritzell. 2000. Trends in consumptive recreation and the wildlife profession. *Wildlife Society Bulletin*. 28:780 − 87.

Prukop, J., and R. J. Regan. 2005. The value of the North American model of wildlife conservation: An IAFWA position. *Wildlife Society Bulletin.* 33:374 – 77.

Reiger, J. F. 1975. *American sportsmen and the origins of conservation.* New York: Winchester Press.

Sax, J. L. 1970. The public trust doctrine in natural resource law: Effective judicial intervention. *Michigan Law Review.* 68:471 – 566.

———. 1999. Introduction to the public trust doctrine. In *The public trust doctrine and its application to protecting instream flows,* ed. G. E. Smith and A. R. Hoar, 5 – 12. Hadley, MA: U.S. Fish Wildlife Service Instream Flow Progress Assessment.

Slade, D. C., R. K. Kehoe, and J. K. Stahl. 1997. *Putting the public trust doctrine to work: The application of the public trust doctrine to the management of lands, waters, and living resources of the coastal states.* Washington, DC: Coastal States Organization.

Smith, F. E. 1980. *The public trust doctrine, instream flows and resources.* Sacramento: U.S. Fish and Wildlife Service.

Threlfall, W. 1995. Conservation and wildlife management in Britain. In *Wildlife conservation policy,* ed. V. Geist and I. McTaggart-Cowan, 227 – 74. Calgary: Detselig Enterprises.

Trauger, D. L., B. M. Czech, J. D. Erickson, P. R. Garretson, B. J. Kernohan, and C. A. Miller. 2002. The relationship of economic growth to wildlife conservation. *Wildlife Society TechnologyTechnical Review* 02-1. Bethesda, MD: Wildlife Society.

Trefethen, J. B. 1972. *An American crusade for wildlife.* New York: Winchester Press.

第13章
"タチの悪い" 問題：制度構造および野生動物管理の成功

Susan J. Buck

訳：角田裕志

　野生動物管理の問題は，"タチの悪い" 問題の典型例である（Rittel and Webber 1973；Wise 2002）．タチの悪い問題とは「あやふやなもの．すなわち，その決定がつかみどころのない政治的判断に委ねられてしまう」ものである（Rittel and Webber 1973）．定義こそされているが，非常に複雑で不安定なものであるため，解決することはできない．まるで川のようであり，一時的にわれわれの管理下に置いたとしても，いつか堤防は決壊してしまうのである．州の野生動物の政策は非常に変わりやすいため，特にタチが悪いといえる．州における野生動物問題は，それぞれの州の生態，歴史，文化，政治および経済に根ざした特有のものである．地域ごとの違いがあまりにも大きく，州ごとの対策に対して全国一律の形式を当てはめることは非実用的である．野生動物管理の問題における州特有の性質，そしてタチの悪さは，機関の担当者が革新的な州から有用なアイデアを借用したとしても，彼らが自身の機関のために個々の問題解決策をつくらなければならない，ということを意味する．

　野生動物管理に関する文献では，制度的変更の必要性に関する論文が多く見られる．75年以上も前に，Aldo Leopoldは，「保護業務に関しては，州行政と同様に米国政府においても，組織形態に対する先入観が広く普及している」〔Leopold 1986（1933）〕と述べた．

　最近の制度構造に係る盛り上がりには多くの原因がある．第1に，州の野生動物機関は野生動物問題に取り組む最も目立った行政的立場である．したがって，

新たな野生動物問題，特に人間と野生動物の双方が関わる問題を扱う"試み"の場となる．第2に，一般に野生動物管理や特に狩猟に対する市民の意識は，消費的利用から変化しつつある（Gill 1996；Klay and McElveen 1991；Nie 2004；Organ and Fritzell 2000）．北米における狩猟者や遊漁者の総数が減少する一方で，狩猟以外の野生動物レクリエーションの利用者数は増加している（U.S. Fish and Wildlife Service 2007）．第3に，野生動物管理は，野生動物ツーリズム（Shackley 1996），有害野生動物管理（Barnes 1997；Hadidian et al. 2001），野生動物リハビリテーション（Dubois and Fraser 2003a, 2003b），狩猟鳥獣の飼育繁殖（Robbins and Luginbuhl 2005），都市域の野生動物問題（Adams 2005；Knuth et al. 2001）のような広範に亘る新たな課題に直面している．それ自体も問題だろうが，問題は単に権限を広げるだけでは済まない．さらに，自然資源の枯渇，価値観の対立，科学的不確実性，選挙対策など争いの種は尽きない（Nie 2003, 312-33）．そして，野生動物の専門家の不信が増加し（Minnis 1998），野生動物管理の基本的な文化の一部分が疑われている（Jacobson and Decker 2006；Riley et al. 2002）．これら全ての事項は，旧来の利害関係者の間で確立していた同盟関係を歪ませるような，新たな利害関係者と新たな政策ネットワークを生み出す（Anderson and Loomis 2006；Beck 1998；Decker and Brown 2001；Manfredo, TeeL and Bright 2003；Minnis 1998；Nie 2004）．

疑問は，野生動物機関が変わるべきかどうかではなく，それらがどう変わるだろうかという点にある．本章では，その変革の1つの側面として，野生動物機関の制度構造を扱うこととする．新たな構造に対する提案は，2つの選択肢の間で落とし所をつける傾向がある．すなわち，既存の機関の権限を拡張して，組織そのものを大きく変更せずに必要となる資金を供給するか，あるいは新たな利害関係者を組み込むコストを共有できる場合には，既存の機関を州の自然資源局あるいは環境保護局のいずれかに組み入れるか，である．中道的措置は，形式上の野生動物機関の構造を本質的には変更せず，全ての関係機関の間で新たな制度上のネットワークを公式または非公式に構築することである．

本章では，公共行政機関の視点を野生動物機関に関する制度設計に対して適用する．最初の節では，野生動物機関が環境基準の保護，営利活動や事業者への許可といった法規制業務に関わる場合に生じる問題を検討するために，政策プロ

セス・フレームワーク（Ripley and Franklin 1991）を採用する．次節では，既存の野生動物機関を，より大きな傘下組織に組み入れる際に発生する潜在的リスクおよび潜在的機会を検討するために，米国国土安全保障省の設立に関する新たな文献を用いる．最終節では，"浸透的な行政境域（permeable administrative boundaries）"（Kettl 2006）について議論し，野生動物機関の新たな制度設計の構築への挑戦を明確にする．

野生動物機関の権限の拡張

　野生動物機関は，狩猟者の安全対策および法規制といった補助的な責任を負ってきた．野生動物およびその生息地は，大気，水，毒物，有害廃棄物，土壌浸食等の土地管理に関わる問題の影響を受けるため，正式な教育を受けていない監視者は野生動物機関によって環境保護プログラムが提示されることを期待しているかもしれない．しかしながら，政策的・実践的な現実は全く異なっており，その1つの理由として野生動物機関が通常従事する業務は，規制措置とは異なる種類の管理権限を要求するものである．政策プロセス・フレームワーク（Ripley and Franklin 1991）では1つの制度的動きとして捉える．それは，新たな利害関係者によって提案された課題を引き受ける場合に，野生動物機関が非常に慎重になるべきである，とされている．機関が，内容が重複した複数の政策に対処する場合は，その処理に関して特に難しい問題に直面することとなる．なぜならば，2つの政策の中には，異なる政策関係者，立法委員会，法的問題，資金源，政策決定において敵対的手法や訴訟に手慣れた利害団体が含まれるためである（Ripley and Franklin 1991）．効率的・効果的な政策の成果を維持すると同時に，州の機関に対する全ての要求を同一化させるうえで最良の方法を見つけることに挑むこととなる．

　多くの野生動物機関では資源の配分政策を実行する．これは，通常の民間企業では実施されることがない社会全体に有益な個人の活動を支援・監視する管理業務である（Ripley and Franklin 1991）．野生動物機関による政策は配分政策に分類される．なぜならば，機関が生息地を準備し，持続可能な利用のために個体群をモニタリングし，ライセンスを持った狩猟者に許可を与え，狩猟実態をモニタリングする．民間部門だけではおそらくこれらのサービスを提供できないだろう．

また，非消費型の野生動物の利用に関する政策についても配分的であるが，それらは異なる目的をもつため，実行の際には業務上の慣例に適合させる必要がある．例えば，バードウォッチング，野生動物の写真撮影，マウンテンバイクの乗り入れ等のレクリエーション体験を提供するためには，機関の担当者は新しい専門知識を必要とする．また，資金調達は，通常の米国政府からの交付金やライセンス収入とは異なる出所から来ることになるし，新たな利害団体や立法者が交渉の場に参加しなければならない．

　安定的な配分政策に関与する関係者は一般的に友好関係を維持する．また，予期しない出来事がメディアの興味を引き起こさないかぎり，この種の政策を管理するための決定は，通常，第2の政府（同じ利害と目的をもった政策関係者間の安定したネットワーク）によって下される．消費型の野生動物政策では，第2の政府は，野生動物政策の決定に直接的に関わることとなる狩猟者，関連事業者，野生動物行政機関，委員会または州の立法府からなる．論争や対立によって第2の政府が分裂してしまう場合には，問題ネットワーク（Heclo 1978）が政策決定の強い要になるかもしれない．問題ネットワークでは，明確なリーダーシップが存在せず，参加者の出入りが流動的である．新たな利害関係者を加えることは既存の第2の政府を不安定にする．また，新たな問題ネットワークを管理するのはより困難である．

　現在の野生動物機関のために提案された新たな責任として規制政策がある．これは，私的活動（農業，採掘，毒物や有害廃棄物の処理）の規制やサービス提供者を許可制または認定制にすることによって，公共財を保護することである．野生動物機関が有害野生動物対策業，狩猟鳥獣の飼育繁殖，野生動物生息地における環境基準モニタリングを管理することに対して期待があるため，保護規制政策に機関が関わらざるを得ない．規制政策において利害関係者から要求される政策の成果は，対象となる団体の要求が異なるため，配分政策の場合と同じではない．一般的に，規制対象となる業者は，法遵守のコストを最小化し，利益を最大化したいがために，安定的な規制を望んでいる．そのような業者は，連邦や他の州の機関における規制業務担当者とやりとりをしており，望むのは監視機関がただ1つ増えることだけである．対照的に，合法的な業者にとってはある程度の規制によって合法化と質の管理がなされることがビジネスにとって良いことであ

るため，有害動物防除業者や野生動物リハビリテーション業者などは規制を歓迎するかもしれない（Dubois and Fraser 2003a, 20）．

　規制責任を負った野生動物機関にとっては，立法に関わる新たな段階から別の問題が発生する．規制政策は，各機関に対する様々な段階の決定権を委任する立法者によって最初に設定される．もし野生動物機関に与えられた新たな業務の中に規制が含まれている場合，機関の決定に反対する利害関係者はその機関よりも上位の政治機関に直接働きかけるようになるだろう．実際，機関が規制を公式化する前でさえも，彼らはしばしば立法者に陳情やロビー活動に出向いている．第2の問題は経済である．規制対象となったとしても経済的利益はしばしば政策決定に影響を与えるため，保護規制政策における法的問題は従来の野生動物政策とは異なるものである．連邦行政手続法および同等の州法の下では，それらの利益は部分的に保護されているため，規制が公布される時に規制対象となった関係者は"告知と聴聞"によって権利を保護し，多くの場合は争いを解決するために裁判を行う（Buck 2006）．訴訟は資金の捨て場となるため，機関は訴訟を回避しようとする．その回避方法の1つは，法改正あるいはコストと時間がかかる訴訟のいずれかのリスクを最小化するための規制を巧妙につくることである．この戦略によって，機関は最良かつ専門的な意見を反映させずに決定することになるかもしれない．例えば，ある南部の州では，野生動物に関する法律上の定義の中に爬虫類と両生類が含まれていない．爬虫類の一部の種が絶滅した際に，州の野生動物の研究者達は全ての大型動物を野生動物の定義中に含めるよう法律改正勧告を検討した．しかしながら，これが法律上の定義を広範に変えるべきだと主張するロビイストに対しても門戸を開くことになってしまうため，研究者らはその代わりに司法委員会に対して特定の種を加えることだけに特化した法案を推奨した．このように，法律の文言を断片的に修正するような方法は便宜的ではあるが，法律の変更を行ううえでは最良の方法とはいえない．

　第3の問題は，連邦の規制当局（米国環境保護庁）が影響力をもち，時には政策決定を行う大気や水質，有毒・有害廃棄物の処理，湿地管理などの環境規制分野である．この問題は，州行政および担当機関の選択権をさらに抑制する．対照的に，連邦法における保護対象種やその生息地に影響を与える分野では米国政府が干渉してくるかもしれないが，狩猟管理のような配分政策では通常は州レベ

ルで解決される．参加する州の機関に対して米国政府からの交付金を備える多くの配分事業とは異なり，連邦が規定する事業に州の野生動物機関が関与したとしても直接的な交付金はない．州の野生動物機関の規制政策に関わる最後の問題は，州の立法府が環境保護と野生動物管理の対処についてしばしば個別の法体系を有していることである．環境保護と野生動物管理の両方に関して，規制の適用範囲以上にロビイストの利益は多岐に亘り，製造業のロビイスト，財界人，労働組合の判断で州の野生動物委員会や機関を置くことが逆効果になることもある．

野生動物機関をより大きな機関へ統合

別の選択肢として，野生動物機関を切り離して新たな責任を負わせる代わりに，これまで新たな要求の一部をカバーしてきた既存の機関の傘下に機関を移動させることもあり得る．2005年までに，17の州では，野生動物の担当機関を自然資源に関するより大きな部局へと統合させた．そのうち，3つは環境保護局に，5つは自然資源と環境保護の両者を組み合わせた部局に組み入れられた（National Wildlife Federation 2005）．例えば，良好な生息地には良好な空気と水の存在，そして危険な廃棄物が存在しないことが求められるなど，事業目的が補足的であるため，Cannamela and Warren（1999）は州の野生動物管理と環境保護を組み合わせることに賛成している．彼らは，統合された事業によって労力の重複を削減し，効率を改善し，両方の事業に対する市民からの支援を増加させることを示唆している．Nie（2004）によると，より大きな傘下機関（環境保護局あるいは自然資源局のいずれか）内に州の野生動物局を統合させることは，支持者を広げ，環境管理の責任を増加させ，資金源を増加させることにつながるとしている．これらの新たな支持者達は，野生動物機関の決定に対してより許容的となるかもしれない（Nie 2004, 228）．

野生動物機関を傘下組織へ移動させる場合には，傘下組織が環境保護局よりも自然資源局であるほうがうまくいくであろう．なぜならば，自然資源管理事業は一般的に配分的であり，追加的な規制政策に関する多くの問題を回避できるためである．自然資源に関わる利害関係者の範囲はより広範であるが，機関の担当者が政策の変更を正当化するための組織再編が可能となるため，野生動物機関を自然資源部局に統合することは新たな利害関係者との調停をより容易にするかもし

れない．野生動物機関が自然資源の保護活動をすでに担っているならば，移動はより容易かもしれない．

　野生動物機関は，より大きな組織に組み入れられることによって資金がより圧迫されることに気づくかもしれない．統合事業の管理者は，認可，許可，報告，分析のための書類事務と同様に，予算（例えば，運営予算，受付および担当スタッフ，作業室，技術者，設備など）の競合も想定するべきである．資金獲得折衝はいまだ存在するだろう．野生動物機関は連邦から準備された交付金やライセンスによる収入をもたらすことになるが，いまだにより広範な機関の予算は予測困難な州の歳出プロセスの対象である．より大きな組織は，新たに追加された事業に対して希少な予算を正式に投入したがらないかもしれない（Donley and Pollard 2002, 141）．野生動物機関の予算に対する調整がない状況で，部局長は機関に対する権限を縮小した例があるが，これは法令で定められた権限や管理に関する基本的な官僚的規範を打ち破るものである（Newmann 2002, 131）．

　統合組織では，効果のある形式的な（公的な階層構造内での）連絡体制もしくは非形式的な連絡体制を確立することは危険な掛けである．独自の専門知識，効果的な職務や能力を有した機関は独自でうまくやっていくことができるかもしれない．しかし，大きな組織へ統合させられた場合，最良の仕事ができなくなるかもしれない．これは，大きな統合機関ではその独自の問題に直面するため，野生動物機関に対する懸念と同様のものが統合機関にも存在することになる．より大きな機関では，新たな目標に組み込む政策上のコストと同時に，従来の使命と新たな目標や目的との間の違いを認識できるようになるべきである．そして，それらのギャップを埋めるための予算を見出す方法を決定しなければならない（Donley and Pollard 2002, 140）．

　ある州ですでに存在する第3の方法は，形式上の運営組織を変更せずに，既存の機関の間により体系的なつながりを確立することである．Cannamela and Warren（1999, 1063）は，形式的な組織再編という面倒を経るのではなく，既存の機関同士の連絡を促すための連絡役の追加，諸機関による定例会議の開催，もしくは機関を同じ事務所に収容することによって，このようなつながりがより簡単に形成されるかもしれないと提案している．このようなつながりが，すでに確立している一適用例としては，野生動物機関に対して新たな利害関係者の要

求に応じるよう求める外部からの圧力があるにも関わらず，1995 年以来州の機関の制度構造には目立った変化がない事例がある（National Wildlife Federation 1995, 2005）．野生動物機関が新たな要望に取り組んでいるとするならば，おそらく他の機関と協働しているのだろう．

タチの悪い問題と行政境域（boundary）

現代の行政においては，「その定義によると，タチの悪い問題とは事実上既存の組織的・政治的区分に挑戦すること」（Kettl 2006, 13）とされている．任務，予算，法定資格，責任，説明責任の 5 つが危機的な行政境域とされる（Kettl 2006）．米国における公共行政の全般に亘って，新たな複雑な政策課題に取り組む苦労やより一層固執した要求を行う利害関係者を巻き込むための苦労から，行政機関は古い制度的な境域の見直しの必要性に気づき始めている（Kettl 2006）．これはまさしく現在の野生動物機関に課せられた使命である．既存の行政境域は穴だらけになり，利益に見合った業務をするためには野生動物の行政官が他の利害関係者と協働することが求められている．

任務は，機関の目的と同時にその限界についても定めている．例えば，2005 年のアイダホ州魚類狩猟局（Idaho Department of Fish and Game）の任務は，「アイダホ州内の全ての野生動物を保存，保護，存続，管理するために，それに関わる規則と規制を作成して施行し，野生動物の捕獲数を管理し守らせるために必要な人員を雇用すること」となっている（National Wildlife Federation 2005, 120）．「魚類および野生動物資源の長期的な存続と人々の利益のための管理」（National Wildlife Federation 2005, 116-17）というフロリダ州魚類野生動物保護委員会（Florida Fish and Wildlife Conservation Commission）の任務に関する消費指向の声明とは対極的である．これらの 2 つの声明文は，州が実施予定のものと，記載されず実施予定でないもののそれぞれについて明確な差が現れている．任務声明は単なる見せかけに過ぎないのかもしれない．しかし，公的機関は，決定したことを正当化するためにそれらをしばしば引用する．しかしながら，新たな利害関係者が合法性を得て，野生動物機関に対して圧力をかけるようになれば，行政機関の任務はもはや市民の期待を実現していないだろう．

予算は機関の任務に対する中央政府の関与の度合いを示している．一般的に，

第 13 章 "タチの悪い"問題：制度構造および野生動物管理の成功　*183*

　予算獲得の度合いと安定性は機関に対する法的支援の良い指標とされるが，野生動物機関に対する支援を評価するために予算獲得の度合いを用いると，米国政府の助成事業や保護区のライセンス収入があることによって複雑になってしまう．これらは機関に対してある一定レベルの独立性を付与しており，スポーツ担当機関とスポーツ選手の間にあるような独特な関係性を築いてきた．機関を統括させることで新たな野生動物機関のための予算が創設されるかもしれない．しかし，それによって統括機関内で既存の機関の予算を有意義に転用することができにくくなる恐れもある．

　法定資格はその機関の予算と結びついて，任務を果たすことを可能にするための専門性と組織体系である．新たな利害関係者や新たな政策課題が野生動物機関の業務に追加された場合には，最も大きな危険性を含む境域である．野生動物の専門家と他の利害関係者の対立が避けられない原因の 1 つには，野生動物の専門家による正当な意見がある．野生動物の専門家の意見は，これまでの教養と経験によって，野生動物問題の最終的な意思決定において他の利害関係者よりも多くの優れた科学的知識を有している（Decker and Chase 2001,135；Sparrowe 1995）．管理を決定する際の最終的な意見として専門家の意見を支持する多くの行政法が存在する．官僚政治家は，それらが機能する実際の場面に慣れており，政策決定に対して自身の経験や制度上の記録をうまく適用させている．野生動物問題において技術的な専門知識を有している立法者はほとんどいない．野生動物委員会が立法府代理を務めるために創設された理由の 1 つもここにある．

　中には，権限賦与法によって多くの決定権が与えられている機関もある．立法府は，機関の責任およびその責任に沿って活用できる手段に関して要綱を設定している．厄介な法律制定の手続きでは機関の規則や規定について明記することができない．もしそれができたならば，法制定手続きの全体が停滞してしまうだろう．機関による規則づくりの手続きは，新たな状況や新たな科学的・技術的進歩に応じて機関が運用できるように，より合理的・柔軟である．全ての公的機関の規則づくりは公に告示され，意見する機会を与えることが要求される．このプロセスは，行政の規則の文言やそれらを強化するための政策（strategy）に意見を加えることによって，小さな利害しかもたない関係者だとしても，それを含む全ての利害関係者に対して，結果に影響を与える機会を提供する．法制定の決定で

はその影響力が重要であるため，法律に関する議論は長く続き，費用がかさみ，最終的には敵対的な関係を生み出す可能性がある．法案に意見を出すことは市民の議論にとって良い実践にはならないかもしれないが，行政上の意思決定に関する議論の一手段をつくり出す．

　責任とは，行政機関の任務に対する各個人の責任と定義される．諸機関の連携が多くなれば，効果を増加させる機会もまた増加する．しかしながら，監視がより複雑になるため，個人が義務を避けることや他人に責任を負わせること，機関の任務の予算支出において自身の予算費目を増加させるために個人的なつながりを構築することができるようになってしまう（Kettl 2006）．

　説明責任はまさに政治的な監視そのものであり，民主主義制度の中では役人を選ぶ市民に対する根本的な責任となる．これに関しても境域の曖昧さの問題が発生している．この説明責任のつながりの維持に失敗すると，市民が法的手続きを避けて，裁判や国民発案のような他の手段を選択することにつながるかもしれない（Beck 1998；Burkhardt and Ponds 2006；Nie 2004）（訳者注：国民発案＝イニシアティブ．一定数の有権者が立法に関する提案を行って選挙民や議会の投票に付する制度．）この行動は，代議政体の古い規準に関して顕著な変化を示唆している．

　機関の再編に関する議論の中で暗に示唆された2つの領域はほとんど表立って扱われてこなかった．その領域とはすなわち，行政倫理と行政法である．前者は政府官僚の行動を規制するための内部規範を規定しており，後者は政府官僚の行動における制限だけではなく彼らの決定が挑戦的である場合に行政官を守るための外的な強制力を与えるものである．両者はともに法律の一種である．行政倫理は，意思決定の際に憲法上の価値を考慮し，社会の要求と資源の有用性，法的命令，専門的訓練，組織的な忠実さを調整することを政府官僚に義務付けているが（Rohr 1988），行政法では行政機関の"可能性"を定めている．機関が有する行政権限の目的とその権限が与えられたことに関する法的な意義は重要な指標である．もし，立法府が実質的に放棄した権利と同等の決定権を機関に対して与えなかったならば，機関の職員は，法律上認められた手続きを経ていない市民の要求を満たさずに，立法府の期待に可能な限り効果的に添うように決定権を行使することが予想される．

第13章 "タチの悪い"問題：制度構造および野生動物管理の成功　　*185*

野生動物機関は常に制度的な変更に陥ってきた．賢明な行政官は野生動物管理の次の段階への移行を成功させるための機会を最大限生かすために，早い段階で変化に対応していくだろう．

引用文献

Adams, L. 2005. Urban wildlife ecology and conservation: A brief history of the discipline. *Urban Ecosystems* 8:139 − 56.
Anderson, L., and D. Loomis. 2006. Balancing stakeholders with an imbalanced budget: How continued inequities in wildlife funding maintains [sic] old management styles. *Human Dimensions of Wildlife* 11(6):455 − 58.
Barnes, T. 1997. State agency oversight of the nuisance wildlife control industry. *Wildlife Society Bulletin* 25(1):185 − 88.
Beck, T. 1998. Citizen ballot initiatives: A failure of the wildlife management profession. *Human Dimensions of Wildlife* 3(2):21 − 28.
Buck, S. 2006. *Understanding environmental administration and law*, 3rd ed. Washington, DC: Island Press.
Burkhardt, N., and P. Ponds. 2006. Using role analysis to plan for stakeholder involvement: A Wyoming case study. *Wildlife Society Bulletin* 35(5):1306 − 13.
Cannamela, B., and R. Warren. 1999. Should state wildlife management and environmental protection programs be combined? *Wildlife Society Bulletin* 27(4):1059 − 63.
Decker, D. J., and T. L. Brown. 2001. Understanding your stakeholders. In *Human dimensions of wildlife management*, ed. D. J. Decker, T. L. Brown, and W. F. Siemer, 109 − 32. Bethesda, MD: Wildlife Society.
Decker, D. J., and L. C. Chase. 2001. Stakeholder involvement: Seeking solutions in changing times. In *Human dimensions of wildlife management*, ed. D. J. Decker, T. L. Brown, and W. F. Siemer, 133 − 52. Bethesda, MD: Wildlife Society.
Donley, M., and N. Pollard. 2002. Homeland security: The difference between a vision and a wish. *Public Administration Review* 62 (September, special issue):138 − 44.
Dubois, S., and D. Fraser. 2003a. Conversations with stakeholders, part I: Goals, impediments, and relationships in wildlife rehabilitation. *Journal of Wildlife Rehabilitation* 26(1):14 − 22.
―――. 2003b. Conversations with stakeholders, part II: Contentious issues in wildlife rehabilitation. *Journal of Wildlife Rehabilitation* 26(2):8 − 14.
Gill, R. B. 1996. The wildlife professional subculture: The case of the crazy aunt. *Human Dimensions of Wildlife* 1(1):60 − 69.
Hadidian, J., M. Childs, R. Schmidt, L. Simon, and A. Church. 2001. Nuisance-wildlife

control practices, policies, and procedures in the United States. In *Wildlife, land, and people: Priorities for the 21st century*, ed. R. Field, R. Warren, H. Okarma, and P. Sievert, 165 − 68. Bethesda, MD: Wildlife Society.

Heclo, H. 1978. Issue networks and the executive establishment. In *The new American political system*, ed. A. King, 87 − 124. Washington, DC: American Enterprise Institute.

Jacobson, C., and D. Decker. 2006. Ensuring the future of state wildlife management: Understanding challenges for institutional change. *Wildlife Society Bulletin* 34(2):531 − 36.

Kettl, D. 2006. Managing boundaries in American administration: The collaboration imperative. *Public Administration Review 66* (December, special issue):10 − 19.

Klay, W., and J. McElveen. 1991. Planning as a vehicle for policy formulations and accommodation in an evolving subgovernment. *Policy Studies Journal* 19(3 − 4): 527 − 33.

Knuth, B. A., W. F. Siemer, M. D. Duda, S. J. Bissell, and D. J. Decker. 2001. Wildlife management in urban environments. In *Human dimensions of wildlife management*, ed. D. J. Decker, T. L. Brown, and W. F. Siemer, 195 − 217. Bethesda, MD: Wildlife Society.

Leopold, A. 1986 (1933). *Game management*. Madison: University of Wisconsin Press.

Manfredo, M., T. Teel, and A. Bright. 2003. Why are public values toward wildlife changing? *Human Dimensions of Wildlife* 8:287 − 306.

Minnis, D. 1998. Wildlife policy-making by the electorate: An overview of citizen-sponsored ballot measures on hunting and trapping. *Wildlife Society Bulletin* 26(1):75 − 83.

National Wildlife Federation. 1995. *1995 conservation directory*, 40th ed. Washington, DC: Island Press.

———. 2005. *Conservation directory 2005 − 2006*, 50th ed. Washington, DC: Island Press.

Newmann, W. 2002. Reorganizing for national security and homeland security. *Public Administration Review* 62(September, special issue):126 − 37.

Nie, M. 2003. Drivers of natural resource-based political conflict. *Policy Sciences* 36: 307 − 41.

———. 2004. State wildlife policy and management: The scope and bias of political conflict. *Public Administration Review* 64(2):221 − 33.

Organ, J., and E. Fritzell. 2000. Trends in consumptive recreation and the wildlife profession. *Wildlife Society Bulletin* 28(4):780 − 87.

Riley, S., D. Decker, L. Carpenter, J. Organ, W. Siemer, G. Mattfield, and G. Parsons. 2002. The essence of wildlife management. *Wildlife Society Bulletin* 30(2):585 − 93.

Ripley, R., and G. Franklin. 1991. *Congress, the bureaucracy, and public policy*, 5th ed.

Belmont, CA: Wadsworth.

Rittel, H., and M. Webber. 1973. Dilemmas in a general theory of planning. *Policy Sciences* 4: 155 − 69.

Robbins, P., and A. Luginbuhl. 2005. The last enclosure: Resisting privatization. *Capitalism, Nature, Socialism* 16(1):45 − 61.

Rohr, J. A. 1988. *Ethics for bureaucrats*, 2nd ed. New York: Marcel Dekker.

Shackley, M. 1996. *Wildlife tourism*. Boston: International Thomson Business Press.

Sparrowe, R. 1995. Wildlife managers: Don't forget to dance with the one that brung you. *Wildlife Society Bulletin* 23(4):556 − 63.

U.S. Fish and Wildlife Service. 2007. *2006 National survey of fishing, hunting, and wildlife associated recreation: National overview*. Washington, DC: U.S. Fish and Wildlife Service.

Wise, C. 2002. Organizing for Homeland Security. *Public Administration Review* 62(2): 131 − 44.

第 14 章
保全エンジンへの燃料補給：
魚類および野生動物管理を行う
ための資金はどこから捻出するか

Michael Hutchins, Heather E. Eves, and
Cristina Goettsch Mittermeier

訳：角田裕志

　絶滅危惧種の回復を含む魚類および野生動物資源の保護管理においては，その中心的な目標を達成するために資金が途絶えないことが必要である．力をもった実効力のある非営利団体，学術研究機関，政府機関，生物多様性と生息地の保全をサポートする個人の専門家は持続的でなくてはならない．これはすなわち，給料がきちんと支払われ，管理，調査，教育に関する事業が支援されていなければならないということである．これらの努力は世界中で野生動物が直面する脅威の進行を遅らせることに大きく貢献してきた（Meyer 2006）．

　本章では，魚類および野生動物とその生息地の保護管理に携わる人々にとって有用となる主な資金源について簡潔に解説する．保護管理に関わる活動に従事してきた非営利団体や研究者，その他の専門家向けの資金源に特化して扱う．この解説は全てを網羅したとはいわないが，われわれの分野において現在有用である支援の例を相当数明示した．さらに，魚類および野生動物とその生息地のための将来的な資金源に関して提案を行った．

本稿の初稿の校閲および意見をくださった John Organ（米国魚類野生生物局），Dan Decker（コーネル大学），Laura Bies（野生動物学会）にお礼を申し上げる．

個人財団および企業財団

　財団は魚類および野生動物保護管理の支援における主要な資金源である．個人資産家やその一族，企業が野生動物とその生息地の保護に対してますます優先権を与えるにつれて，その影響力も大きくなってきた．Jankowski 協会（2006）によると，米国を拠点とする全ての個人寄付財団の 3 分の 1 は 1996 年以降に設立された．最近の 5,000 の財団のうち，約 20% が環境あるいは動物に関わる問題に対して支援を行った．しかしながら，このリストには環境や野生動物，あるいはそれに関わる活動に対して定期的に支援を行っている多くの主要な企業財団は含まれていない．例えば，ディズニー自然保護基金（Disney's Wildlife Conservation Fund）は，世界中の保全事業に対して年間 100 万ドルの支援を現在行っている（Walt Disney World Conservation Initiatives 2005）．

　財団センターの環境保護および動物福祉助成には 2004 年と 2005 年の初めに 819 の財団から 1 万ドルあるいはそれ以上の支援を実施した 10,259 件の助成が掲載されている（Foundation Center 2006）．これ以外にも助成組織の発行物が多数存在しており，印刷物と電子版の両方が，そして，非売品と売り物の両方がある．潜在的な寄付財団の対象や目的を調べることは上手な資金調達計画を作成するうえでの第一歩である．

　寄付者と受給集団双方の方針のために，個人財団あるいは企業財団と協力することが近年はより難しくなった．第 1 に，財団の助成額には制限があるためその獲得競争が激しくなった．全体的な需要が増加しただけでなく，財団助成の獲得競争に加わる団体，行政機関，専門家も増えている．第 2 に，保全分野の発達に伴って，財団の助成金の使途に対する説明責任への期待がある．第 3 に，多くの財団では影響を緩和するために事業目的や対象とする地理的範囲を明確に特定するように要求している．したがって，申請する事業は提示された目的や助成対象となる地理的範囲に明確に一致しなくてはならず，事業の費用は妥当かつ財団が事前に設定した額内に収まらなくてはならない．これはつまり，財団からの支援を得ようとする主体が高水準の事業の計画と実施を行えることが要求されている．これには，(1)明確な保護管理対象について適切な概念モデルを確立すること，(2)事業の完遂ために責任をもてる適任者が明らかであること，(3)必

要なものを財政的・理論的に正確に評価できること，などが含まれる．特に，支援を得ようとするならば詳細な説明は重要であり，慎重な計画が不可欠である（Schaff and Schaff 1999）．過去に似たような事業が助成対象となっているかどうかを知るために，ある財団の助成の履歴を調べることが望ましい．

幸運にも, Schaff and Schaff（1999），Weinstein（2002），Lansdowne（2005），Mutz and Murray（2006）などのように資金調達の成功の助けになる多くの出版物が存在する．これらの出版物で扱われている項目としては，計画と予見的解析，予算編成，プレゼンテーション資料や計画案の作成，優れた演説法，委託業務の計画，コンサルタントとの協力，寄付者による承認，適切な記録の維持方法などがある．あなたの所属する組織の目的や業務をマーケティングし，ブランド化させることは資金獲得を成功させるうえで重要な要素となるため（Muts and Murray 2006），これらの活動の基盤となる基本原則を理解するための努力を組織の指導者も行うことが望ましい（Hiam 2004 を参照のこと）．

保護管理の影響評価は別の重要な側面となっている（Ferraro and Pattanayak 2006；Christensen 2003）．現代の財団の多くは，事業の管理の中に成功度の評価が組み込まれていることと，定期的に経過報告が提出されることを要求している．政策に視点を置いた事業も含め，野生動物保護事業において，立証可能な評価は不可欠な面となる必要がある．

助成を受けている組織はその信用を守るために，助成金が効率的に事業案の目的に沿って使用されることを保証する必要がある．したがって，支援を求める組織，機関，個人は非の打ち所がない状態でなくてはならず，助成を受ける者は適度に行き過ぎを抑えて均衡を取る準備（例えば, 適した倫理規定や財政管理方針）が整っていなくてはならない．不道徳な行為が決してないことも保証できなくてはならないし，仮にそれが起こったとしても，容易にそれを突き止められなくてはならない．米国では，これはサーベンス・オクスリー法（Sarbanes-Oxley Act）の遵守（非営利団体は営利企業と同等の監視に従うこと）を意味する（Ostrower and Bobowick 2006）．チャリティー・ナビゲーター（Charity Navigator, www.charitynavigator.org/）や米国慈善研究所（American Institute of Philanthropy, www.charitywatch.org/toprated.html）のような"番犬"団体は，非営利団体の財政方針や活動を評価し，慈善の寄付の対象となり得る者の信用性，現実性，能

率性について寄付者になり得る者に通知している．"諸経費"（管理費）の支出を抑え，現場での活動により多くの資金を割り当てる組織は，通常望ましいと考えられる（末尾の結論を参照）．

政府基金

　米国では，保全活動を対象とした政府基金は20世紀初頭に必要なものとなった（Trefethen 1975）．この変化が野生動物保全の北米モデルの出現に結びついた（Geist 2006）．このモデルには次の要件が含まれる．（1）公共物としての野生動物（公益信託主義），（2）広大な景観をまたいだ野生動物回復計画，（3）保護を支援し，管理活動に協力するための利用者負担制度と野生動物専門家の育成に対する権限の付与，（4）レクリエーションや生計のための狩猟および遊漁に重点を置いた野生動物産業の発達と商業的な野生動物市場の締め出し，（5）支援を強化するための適切な法整備（Organ and Mahoney 2007）．

　100年後の21世紀になって国家が計画を設定したように，地域的あるいは世界的な野生動物の保護・管理・復元活動に対する政府基金は，有用な支援を行うための最重要の資金源の1つとなった．魚類および野生動物に関わる活動に対して直接的に貢献する明確な資金源を政府が入手しただけではなく，重要な国内法および国際法，外交や政治的な過程にも結びついている．全ての国家とそこに住む国民および野生動物が依存する生態的過程の将来を保証するには，強力な公約と政府基金の機構を通じた長期に亘る重要な支援を伴わなくてはならない．

　運用に関して明らかに異なる制度や機構を有した有用な政府基金が多数存在する．米国では，全国の保護区制度に必要となる予算は概算で年間50億〜80億ドルに相当するため（Lerner, Mackey, and Casey 2007），保護および関連する管理事業は政府事業の対象として支援されている．これらの中には魚類および野生動物とその生息地保全のための数百万ヘクタールの農地に対する助成制度である農業法案が含まれている（Haufler 2007）．近年認められた最新の法案（2002）は5年間に亘り私有地での保全活動に対して170億ドルを提供するというものである（Gray and Teels 2006）．

　連邦基金の最も重要な仕組みは魚類野生動物機関協会（Association of Fish and Wildlife Agencies：AFWA）と連携していることである．AFWAは，州レベ

ルで米国野生動物保護プライオリティに対応するための協働的方法を提供することに加えて，"野生動物との協力活動"と呼ばれる州を基盤とした野生動物保護活動に対する長期的な資金援助を確保するための重要な制度を先導してきた．2000年に議会で承認され，米国魚類野生生物局（U.S. Fish and Wildlife Service）が管轄する州野生動物助成事業は各州に対して年間およそ7,000万ドルを支援している（Brooke 2006）．

米国魚類野生動物基金（National Fish and Wildlife Foundation：NFWF）は議会の制定法によって1984年に設立された．NFWFは連邦基金と協働で，国内・国際の両方の保護活動を支援するための追加基金の強化を行っている．1984年～2006年にかけて，保全活動に対して12億ドル以上支援するために，連邦基金に4億ドル近い融資を行った（National Fish and Wildlife Foundation 2006）．

米国政府との共同基金の補助財源としては地方の土地保全活動を可能とするオープンスペース式の投票方法がある．1996年～2004年にかけて，米国の有権者は州あるいは地方の土地保全制度の支援に関して270億ドルの予算を割りあてたことになる（Szabo 2007）．州の長期基金や原則として短期活動を支援する連邦基金でさえ，魚類および野生動物の保全地域の全国組織の支援に関して米国では資金不足の状態にある（Lerner, Mackey, and Casey 2007）．

世界中の開発途上国においても資金不足は同様である．保護区だけに着目しても，世界中の保護区を効果的に管理するための費用は年間でおよそ21億ドルであることが，研究者によって試算されている．不運にも，データによると実際の費用としてはこの必要分よりも年間8億ドルも下回っていることが示唆されている（Bruner, Gullison, and Balmford 2004）．

要するに，資金は存在するが，優先事項の中に魚類および野生動物の保護管理が含まれることはめったにない．このような傾向が21世紀中に変わるには，一般での見識が根本的に変わる他にないだろう．この星に住む全ての個人が良い方面〔寄付，ボランティア，リサイクル，二酸化炭素排出量（カーボンフットプリント）の減少〕と悪い方面（ゴミ，汚染，制御不能な消費主義）の両方に変化する可能性がある担い手であることは確かだが，影響の潜在的なレベルに関して一般市民の間では世界的にアンバランスな状態にある．世界的な資源に対して大きな消費割合を占め，明らかな財力を有している先進諸国の人々はこれらの問題

に対する取り組みを支援することに対して大きな責任がある存在と見られている（Balmford and Whitten 2003）．そのような仕組みは，二酸化炭素排出量のより多い国々が保全を財政的に支援するというような炭素排出量取引システムの中に現れ始めている．この制度には，世界的に重要な長期間の二酸化炭素吸収源となり得る資源（例えば熱帯雨林）を保有するより貧しい国々にとって極めて必要な収入を支援できる（Laurance 2007）．

　政府が支援する国際的な保全活動の中にはこの数十年の間に出現したものがある．世界銀行の地球環境ファシリティ（Global Environment Facility：GEF）は，例えば，世界的な生物多様性保護条約（Convention on Biological Diversity：CBD）に対する支援などを通して，生物多様性保全の支援に対する重要な財源となっている．欧州委員会（European Commission），欧州開発基金（European Development Fund），GEF，英国，ドイツ，オランダ，日本，米国国際開発庁（U.S. Agency for International Development）（生物多様性部門）など，政府による国際的な支援機構は，保全活動に対して年間およそ10億ドルの寄付をしている（Dublin and Volonte 2004）．コンサーベーション・インターナショナル（Conservation International），オーデュボン協会（Audubon Society），野生動物保護協会（Wildlife Conservation Society），世界自然保護基金（World Wildlife Fund：WWF），世界資源研究所（World Resources Institute），国際自然保護連合（World Conservation Union：IUCN）等の主要な非政府組織は，年間およそ7億ドル寄付している（Dublin and Volonte 2004）．

　魚類および野生動物とその生息地の保全問題に対して世界的な注目が注がれているが，政府は保全活動に直接適用されるほんのわずか分の資金を提供しているに過ぎない．これらの"生物多様性"基金由来の多くのプロジェクトは，人間の経済発展に強く結びついており，魚類および野生動物保全それ自身には貢献していない（Eves 2006）．ある例として，アフリカゾウ，アジアゾウ，類人猿，トラ，サイ，その他の種の保護活動の支援を行う米国魚類野生生物局の多国間での種の保護基金（Multinational Species Conservation Funds）は米国国際開発庁（U.S. Agency for International Development）の生物多様性計画が支出する1億6,500万ドルと比較すると少ない額（例えば，2005年の予算では580万ドル）しか支出していない（International Conservation Partnership 2005）．21世紀の内に世

界的な保全活動をより向上させるためには，事業や計画のモニタリングおよび評価が改善されることと合わせて，直接的な保全活動に対する政府資金の増加が至急必要である．

個人基金

　前述のように，慈善運動に対する寄付は政府，多国間機関，二国間機関，基金等の多くの出所に由来する．しかしながら，個人からの寄付は，慈善基金の最大かつ単一の資金源であり，魚類および野生動物保護管理のエンジンに対する燃料供給にとって最高の期待がもてるものである．慈善的な計画が有望であることは良いニュースである．2006年には，全ての慈善活動に対する個人寄付の割合は4.4%に上昇し（上昇率の1.2%に相当），年間で2,228億9000万ドルに達すると試算された．これは，その年の全ての拠出（2,950億2,000万ドル）の75.6%に相当する．しかしながら，個人の寄付のごく一部だけが環境活動に使われ，魚類および野生動物のための教育や保護管理に対する支援はいまだ極めて小さな割合に過ぎない（Giving USA 2007）．

　米国はたぐいまれなる博愛の伝統をもった国家である．米国人の約80%は少なくとも1つのチャリティーに毎年寄与しており，その多くは忠義的な寄付である（Giving USA 2007）．サントラスト銀行が行った最近の調査では，回答者は教会やその他の宗教組織（53%），飢餓や貧困に取り組む組織（50%），自然災害の被害救済（48%）等に関連する活動に対する支援を望むことが明らかとなった．不運にも，その集計では，動物愛護活動（32%），環境問題（25%），芸術および文化（21%）に関わる非営利組織に対する支援が少ないことも明らかとなった（www.suntrust.com/mycause）．環境保護を目的とした寄付はこれまで常に，そして現在でも，慈善活動の端っこの存在であった．さらに，魚類および野生動物保全は"環境のチャリティモザイク画"ほんの一部分に過ぎない（Ames 1981）．

　その問題の一部は，"環境"に対する寄付ということになると，寄付者の中にはなはだしい混乱が常に存在してきたことにある．汚染のように広範に関わる環境問題,動物の権利と福祉問題やペットの問題と，絶滅危惧種とその生息地といった問題の線引きは多くの米国人の意識下ではずっと不明瞭なままであった．中に

は，これらの問題の全てが同じものとして誤解されている場合もある（Hutchins 2001, 2007）．その結果，個人の寄付の対象はすぐに感情的な問題や恐ろしい問題（例えば，ペットや人間の健康に悪影響を及ぼすようなもの）へと大きく歪められてしまう傾向にあり，長期に亘る科学研究や社会の変化，政策に関わる事業に対する寄付はなくなりがちである．皮肉にも，そのことが魚類および野生動物とその生息地保全のために集まる寄付金よりも，過激な動物の権利の団体に多くの資金が集まりやすくしている．しかし，生態系の長期的な健全性や魚類および野生動物の保全に対する投資は，全体としてその他の動物愛護団体による活動を組み合わせるよりも，動物の権利の改善に役立つことだろう（Hutchins 2001）．

　保全や環境活動に対する個人からの寄付は極めて少ないが，Ted Turner や Gordon Moore のような一握りの億万長者は一貫して環境活動を支援してきた．これらの個人は環境問題に取り組むことの重要性を理解しているだけでなく，支援をしてきた活動に個人的に関わることで，継続的な支援を保証している（Di Mento and Lewis 2007）．

　しかしながら，これらの巨額な寄付の多くは魚類および野生動物の保護管理には充てられず，一般的な環境問題の解決に充てられてしまう．"環境の傘"の下のこれらの様々な原因による差別を廃止することは，魚類および野生動物の保護管理問題に対する個人の寄付を増加させるまでの長き道のりとなるだろう．さらに重要なのは，生物多様性保全とその喪失の影響の基礎について理解するための基礎的・応用的な科学研究に対する資金である〔ムーア財団（Moore Foundation）www.moore.org を参照〕．

　自然保護団体は裕福な寄付者をひきつけるより革新的な手法を取り入れている．例えば，モナコ王子の Albert 2 世が支援者となっているモナコ-アジア協会（Monaco-Asia Society）とコンサーベーション・インターナショナルでは，新たに発見された種に対して最高入札者にその命名権を与えるオークションを行っている（Eilperin 2007）．

　幸いにも，より良い環境に対してお金を支払っているのは何も大富豪だけではない．全ての所得水準の個人が非営利の自然保護団体において最も大きな割合を占めるサポーターである．例えば，ネイチャーコンサーバンシー（The Nature Conservancy）の総援助額は 2006 年度に 10 億ドルを上回り，過去最高額に達

した．ネイチャーコンサーバンシーの全寄付者の内訳を見てみると，個人が総額の 66%，基金からの支援が 26%，そして企業からの寄付が 5% となっている (Nature Conservancy 2006).

同様に，2005 年度に，世界自然保護基金（WWF）は個人から 3,240 万ドルを集めたが，そのうち富裕層からの寄付は 1,360 万ドルで，残りは一般会員からのものである．比較のために述べておくと，WWF に対する政府からの援助は合計 2,810 万ドルであり，1,380 万ドルが基金から，1,250 万ドルが WWF の連携組織から，330 万ドルが企業から寄付されたものである（World Wildlife Fund 2006). しかしながら，保全活動と米国経済の直接的なつながりに関する最近の研究結果には，少ない会員からの寄付の将来に対する懸念が示唆されている．その研究によると株式市場の大規模な下落と NGO の収入との間に相関関係が示されている（Pergams et al. 2004).

保全活動や環境に対する個人の寄付は，ダイレクトメールによるアピール，直接交渉，様々な募金イベントによってしばしば増加する．寄付金は数ドル～数百万ドルまで様々であり，募金は全ての科学組織，専門家組織，自然保護組織にとって中心的活動の 1 つである．4 つの国際的な自然保護組織の最大手である WWF，ネイチャーコンサーバンシー，コンサーベーション・インターナショナル，野生動物保護協会は，いずれも資金集めの必要性に関して個人の寄付者の教養に頼っている．野生動物学会や米国水産学会のような中小組織もまた，事業の支援に興味をもつ少数の会員，特に専門組織の会員の寛大さや支援の約束に頼っている．資金獲得競争は激しいが，この国にこれまでにないほど大金持ちが多数存在し，これまでにないほど慈善活動が普及していることは良いニュースである．

環境活動や保全活動に関しては，個人による慈善活動の年間の貢献度に関する信頼できる分析は今のところ存在しない．しかし，Ames（1981）に示された 1% 未満という試算を用いると，われわれが魚類および野生動物の保護管理に成功するためには，全ての個人寄付者の関心と信頼を得ることに尽力しなければならないことは明らかである．

結　論

われわれは魚類および野生動物とその生息地の保護管理活動を援助する際に有

用となる現在の資金源について要約を行うことを試みた．しかしながら，それに関わる多くの懸念が生じ始めている．第1に，魚類および野生動物の保護管理活動に対する支援は長期の事業よりも短期事業に対して集中する傾向にあった．しかし，多くの調査研究や保護管理活動では長期間を要する．したがって，効果的な保護管理策のためには，資金が継続的である，もしくは首尾一貫すべきである．複雑な生態系を理解する，種が絶滅の危機にある原因を評価する，そして保護活動の真の効果に関して必要な因果関係と信頼性が確立する（さらにそれが社会規範や政策に結びつく）ためには数年，時には数十年を要することもある．

　寄付者たちが寄付の対象を多数の比較的小規模の単年度事業からより大規模で長期に亘る事業へと変えるべきであると，われわれは考える．さらに，複雑な問題の解決を図る際には領域横断的な協働が重要であることが認識されているように，魚類および野生動物の研究者，管理者，獣医師，人間事象の専門家での協働の必要性は特に差し迫っている．寄付団体が，研究者と実務者が連携する領域横断的な組織を特色とした事業に好んで寄付することによって，協働を促進することができるだろう．寄付対象の選定における優先性が前述のように変化すれば，適切な専門知識が利用可能となること，そして限りある資金がより有効に使われることを保証する助けとなるだろう．

　第2に，米国やその他の国々における魚類および野生動物の保護管理に対する支援は伝統的に州あるいは米国政府の予算から拠出されてきたが，これには変化が生じている．実際に，政府は，野生動物の調査研究や保護管理に関わる行政機関や非政府組織への支援額を削減している（Unger 2007a）．したがって，既存のものに代わる信頼できる資金源が将来，なるべく早く確立されなくてはならない．自然の景観や過去に減少した魚類および野生動物を保護する機会は一度失われると取り戻すことはできないため，今がまさに最も重要である．

　第3に，魚類および野生動物の専門家を支援し育てるような組織に対して寄付者の関心が高まるようになるべきだと考える．米国のみではあるが，次の10年間で主な魚類および野生動物の専門家の70%が退職すると見られている（McMullin 2004；Unger 2007b）．効果的な保護管理活動は，その業務に対して高い技術を有する専門家がいないことで単純に実行できなくなる場合がある．したがって，魚類および野生動物の研究者，管理者，保護実務者の新たな世代が養

成され，重大な責任を引き受ける準備が整わなければならない．したがって，野生動物学会や米国水産学会，それらに相当する国際的な機関等の魚類および野生動物の専門家を象徴し，支援し，養成し，認定するような組織はますます重要となるだろう．

　第4に，計画や事務処理は魚類および野生動物の保護管理のどの事業に関しても重要な側面であるが，様々な事業に関して諸経費を得ることが難しいことはよく知られている．この問題を処理する1つの方法は，適切なNGOや学術機関のための基本資産の確立を支援するような企業基金あるいは個人基金がより多く設立されることだろう．基本資産は，給料や手当て，計画立案，通信連絡等の必要経費に対して長期的かつ一貫した支援が可能となる．しかしながら，現在の多くの寄付者たちは，現場での資金に直接的に速やかに影響するであろう活動に対して自身の寄付金が使われることを好むため，基本資産への寄付を避ける．問題となっている魚類や野生動物とその生息地保全の資金源となるのがもちろん肝心なことには違いないが，この重要な仕事を担い，実行していく組織や研究所，行政機関を支え，維持する方法についても見出さなければならない．

　第5に，果たさなければならない大きな役目としては，行政機関，非政府組織，学術研究機関そして産業界が先例のないレベルで協働が求められていることだ（Gindrich and Maple 2007）．寄付者は，複雑な保全活動に対して協働的な解決策を模索する団体，情報科学や管理ツールの確立を目指そうとする団体など，保全活動指向の共同体に寄付することを検討するのが賢明である．上記のようなネットワークは，多くの場合隔離されてしまっている現場主体の専門家と，重要な政策決定者や都市を基盤とする保全の専門家をつなぐうえで効果的となるだろう．ブッシュミートクライシスタスクフォース（Bushmeat Crisis Task Force, www.bushmeat.org），両生類生存同盟（Amphibian Survival Alliance, www.amphtbians.org./asa.php），カメ類生存同盟（Turtle Survival Alliance, www.turtlesurvival.org/），鳥類保護連盟（Bird Conservation Alliance, www.birdconservationalliance.org/），ヒューマン・ワイルドライフ・コンフリクト・コラボレイティブ（Human-Wildlife Conflict Collaborative, www.humanwildlifeconflict.org）等の協働活動が多く存在する．多組織による領域横断的アプローチとされる前述のような活動は，限りある人材や資金の整理，情報共有，協働しての政治

活動，注意喚起などにおいて効果的であったが，その反面維持するのが困難であった．寄付不足，協働組織同士の内輪もめ，連絡途絶等，その理由は様々である．

　最後に，現在の社会的な流れに影響を与えるような，これまでにないような新たな政府および個人からの資金獲得が見出されなければならない．特に懸念されるのが，子供が自然に触れる機会の減少（Louv 2005），自然公園の訪問者数の減少（American Trails 2007），レクリエーションを目的とした遊漁者数や狩猟者数の顕著な減少傾向（Unger 2007a；Dute 2007）に見られるように，米国民の都市住民化が進んでいることである．米国魚類野生生物局は，ライセンスやレクリエーション関連施設の売上減少とともに，狩猟者数が1996年の1,400万人から2006年の1,250万人へと減少したことを報告している．このことが後には，特に州レベルでの魚類および野生動物の保護管理の収入減少につながる可能性がある（Phillips 2007；Unger 2007a）．

　十分な資金調達は，21世紀の魚類および野生動物の未来にとっておそらく最も重要な"燃料"である．十分な資金が利用できることが保証されるためには，非営利組織，学術研究機関，個人の専門家は限りある人材と資金をより効率的に用いて，経済的に可能な範囲でより能率的なアプローチをしなければならない．彼らはまたマーケティングや資金獲得にも，より熟達しなければならない．同様に，寄付団体は，現在の寄付の枠組みの外側から考えることによって，魚類および野生動物の保護管理に関わる組織が発展するために必要となるものについても扱うようにならなければならない．

引用文献

American Trails. 2007. *National park visitation continues downward trend.* Redding, CA: American Trails. www.americantrails.org/resources/fedland/npsvisit07.html.

Ames, E. 1981. Philanthropy and the environmental movement in the United States. *Environmentalist* 1:9 − 14.

Balmford, A., and T. Whitten. 2003. Who should pay for tropical conservation, and how could the costs be met? *Oryx* 37(2):238 − 50.

Brooke, R. 2006. *State wildlife grants five-year accomplishment report: Cost effective conservation to prevent wildlife from becoming endangered.* Washington, DC: Association of Fish and Wildlife Agencies; Arlington, VA: U.S .Fish and Wildlife Service. www.teaming.com/pdf/swg_report.pdf.

Bruner, A. G., R. E. Gullison, and A. Balmford. 2004. Financial costs and shortfalls of managing and expanding protected area systems in developing countries. *BioScience* 54(12): 1119 − 26.

Christensen, J. 2003. Auditing conservation in an age of accountability. *Conservation in Practice* 4:12 − 19.

Di Mento, M., and N. Lewis, 2007. Record-breaking giving. *The Chronicle of Philanthropy*. www.philanthropy.com/free/articles/v19/i09/09000601.htm.

Dublin, H. T., and C. Volonte. 2004. *GEF Biodiversity Program Study 2004*. Washington, DC: Global Environment Facility Office of Monitoring and Evaluation, World Bank.

Dute, J. 2007. Pittman-Robertson Act: 70 years of conservation dollars. www.al.com/sports/mobileregister/index.ssf?/base/sports /11901393362328
00.xml&coll=3.

Eilperin, J. 2007. New species owe names to the highest bidder. *Washington Post Friday*, September 14, A1, A8.

Eves, H. E. 2006. The bushmeat crisis in Central Africa: Resolving a common pool resource problem in the common interest. PhD diss., School of Forestry and Environmental Studies, Yale University.

Ferraro, P. J., and S. K. Pattanayak. 2006. Money for nothing? A call for empirical evaluation of biodiversity conservation investments. *PLoS Biology* 4(4):482 − 88.

Foundation Center. 2006. *Grant guidelines #4: Grants for environmental protection and animal welfare*. New York: Foundation Center.

Geist, V. 2006. The North American Model of Wildlife Conservation: A means of creating wealth and protecting public health while generating biodiversity. In *Gaining ground: In pursuit of ecological sustainability*, ed. D. M. Lavigne, 285 − 93. Guelph, ON: International Fund for Animal Welfare; Limerick: University of Limerick.

Gindrich, N., and T. L. Maple. 2007. *Contract with the earth*. Baltimore, MD: Johns Hopkins University Press.

Giving USA. 2007. *The annual report on philanthropy for the year 2006*. Glenview, IL: Giving Institute. http://sforce.benevon.com/images/GivingUSA2007.htm.

Gray, R. L., and B. M. Teels. 2006. Wildlife and fish conservation through the Farm Bill. *Wildlife Society Bulletin* 34(3):906 − 13.

Haufler, J. B.,ed. 2007. *Fish and wildlife responses to Farm Bill conservation practices*. Bethesda, MD: Wildlife Society.

Hiam, A. 2004. *Marketing kit for dummies*. Hoboken, NJ: Wiley.Publishing.

Hutchins, M. 2001. Rattling the cage: Toward legal rights for animals. *Animal Behaviour* 61(4):855 − 58.

——2007. The limits of compassion. *Wildlife Professional* 1(2):42 − 44.

第14章　保全エンジンへの燃料補給:魚類および野生動物管理を行うための資金はどこから捻出するか　　*201*

International Conservation Partnership (ICP). 2005. *The international conservation budget 2005: Building on America's historic commitment to conservation.* Washington, DC: International Conservation Partnership (CI, TNC, WCS, WWF).

Jankowski Associates, Inc. 2006. *The leading 500 new foundations funding conservation, wildlife and the environment.* Frederick, MD: Jankowski Associates, Inc.

Lansdowne, D. 2005. *The relentlessly practical guide to raising serious money: Proven strategies for non-profit organizations.* Medfield, MA: Emerson and Church Publishers.

Laurance, W. F. 2007. A new initiative to use carbon trading for tropical forest conservation. *Biotropica* 39(1):20 − 24.

Lerner, J., J. Mackey, and F. Casey. 2007. What's in Noah's wallet? Land conservation spending in the United States. *BioScience* 57(5):419 − 23.

Louv, R. 2005. *Last child in the woods: Saving our children from nature deficit disorder.* Chapel Hill, NC: Algonquin Books of Chapel Hill.

McMullin, S. L. 2004. *Demographics of retirement and professional development needs of state fisheries and wildlife agency employees.* Prepared for U.S. Fish & Wildlife Service, National Conservation Training Center and The International Association of Fish and Wildlife Agencies.

Meyer, S. M. 2006. *The end of the wild.* Somerville, MA: Boston Review; London: MIT Press.

Mutz, J., and K. Murray, K. 2006. *Fundraising for dummies.* Hoboken, NJ: Wiley Publishing.

Nature Conservancy. 2006. *The Nature Conservancy annual report financial report 2006.* Arlington, VA: Nature Conservancy. www.nature.org/aboutus/annualreport/.

National Fish and Wildlife Foundation (NFWF). 2006. *National Fish and Wildlife Foundation annual report 2006.* Washington, DC: National Fish and Wildlife Foundation. www.nfwf.org/AM/Template.cfm?Section=Annual_Report&Template=/CM/ContentDisplay.cfm&ContentID=5195].

Organ, J., and S. Mahoney. 2007. The future of public trust. *The Wildlife Professional* 1(2):18 − 22.

Ostrower, F., and Bobowick, M. J. 2006. *Nonprofit governance and the Sarbanes-Oxley Act.* Washington, DC: The Urban Institute, Center on Nonprofits and Philanthropy.

Pergams, R. W., B. Czech, J. C. Haney, and D. Nuberg 2004. Linkage of conservation activity to trends in the U.S. economy. *Conservation Biology* 18(6): 1617 − 23.

Phillips, A. 2007. Hunters are going the way of the dinosaur. *Washington Post Sunday*, September 9:D4.

Schaff, T., and D. Schaff. 1999. *The fundraising planner.* San Francisco: Jossey-Bass Publishers.

Szabo, P. S. 2007. Noah at the ballot box: Status and challenges. *BioScience* 57(5):424 — 27.

Trefethen, J. 1975. *An American crusade for wildlife.* New York: Winchester Press and Boone and Crockett Club.

Unger, K. 2007a. Slash and burn: Threadbare budgets weaken the fabric of wildlife management. *The Wildlife Professional* 1(2):23 — 27.

———. 2007b. The graying of the green generation. *The Wildlife Professional* 1(1): 18 — 22.

Walt Disney World Conservation Initiatives 2005. *Disney's commitment to conservation.* Walt Disney World Conservation Initiatives, Lake Buena Vista, FL.

Weinstein, S. 2002. *The complete guide to fundraising management.* New York, NY: John Wiley and Sons.

World Wildlife Fund. 2006. *Annual report (Income and expenditure).* www.panda.org/news_facts/publications/key_publications/index.cfm.

第4部
現代の魚類と野生動物管理問題に対する社会的展望

訳：山本俊昭

　これまでの3つの部では，第1部にて魚類と野生動物管理の人間事象における理論と歴史的背景を述べ，第2部では魚類と野生動物管理における変化する文化の全体像を述べ，第3部では野生動物関連機関および非営利団体における政策および財源の変化について述べた．この最終章では，魚類と野生動物の管理における現在の社会科学的な問題を述べる．

　都市化が進み続けていることを考えると，都市に生息する野生動物だけが，都心に住む人々にとっては唯一の野生動物となる．第15章では人口の変化について注目し，それらが野生動物の管理にどのように影響しているのかを述べている．また，人と動物ともに都心部で個体数が増加していることに対して，政府機関が無関心であることへの問題点を指摘している．

　人の移動性が高まり，人口が増加したことによって人と野生動物の問題が増加している．第16章では，小さな田園集落間および地域間での奮闘を詳細に述べ，野生動物政策と防護地域管理に関する政策の衝突を引き起こす結果となり得ることを紹介する．この章では，計画段階において防護地域の近隣に住む人々の経済的な要求を統合することが，野生動物管理を成功させるための基本であることを示唆している．人間事象の理論（例えば野生動物の価値，姿勢）を理解し活用するためには，地域密着型の保護，あるいは共同管理アプローチを皆が理解することが不可欠である．

　第17章では特に釣りが直面する現代の問題に対して述べている．世界で起き

ている急速な人口の変化は，遊漁の将来に影響している．この章では，これらの問題に取り組むために遊漁に対する市場アプローチの賛否を述べる．西洋の脱工業化社会を主に取り上げているが，本章では他の地域でも起きている似た問題に対して解説している．

　人と野生動物との相互関係は，双方にとっての感染リスクを増加させる．病理学，遺伝子，疫学にて野生動物の疾病を扱っているが，重大な人獣共通感染症における人間事象の研究は限られている．第 18 章では，①野生動物に対しても負の影響を与え，人に対しても影響を及ぼす野生動物の疾病について述べ，②野生動物の疾病におけるほとんどの人間事象の研究が，系統立った枠組みの研究に追随していないことを示唆し，③例として慢性消耗病（CWD）をあげ，野生動物の疾病における人間事象の研究をするための例証によるアプローチを述べる．生物学の研究と同様に，人間事象の研究の系統立ったプログラムは次なる野生動物の疾病を理解し，備えるために必要である．

　人と野生動物との実用的な関わり合いは，野生動物の観察という非消費的な利用に移行しつつある．第 19 章では，野生動物の観察をレクリエーション活動として，自然ツーリズムを経済成長のツールとする政策を発展させるため，野生動物管理の系統立った考え方によるアプローチを述べる．この章では，管理とマーケティングとの交点を生みだす革新的なアイデアが示されている．

　野生動物の狩猟へのアクセスは，今日でも参加そのものが影響をもち続けている問題あり，伝統的な人間事象の研究トピックである．進んだ開発，私有地へのアクセスの縮小，そして公有地の民営化の増加は，第 20 章において議論する課題である．これらの事例研究は，狩猟アクセスに対する近年の傾向を示している．

　熱帯林での狩猟を管理する試みは，世界の他の地域よりもしばしば複雑である．第 21 章では，成功した事例やガイドラインを通して，熱帯林における有効な狩猟管理システムの基本要素を紹介する．公および民間の活動機関，地域住民，環境保護組織，それに政府全てが，問題と技術の両者をもっている．本章では，成功する協力関係のための現実的なガイドラインを述べる．

　新しい研究において，世界中の人々が環境の悪化に関心をもっている一方で，野生動物の保全を支持する手がかりが難しいことが指摘されている．環境への知識が乏しく，多様な文化の社会では，環境に関するコミュニケーションがニーズ

の増加に貢献するであろう.第22章では,コミュニケーションのプロセスを述べ,コミュニケーションのツールを説明し,世界の様々な場所で起こっている野生動物問題に関してのコミュニケーションの方法を述べる.

　全体として,第4部では人間事象の科学が,現代の問題に対して,野生動物管理者にとってどのような対応を可能にさせるのかという事例を述べている.人間事象研究の発展は,21世紀において野生動物と社会との関連性が急速に変化して複雑になっていることと強く関連している.

第 15 章
社会生態学からみた都市圏における野生動物管理

John Hadidian

訳：吉田剛司

　1915 年に米国では，すでに多くの人々が都市圏に集中することとなった．現代社会の都市化において，80% 以上の人々が人口 5 万人以上を擁する都市圏に居住する．2008 年の初頭，人類史においてわずか 1% に満たない短い期間のなかで，多くの人間が都市へ移住し，ついに世界規模で多数派が都市住民となった．自然界と積極的に関わることにより，人間社会の改善ができると考える人々にとって，将来を見据えると多くの問題や懸念が提起される．
　即時の空間占有だけを課題とすれば，都市化は決して現代社会にとって最重要課題に匹敵する環境問題にあてはまらない．そもそも都市面積は，農業や牧畜が占有する面積と比較できるものでない．この空間占有の論争は，単なる都市化の"フットプリント（足跡）"（Rees 1992）にすぎず，どの都市でも基本的かつ最低限の生活を満たすために他にも土地を必要とする．物理的な存在以上に，都市の存在は明らかに人間の社会環境に影響を与えている．都市住民による人口支配が，政治権力と支配の事実上の中心となる．近隣の住民，学校および文化センターなどとともに形成する住民の姿勢，信条および価値観を基に，経験上のみの環境を築きあげることになる．当然の結果として，これらの経験や基本的な文化習慣などは，いとも簡単に政策や法則に形を変えていく．都市が抱える問題と葛藤によって，都市の市場が経済水準を決定し，地方政治の支配も進み，都市境界を越えたさらなる社会的な価値観にも影響を与える．
　都市の政策は，交通機関，貧困，階級制度，住宅および一般的な社会問題など

を焦点としてきた政治，経済，社会の理論に強く依存する．人間および人間以外の生命の衰退が進むなかで，十分な考慮がなければ，どのような"自然"システムが成立するであろうか．都市の多くは，自然や自然のプロセスから外れてしまった"人工"の環境である．ますます増え続ける都市は，それぞれ異なる種類の生態系のようであるが，同じ程度の生態学的な力量しかもち合わせず，限られた生態的なプロセスと役割しか担っていない（Platt, Rowntree, and Muick 1994）．人間と人間以外の生物への道徳的な考慮から，ごくわずかな都市のみで生態と社会群集が統合されている（Wolch 1998；Lynn 1998）．

　本章では，都市生態と都市社会が交差する小さな岐路となる都市の野生動物のsocioecology（社会生態学）[1]について概説する．野生動物は，都市生態系において決して土壌，水，植物群落ほど重要な役割を果たしていない．しかし人々の興味や関心の対象として，これまでと違った形で生態系に強く関わるようになってきた．都市の野生動物は，平均的な米国市民にとって，人間以外の生物との関係を決定づける主な促成要因になるであろう．ただし野生動物に関わる研究機関や政府機関は，まだこの意味のなすところを十分に認識していない．都市の野生動物としての重要な理論や実践例が提示できなければ，まずは野生動物との今後の関係，およびその価値観について検討すべきである．

都市の野生動物：新たな橋渡しの分野

　都市の野生動物の分野は，まだ数十年程度の浅い歴史しかなく，野生動物学と野生動物管理学におけるような厳格に規定された理論も形成されていない．Adams（2005）によれば，都市の野生動物分野の源流は狩猟管理の理論と実践にあり，広く伝統的な学問体系における下位区分的なものとしている．実質的に，北米における研究として，正式かつ専門的に紹介されたのは，第32回北米魚類と野生動物会議におけるテクニカルセッションの開催が始まりであった（Schffey 1967）．その後すぐに，第1回の内務省開催の国内会議（U.S. Department of the

---

[1] "social ecology（社会の生態学）"では，社会理論（Bookchin 1993）といくぶん混合するため，筆者はこの用語を用いることにより，社会学研究において一般的に汎用されている"生態学"を含むこととする（Berry and Kasarda 1977）

Interior 1968）が続き，数々の関連学会も開催されることにより，1980年中頃まで都市をテーマにした様々な活動や研究の発展に寄与した（Adams 2005）．

このように初期には深く関わりがありながら，都市の野生動物に対する米国政府の支援は継続されなかった．Babbitt（1999）によると，都市生態学は米国政府の高いレベルで確実に"再発見"された．しかし米国魚類野生生物局の指揮の下，"都市鳥類条約"の締結により都市間パートナーシップをつくりだした以外には，再発見が野生動物にプラスになった支援の証拠は皆無である．より批判的に捉えれば，州などの公的な機関にとって，都市の野生動物が抱える問題は，長きに亘り都市住民にとっての差し迫った必要性や課題と認識されていなかった（San Julien 1987；Lindsey 2003）．その最初の調査事例として，Lyons and Leedy（1984）は，現在では数に若干の変化があるとしても，わずか6州での機関が都市野生動物に関わるプロジェクトを検討していると述べた．最近になって，C. Adams（2003）によって，これら州の再調査が実施された結果では，関連する全ての調査機関などに所属する1％にも満たない生物学者（5,409人中46人）が都市野生動物問題に取り組んでいると回答した．さらに80％以上の機関では，都市における野生動物は管理上の大きな懸念であると認め，また半数以上の機関は都市における野生動物管理に対する責任を認識しつつある．大学教育に関する初期の調査結果（Adams, Leedy, and McComb 1985）では，92％に達する研究教育機関が都市の野生動物に関連するプログラムを承認しておらず，一方で約15年後に実施された調査でも，わずか2％（545学部のうち7学部）のみが都市の野生動物学に関連する講義の開講，プロジェクト運営を実施している事実が明らかとなった（Adams 2003）．

最近になって発展してきた非伝統的な学問には，都市の野生動物を重視する研究も多く，特に幅広い分野を対象とする生態学的な研究や生物多様性保全に関連するものが多い（Adams 2003）．米国生態学学会の年次大会では，都市の野生動物問題をテーマとした特別会合が開催され，また2004年の保全生物学学会では，都市に関わる研究テーマを全面的に取り上げた．非営利の動物愛護および自然保護団体のなかでも，全米野生動植物連盟のように非常に優れた主導力で裏庭生息地（backyard habitat）認証プログラムを継続する例もあり，この事例は現在では約30州の自然資源機関の手本となっている．米国動物愛護協会（The

Humane Sociey of the United States)は，1980年半ばから都市の野生動物に関わるプログラムを有し（Hodge 1988），動物の倫理的治療を進める会，動物愛護協会，その他の地域の活動団体，例えばオーデュボン協会（Audubon Society）ポートランド支部では，地域に活動を絞った多種多様な支援を継続している．人間事象と野生動物の研究のように従来の野生動物研究分野から生じた新分野とともに，このような取組み事例は，都市の野生動物学が多数の異なる研究機関によって，今後の注目に値することを示唆している．結果として，野生動物の科学，政策，管理のなかで従来の学問と新たに出現した学問の"下位区分的な橋渡し"（Carpenter 1969）として都市の野生動物学は認識されだした．

都市野生動物の生態学的背景は躍動的

　都市とは，景観の異質性および急速な土地利用の変化といった2つの環境変数に支配される非常にダイナミックな環境である．人間活動が，生息地の破壊と創造を進め，時には野生動物群が維持できる生息地の修復を実施する．この迅速な変形周期を生み出すことに加え，都市での野生動物研究は，依然として初期段階のままであり，群集や生態系を対象とせず主に個々の種や特定のグループ（例えば鳥類など）に偏っている．その結果，ごく一般的な事実のみに作用する個体数，分布，行動といった調査が都市の野生動物生態学において主流となっている．さらに明白な事実として，都市環境に存在する多くのニッチが，未だ野生動物によって生息地化されていない．これは流動的に変化する都市のなかで，人間と野生動物の関係がなぜ動的のように思えるのかを明確にする機会となり得る．ほんの少し前まで，オジロジカやカナダガンを市街地で観察できる機会はまれであった．ところが最近では，よく見かける程度の個体数までとなり，"有害鳥獣"とされるケースも多い．

　都市に依存する野生動物の多くは，シナントロープ（人に依存するまたは共生する）種であり，人間の近くで生息する．多くの種が身を隠し夜行性であるために，人間と直接接触しないが，都市の野生動物は，人間にとって身近な動物と断言できる．都市に生息する野生動物の多くはジェネラリスト（生息に必要とする食餌や生息環境などに特異性がない種）であり，個体密度は非都市圏に分布する野生動物と比較すると圧倒的に高くなる．この違いは，確保できる多くの資源がもた

らす恩恵なのか，人間の開発行為から離れて解放された動物たちによるものか明確な答えはない．ただし増えすぎた個体数は，人間との対立において，文化的な収容力，野生動物の許容量などと呼ばれる許容限界を超えて"飽和状態"となる（Decker, Lauber, and Siemer 2002）．そして対象となる種に特定の価値が認められなければ，通常では他の動物で受け入れ難い駆除や管理手法が許可されることになる．例えば，ドバト（*Columba livia*）は，"有害鳥獣"に認定されると毒殺が許可されるが，普通種でありながら多くの団体が関心をもっているナゲキバト（*Zenaida macroura*）には同様の行為は，連邦法に対する違反となる．

都市野生動物のための社会事情は動的

　Stephen Keller らは，一連の先駆的研究として，米国人の野生動物に対する姿勢，知識および理解の度合いを測って，人間と自然界にどのような関係が存在するか明らかにするために，類型学を考案した（Keller 1996）．この類型学の原線は，"功利主義者"と"保護主義者"の感情により区分されている．功利主義者は，動物は人間のために利益をもたらすために存在すると考えるが，保護主義者は，人間による勝手な搾取を認めず，野生動物には人間と同じ権利を認めるべきと主張する．二分化された感情は，野生動物に関わる科学者と専門家の両者にとっても興味深いものであったが，主に功利主義的な感情に支配されていた米国社会は，少しずつ保護主義的な感情に移行してきた（Langeneau 1987；Manfredo, Teel, and Bright 2003）．

　保護主義的な感情への移行は，都市住民の成長に大きく結びついた（Kellert 1984）．Manfredo ら（2003）は"伝統主義者"の存在が，都市化，収入，教育などの要素と負の相関にあることを解明したが，一方で住居の安定などとは正の相関を報告している．しかしながら，Butler ら（2003）は，長期的なデータを用いた"保護主義者への傾向"の再評価を実施した際に，時間の経過により問題や課題に対する耐性が弱まり，その結果として功利主義的な傾向をもつように逆戻りすることを示唆した．

　都市住民の野生動物に対する感情は，その多くが多様な決定因子に基づくが（Zinn and Miller 2003），特定の野生動物種や種グループとの経験は，都市の野生動物にとって急速な変化をもたらす（Decker and Gann 1987；Coluccy et al.

2001)．"多すぎる"カナダガン（Ankney 1996）のような差し迫った問題では，明かに短期間で国民意識が形成された．特定の状況下での経験は，さらに個人見解の形成に強く影響し（Zinn and Miller 2003），幅広い価値観の形成や個人の信条にも強い関係がある．Lynn（1998）は，特定の状況下における対立において，野生動物を含む全ての倫理問題を構成要素に含むべきと主張し，個人の利益だけを優先するより，道徳環境を幅広くもつべきであると考案している．

都市住民は，他の住民同様に，決して一律の姿勢や価値観のみが妥当であると信じているわけはでない．保護主義的な感情がむき出しでも，ヘビのような特定の野生動物に対して強い"否定主義"（Kellert 1984）をもつグループも多い．地方に暮らす人々に比べて，都市住民は野生動物に対する知識が低いとされるが（Langeneau 1987；Dahlgren et al.1977；Adams 2003），この調査結果が事実であり，都市住民の多くが本当に幼年期に自然と関わりをもつ機会が減少しているとすれば（Kahn 2002），おそらく複数に亘る独自の基準（功利主義者，保護主義者，他の思想）から野生動物を評価することになり，形成された思想や傾向は次世代に引き継がれる．

まだ当面のところ都市住民は，野生動物に対してかなりの共感を示すであろう（Mankin, Warner, and Anderson 1999；Miller, Campbell, and Yeagle 2001）．ただし夏鳥のような特定の動物種を選り好みしているように思われる（Dagg 1974；Brown, Dawson, and Miller 1979）．実際に，鳥類の飼育愛好家や野鳥観察者の多くが，野生動物に関する多くの活動団体の中心的な存在であり（U.S. Fish and Wildlife Service 2007），この状態はしばらくの間は続くと予想される．人々が他の生物の価値を認め，ふれあいを大事にする構図は，一方で生命愛の概念に囲まれていることを示唆している（Kellert and Wilson 1993）．

都市環境での人間と野生動物の相互関係には，好ましくない事例も当然ながら多く含まれる．対立構造が成り立つケースは，大きく3つのクラスに分類される．自宅などで1～2種類の動物に対するもの，団体や組織で特定のグループに属する動物種に対するもの，そして全土の全個体を対象とする対立構造である．アライグマが自宅の煙突に巣づくりすれば居住者は問題に直面する，都市公園の管理人は飛来するハト類の多さに対して不満を抱き，知事事務所では様々な利害関係者から"シカ問題"のように手に負えないが早急な解決を必要とする問題に対

して苦情を受けることになる．全ての問題に対して異なる応答が必要であり，それぞれの応答に様々な関係者を巻き込んで，今後は適切な応答を導き出すための倫理基準に関する議論も必要となる．

都市の野生動物に対する社会反応は十分か

　都市住民の野生動物に対する姿勢，価値観，信条は，どの程度まで政策や実施に対して決定力を保有するか定かでないが，制度上の対応策を組み立てるには役立つ．野生動物に対する関心や責任は，政府機関，事業団体，企業など様々な組織が有するものであるが，規制権限の大半は，未だに州の野生動物機関にあり，連邦機関で少なく，市町村などにおいての権限は皆無に等しい．しかし，一般的な都市住民にとって，州機関が関与している従来の野生動物対策よりも，"不快である害獣"の被害対策がはるかに重要である（Barnes 1997；Hadidian et al.2001）．Brocke（1977）は，野生動物管理において"都市での狩猟管理"は存在しないと述べていた．約30年後にコメントされたAdam（2003）の提言でも，州政府機関と大学教育機関にとって，都市野生動物問題は，未だに"寝耳に水"の状態にあると繰り返し批評した．30年もの間，大きな徴候の変化もなしに過ぎ，たとえ存在しても，行政機関の展望に大きな変化はなく，基本的に従来の姿勢を崩していない．州政府機関は，都市の野生動物に対して常に官僚的な"捕獲"（Langaneau 1982）による安易な解決を求めている．

　原因は何であれ，教育と実践的な資源（それほど明確でない懸念）としての野生動物問題，さらに公的な支援を強く必要とする（非常に確かな懸念）野生動物問題は，都市にこれから大きく降りかかる課題となる．市町村行政や動物管理局のみならず，これまで野生動物問題に関係することのなかった警察などの法規制当局も必然として野生動物に関わることとなる（Kirkwood 1998）．また民間の野生動物駆除業者は，これらの溝を埋める可能性がある．さらに民間コンサルタントは，環境管理において広く活用されていなかったが（Dorney 1989），将来的には1つの高い可能性を有する存在である．

　一方で，都市での人間と野生動物の関係を調和させるための，新しい手法が模索されている．"ecological city（環境にやさしい街）"の概念（Platt, Rowntree, and Muick 1994）では，単一種レベルで野生動物を捉えずに，1つのシステム

として野生動物を考慮している．都市における人間と動物の相互関係は，人類学的な見解（Sabloff 2001）と同様に，生態学，社会学的な理論の結合から生じているものである（Wolch 1998）．Lynn（1998）が示すように，地理学的かつ地域社会を重要視するならば，地域社会にとって地球倫理の新たな門戸を開放し，さらに野生動物保護管理を含む大きな倫理的な課題につながることとなる（Egglestone, Rixecker, and Hickling 2003；Littin, Mellor, and Eason 2004）．

結　論

　都市の野生動物管理に従事する者のみならず，社会の大きな枠組みにとって，都市の野生動物に関わる人間事象を取り組むことは明らかに必要となってきている．都市における野生動物の将来に向けた管理計画や保全計画を議論する前に，まずは都市住民の基本姿勢，価値観，考え方について，多くの情報を集約することが急務である．都市住民の民意は全く予測不可能であり，その感情は一見すれば保護主義的な感情に傾いているようであるが，都市住民にとって"不快なもの"や"有害鳥獣"の出現によって，簡単に功利主義の形態に戻る．あるいは逆説的に，どちらの方向にも簡単に傾くことがある．解決の手がかりをもつグループの存在を明解にするのも困難であり，都市住民がどのような施策に利害を求めているか解明するのも難しい．例えば，都市に生息するカナダガンの大量駆除の倫理問題に対して，従来は競争関係にあるはずの狩猟者と動物保護に関わる団体が全く予期できなかった合意を形成している（Hadidian 2002）．

　ここで示した多くの懸念は，都市野生動物の制度上の怠りについてである．ただし簡単に，関連機関の不注意や怠慢を責めることはできない．ダイナミックに変動を続ける都心部の急成長は，人間と野生動物との衝突をさらに生じさせ，新たな動物が都市を生息地として利用することになり，縦割りの官僚政策において大きな挑戦になることは確実である．よって都市に生息する野生動物の未来は，政策決定者および多種多様な世論を代弁できる科学の仲立ちから成立する可能性が高い．われわれの社会制度が，これから都市の野生動物という存在に対して適切に対処することは必須である．以前，"野生動物管理者たちが向き合っている最も困難かつ重要な課題の1つである"（Keller and Barry 1980, 89）と予測されていたように，現在も都市における野生動物問題は，依然として大きく取り残

されままで，おそらく近い将来まで課題として残るであろう．

引用文献

Adams, C. 2003. The infrastructure for conducting urban wildlife management is missing. *Transactions of the 68th North American Wildlife and Natural Resources Conference*, 252 − 65.

Adams, L. 2005. Urban wildlife ecology and conservation: A brief history of the discipline. *Urban Ecosystems* 8:139 − 56.

Adams, L., D. Leedy, and W. McComb. 1985. Urban wildlife research and education in North American colleges and universities. *Wildlife Society Bulletin* 15:591 − 95.

Ankney, C. D. 1996. An embarrassment of riches: Too many geese. *Journal of Wildlife Management* 60:217 − 23.

Babbitt, B. 1999. Noah's mandate and the birth of urban bioplanning. *Conservation Biology* 13:677 − 78.

Barnes, T. 1997. State agency oversight of the nuisance wildlife control industry. *Wildlife Society Bulletin* 25:185 − 88.

Berry, B., and J. Kasarda. 1977. *Contemporary urban ecology*. New York: Macmillan.

Bookchin, M. 1993. What is social ecology? In *Environmental philosophy: From animal rights to radical ecology*, ed. M. E. Zimmerman. Englewood Cliffs, NJ: Prentice-Hall.

Brocke, R. 1977. What future for wildlife management in an urbanizing society? *Transactions of the Northeast Fish and Wildlife Conference*, 71 − 79.

Brown, T., C. Dawson, and R. Miller. 1979. Interests and attitudes of metropolitan New York residents about wildlife. *Transactions of the 44th North American Wildlife and Natural Resources Conference*, 289 − 97.

Butler, J., J. Shanahan, and D. Decker. 2003. Public attitudes toward wildlife are changing: A trend analysis of New York residents. *Wildlife Society Bulletin* 31:1027 − 36.

Carpenter, C. R. 1969. Approaches to studies of the naturalistic communicative behavior in nonhuman primates. In *Approaches to Animal Communication*, ed. T. Sebeok and A. Ramsey, 40 − 70. The Hague: Mouton.

Coluccy, J., R. Drobney, D. Graber, S. Sheriff, and D. Witter. 2001. Attitudes of central Missouri residents toward local giant Canada geese and management alternatives. *Wildlife Society Bulletin* 29:116 − 23.

Dagg, A. 1974. Reactions of people to urban wildlife. In *Wildlife in an urbanizing environment*, ed. J. Noyes and D. Progulski, Planning and Resource Development Series, no. 28, 163 − 65. Amherst: University of Massachusetts..

Dahlgren, R., A. Wywialowski, T. Bubolz, and V. Wright. 1977. Influence of knowledge of wildlife management principles on behavior and attitudes toward resource issues.

Transactions of the North American Wildlife and Natural Resources Conference 42:146 – 55.

Decker, D., and T. Gavin. 1987. Public attitudes toward a suburban deer herd. *Wildlife Society Bulletin* 15:173 – 80.

Decker, D., T. B. Lauber, and W. Siemer. 2002. *Human-wildlife conflict management.* Ithaca, NY: Northeast Wildlife Damage Management Research and Outreach Cooperative.

Dorney, R. 1989. *The professional practice of environmental management.* New York: Springer Verlag.

Eggleston, J., S. Rixecker, and G. Hickling. 2003. The role of ethics in the management of New Zealand's wild mammals. *New Zealand Journal of Zoology* 30:361 – 76.

Hadidian, J. 2002. Resolving conflicts between people and Canada geese: The need for comprehensive management approaches. *Proceedings of the 20th Vertebrate Pest Conference*, ed. R. Timm and R. Schmidt, 175 – 79. Davis: University of California, Davis.

Hadidian, J., M. Childs, R, Schmidt, L. Simon, and A. Church. 2001. Nuisance wildlife control practices, policies and procedures in the United States. In *Wildlife, land and people: Priorities for the 21st century*, Proceedings of the Second International Wildlife Management Congress, ed. R. Field, R. Warren, H. Okarma, and P. Sievert, 165 – 68. Valko, Hungary: Wildlife Society.

Hodge, G. 1988. The plight of urban animals. *The Animal's Agenda* (April):12 – 19, 57.

Kahn, P. 2002. Children's affiliations with nature: Structure, development, and the problem of environmental generational amnesia. In *Children and nature*, ed. P. Kahn and S. Kellert, 93 – 116. Cambridge, MA: MIT Press.

Kellert, S. 1984. Urban American perceptions of animals and their natural environment. *Urban Ecology* 8:209 – 28.

------. 1996. *The value of life*.Washington, DC: Island Press.

Kellert, S., and J. Berry. 1980. Phase III: Knowledge, affection and basic attitudes toward animals in American society. United States Fish and Wildlife Service Report.

Kellert, S., and E. O. Wilson, ed. 1993. *The biophilia hypothesis*. Washington, DC: Island Press.

Kirkwood, S. 1998. Answering the call of the wild. *Animal Sheltering* 21:4 – 11.

Langeneau, E. 1982. Bureaucracy and wildlife: A historical overview. *International Journal for the Study of Animal Problems* 3:140 – 57.

------. 1987. Anticipating wildlife values of tomorrow. In *Valuing wildlife: Economic and social perspectives*, ed. Daniel Decker and Gary Goff, 309 – 17. Boulder, CO: Westview Press.

Lindsey, K. 2003. A national assessment of wildlife information transfer to the public. Master's thesis, Texas A&M University.

Littin, K. E., D. J. Mellor, and C. T. Eason. 2004. Animal welfare and ethical issues relevant to the humane control of vertebrate pests. *New Zealand Veterinary Journal* 52:1 – 10.

Lynn, W. 1998. Animals, ethics, and geography. In *Animal geographies*, ed. J. Wolch and J. Emel. London: Verso, 280 – 97.

Lyons, J., and D. Leedy. 1984. The status of urban wildlife programs. *Transactions of the 49th North American Wildlife and Natural Resources Conference*, 233 – 51.

Manfredo, M., T. Teel, and A. Bright. 2003. Why are public values toward wildlife changing? *Human Dimensions of Wildlife* 8:287 – 306.

Mankin, P., R. Warner, and W. Anderson. 1999. Wildlife and the Illinois public: A benchmark study of attitudes and perceptions. *Wildlife Society Bulletin* 27:465 – 72.

Miller, C., L. Campbell, and J. Yeagle. 2001. *Attitudes of homeowners in the greater Chicago metropolitan region toward nuisance wildlife*, Program Report SR-00-02. Champaign: Illinois Natural History Survey.

Platt, R., R. Rowntree, and P. Muick. 1994. *The ecological city*. Amherst: University of Massachusetts Press.

Rees, W. 1992. Ecological footprints and appropriated carrying capacity: What urban economics leaves out. *Environment and Urbanization* 4:121 – 30.

Sabloff, A. 2001. *Reordering the natural world: Humans and animals in the city*. Toronto: University of Toronto Press.

San Julien, G. 1987. The future of wildlife damage control in an urban environment. *Proceedings of the 3rd Eastern Wildlife Damage Control Conference*, ed. Nicholas R. Holler, 229 – 33. Auburn, AL: Auburn University.

Scheffey, A. 1967. Farm and urban resources: Remarks of the chairman. *Transactions of the North American Fish and Wildlife Conference* 32:49 – 50.

U.S. Department of the Interior. 1968. *Man and nature in the city*. Washington, DC: Bureau of Sport Fisheries and Wildlife.

U.S. Fish and Wildlife Service. 2007. *2006 National Survey of Fishing, Hunting, and Wildlife-Associated Recreation: National Overview*. Washington, DC: U.S. Government Printing Office.

Wolch, J. 1998. Zoopolis. In *Animal geographies: Place, politics, and identity in the nature-culture borderlands*, ed. J. Wolch and J. Emel, 19 – 38. London: Verso.

Zinn, H., and C. Miller. 2003. Public values and urban wildlife: A love-hate relationship or too much of a good thing? *Transactions of the 68th North American Wildlife and Natural Resources Conference*, 178 – 96.

第16章
保護地域周辺の野生動物との軋轢における人間事象

Adrian Treves

訳：竹田直人

　保護地域は，多くの野生動物を局所だけでなく地域全体で絶滅から守る効果があり，こうした地域は保全における土台となっている（Terborgh et al. 2002；Woodroffe and Ginsburg 1998）．しかし保護地域は，地域の人々に対して社会的な目標を一方的に要求するため，保護地域そのものに対する批判にも直面している（Cernea and SchmidtSoltau 2006；West and Brockingston 2006）．このように保護地域としての要求に対して批判が激しくなるのは，野生動物の個体群が人間の生活空間の近くにまで接近するほど回復した時である．特に，単独性で，行動範囲が広く，体の大きい野生動物は，やがて保護地域では収まらなくなり，生きるために必要なものを求めて過去に人々と繰り返してきた争いを再び始めるのである．こうした争いが生じるのは，野生動物が，穀物や家畜をはじめとする，私たちにとって重要な資源を食べ，時おり人に危害を加えるためである．このような人と野生動物との軋轢（human-wildlife conflict：HWC）は，保護地域に対する政策上のサポートを大きく妨げ，加害した野生動物の根絶を求める声を強くしてしまう（Feral 1995；Okwemba 2004）．人と野生動物との軋轢は，世界的に生じており，年間の頻度と深刻度は3つの理由から上昇してきている．①多くの地域で，人による野生動物の生息地の利用が拡大している．②人や財産がある場所で少数の野生動物の集団が回復し拡大している．③気候変動のような環境の変化が，より人や財産の多い場所に変化に敏感な種を誘導している（Gompper 2002；Treves et al. 2002；Raik et al. 2005；Breitenmoser 1998；Hunter et al.

2007 ; Cope, Vickery, and Rowcliffe 2005 ; Knight 2003 ; Naughton-Treves et al. 2003 ; Linnell and Broseth 2003 ; Regehr et al. 2007).

　野生動物による被害を受けた人は一般的に，加害動物を駆除し野生動物の生息地を排除しようとするため（Treves and Naughton-Treves 2005），自然資源の管理者や野生動物保護論者のグループが関わることになり，政策上の対立が外側へと波及していくのである．こうして，野生動物との軋轢は空間，食糧，生命という分かりやすい争いからより複雑な争いになる．言い換えると，関係者ごとに異なる自然の価値を争うため，経済や法律，社会，そして環境に関する政策立案者にとっても注意が必要となってくるのである（Knight 2000a）．

　研究者だけでなく一般の人たちも，過去15年間でこの軋轢に対してより注目をし始めている．Google Scholarでは，「human AND wildlife AND conflict OR depredation OR damage」の検索結果が1992年～1999年では3,140件だったのに対し，2000年～2007年の間では8,060件がヒットした．また，2007年における全てのウェブページを検索すると，Googleは同様の単語で2,010,000ヒットし，"wildlifeとdisease"では2,060,000，"wildlifeと（climate changeあるいはglobal warming）"では1,980,000がヒットした．人々の関心の高まりと活発な研究努力が，軋轢がどのように野生動物の保護を妨げ，保全の推進にとって障害となるかを明らかにし，軋轢への理解を深めることに貢献してきた．

　この章では，保護地域周辺やその場所で働き生活している住民と野生動物管理者たちに着目し，軋轢への人々の反応を調査した結果を報告する．保護地域には，生物多様性の保全に対する包括的な視点での関心がある一方で，人の生命や暮らしを守るための個人もしくは経済的な動機というジレンマが根本にある．よって，保護地域の視点の違いが野生動物への政策や保護地域の管理に影響を与える可能性が高いと考えられることから，本章では特に政策上の対立に着目する．

背景，定義，前提

　人と野生動物の軋轢は，ここでは財産，レクリエーション，そして人の安全に対する野生動物の脅威として定義をする．この章は，大型哺乳類（2～3kg以上）による家畜の捕食に特に焦点を当て，人との軋轢を調査している．これよりも小型動物が統計上大きな被害を起こしているが，本章での焦点は，いくつかの

理由で妥当性が認められている．第1に，大きな食肉目の哺乳類と他の大型動物相（例：ゾウ）は生態学的に特に重要であり，野生動物保護グループと保護地域の象徴によく使われている．第2に，Woodroffe and Ginsburg（1998）によれば，食肉目の哺乳類と大型動物相は人間によって死亡原因となりやすい．実際に，筆者らは，世界的に食肉目の集団を真っ先に脅かすのは人間である，と結論付けている．食肉目の集団の根絶リスクが最も深刻な地域が小さな保護地域周辺であったというのは，食肉目が広範に行動する習性と，人との偶発的な遭遇や争いによって人に害を与えたからであった．大きな野生動物を人から隔たる取組み（保護地域の中心的戦略）は，地理的な範囲での軋轢の減少に貢献しているかもしれないが，同時に，そのことは人と野生動物の境界線が重要であることを強く示す（Naughton-Treves 1997）．公園の境界を"和らげる"ことや，人々の経済の差をなくすという一般的な取組みは，将来の軋轢の頻度や場所に重要な影響を与えるであろう．これは，気候の変化が野生の生息地を分断させたり，生息地の標高や緯度を変えたりするようなものと同様のことである．

　人との軋轢は，動物や彼らの行動，関係をもっている人の集団によって様々な形態をとるが（Sillero-Zubiri, Sukumar, and Treves 2007），同じパターンは存在する．漁師がサメに"魚を盗られた"と憤慨するのは，狩猟者が"彼らの"エルクをオオカミに持っていかれたと腹を立てることと全く同じなのである．言い換えると，日本における材木へのクマ被害は，スウェーデンにおけるムースの被害と同様ともいえる．加えて，地方の人々はそれらの脅威に対して限られた反応しか行わないので，その結果として野生動物の管理者は，概して典型的な数少ない方法で対応している．

　野生動物との軋轢に対する人の反応を解釈する時は，人間事象の理論の定評ある特徴を覚えておくべきである．第1に，野生動物に関する価値観は人生の早い時期に形成され，徐々に変化していくと考えられている（Bright and Manfredo 1996；Manfredo , Teel, and Bright 2003；Bruskotter, Schmidt, and Teel 2007）．そのため，最近の経験が根本的な価値や考えを変えることはめったにない（Herberlein and Ericsson 2005；Manfredo and Dayer 2004）．対照的に，仲間の経験や報告は軋轢への耐性のみならず管理の仕方への態度を形成する（Karlsson and Sjostrom 2007；Naughton-Treves, Grossberg, and Treves 2003；

Treves and Naughton-Treves 2005). 第 2 に，個人や社会的要因，環境的要因の複雑な絡みが環境被害とその管理の認識に関係している（Manfredo and Dayer 2004）. 例えば，被害の予測やコントロールの欠如はリスクを過大に感じさせてしまう可能性がある（Starr 1969）. そのため，人と野生動物の軋轢は簡単に予測したり和らげたりできない（Treves et al. 2004, 2006；Wydeven et al. 2004；Backeryd 2007）. 第 3 に，私たちは，科学的な基準における野生動物による被害と野生動物との軋轢の認識とは乖離していると考えるべきである（Treves et al. 2006）. 認識と態度は，以下の内容を反映した話によって影響を受ける. (a) 非常に大きな出来事や想像性，(b) 人と動物の相互作用の歴史と昔の記憶，(c) 広範な地域で経験して得た知識である. 対照的に，野生動物との出来事や損失における体系的な調査データは，地域が小さくなるほど，平均や期間の短さに伴う変化が強調され，実際とは異なる傾向にある. 例えば，ウガンダのキベール国立公園周辺で最も被害額が嵩み頻度が最も高い穀物荒らしはヒヒであったが，調査対象者が最も強い嫌悪を示したのはゾウであった（Naughton-Treves 1997）. 同様に北米では，オオカミはクマより人を襲うことも財産に被害を出すことも少ないのだが，人々はオオカミに，より強い恐怖と怒りを示したという報告がある（Kellert 1985；Montag, Patterson, and Sutton 2003）. そのため，野生動物管理における人間事象の研究者は，人は野生動物に対して非合理的である，もしくは社会的な慣習と象徴性によってコントロールされていると結論づけるべきではなく，むしろ個人の経験や進化の歴史といった内在的な要因と，経済的・社会的・文化的といった外在的な要因が双方あるなかで，研究者は人と野生動物との軋轢に対する認識と態度を形成するための多面的な役割を負うべきなのである.

　人と野生動物との軋轢を認識するための証拠は，様々な社会科学的な研究から上がってきており，一般的には，聞き取り，自己記入式アンケート，フォーカスグループによって調査されている. 反応が社会の規範に影響されたり，"撃ち殺し，埋め，沈黙する（注：有害な動物等の違法な排除の際にしばしば行われる一連の行動)"のように不法なものだったりする場合，人々の行動を調査することは難しくなる. したがって，それぞれの方法において，自己申告により生じる個人の考えや感情，調査員の推論がデータに色濃く反映され，こうした欠点は軋轢の研究では生じ得るものとして考えるべきである.

人と野生動物との軋轢の認識とその管理に対する態度

　大きな野生動物から脅威を受けた時，被害を受けた者はたびたび恐怖や怒り，絶望を訴える．女性と子供は，男性よりもより高い恐怖のレベルを訴える傾向があることも分かっている（Kaltenborn, Bjerk, and Nyahongo 2006；Kellert 1980）．被害の頻度にかかわらず大きく獰猛な野生動物によって脅かされてきた進化の歴史と，現在広がっている軋轢の報告を考えると，恐怖が生じ得るのは理解できる（Beier 1991；Linnell and Bjerke 2002；Treves and Palmqvist 2007）．研究者の多くが，感情的な反応よりも，経済的な損失やリスク，危険度に関する野生動物の認識について調査している．表16-1では，様々な野生動物への認容を予測する変数をまとめている．

　米国では，野生動物からの脅威の管理に対する態度について長く調査を積み重ねてきた（Kellert 1980, 1985；Manfredo et al. 1998；Williams, Ericsson, and Herberlein 2002）．こうした研究において，野生動物の保護論者との間で大きな隔たりがあると報告されているのは，野生動物に対してより功利主義的な立場をとる者である．また，彼らは，野生動物から直接被害を受ける経験が多く，低収入で正規の教育を受ける機会も少なく，年齢の高い男性で，田園地域に定住する傾向が強いことも分かっている．同様の結果がほかの国々で明らかになり始めている（Ericsson and Herberlein 2003；Hill 1998；Knight 2003, 2000b；Kuriyan 2002）．

　都市部と農村部での野生動物との軋轢に対する価値観や，認識，態度，あるいは自然資源に対する依存度の違いは，軋轢についての政策上の対立を引き起こしやすくする．これは，異なる価値観をもつ人の意見を軽視することや，考慮に入れないことからくる．Gill（1996）によると，もし野生動物の管理者が都市部よりも農村部出身者であれば，彼は野生動物によって被害を受けている人たちよりも野生動物の保護論者とより大きな衝突を生む傾向にある．例えば，野生動物を利用する者あるいは農村部出身の者が職員として働いている米国の農務省の野生動物管理局（Gill 1996）は，野生動物の保護論者からの批判を数十年間受けてきている（Robinson 2005）．対照的に，多くの貧しい国々では，大学教育に携わる都市のエリートの多くが，農村の農家よりも自然資源管理者として行政機

表 16-1 野生動物から生じる軋轢に対する容認度の指標

	高い耐性	低い耐性
社会経済的事象		
利用可能な土地	豊富	乏しい
対応可能な人材	豊富，費用が安い	少ない，費用が高い
農業戦略	品種が多岐，集合的	品種が限定的，散在的
被害補償の社会的な体制	社会的，対象がグループ	個人的，対象が家庭
野生動物への価値観	高い（狩猟，ツーリズム等）	低い（疫病，獣害等）
財産への価値観	低い	高い
被害のタイプ	生活基盤に対する被害	現金，非常準備金
代替の収入	多様に存在	なし
野生動物の所有者	神，野生動物自身，地方自治体	行政，官僚
生態学的事象		
野生動物の体サイズ	小さい，脅威がない	大きい，危険
野生動物の個体群サイズ	単独	大きい，危険
被害のパターン	原因不明	明らか
被害の時期	早い時期の穀物や若い家畜	収穫直前の穀物や成長した家畜
1日の中での被害発生時期	日中	夜間
1回あたりの被害	少ない	多い
侵入の頻度	ほとんどない	絶えず発生

出典：Treves and Naughton - Treves 2005

関に参加している傾向が大きくなっている．したがって，貧しい国における人と野生動物との軋轢に関する政策上の対立は，被害を受けた人々が国の現状に対して反発することで生じる傾向にある（Hazzah and Dolrenry 2007；Hill 2004；Karanth and Madhusudan 2002）．

人と野生動物との軋轢への行動的反応

　野生動物からの被害を見てみると，人々の行動は典型的で，行動的反応は単

純に分類することができる（表16-2）．野生動物に対する直接の報復は，そのほとんどが保護に対して直接反対することである．人が行う報復とは，人が保護地域に入り食肉目が逃げ出すことによる"排除"である．ケニアのライキピアにおいては，ある商業家畜生産者がライオンをある場所から追い払い，広い地域でライオンの個体群の分断を生み出した（Woodroffe and Frank 2005）．また，急速な個体群の弱小化の例として，インドで村人が1頭の"人食い"ヒョウを排除しようとした結果，11頭のヒョウを殺したことがあげられる（Karanth and Madhusudan 2002）．

少数をコントロールしようとして多くの野生動物を殺せば，野生動物管理者の注目を集め，野生動物保護論者の興味を引くことは間違いなく，軋轢の緩和と保護地域の目的や未来に対してより深刻な政策上の対立が生まれる．いくつかの場合では，介入が間接的な問題を引き起こす可能性がある（表16-2）．例えば，放し飼いにしている番犬のような動物は，病気を広め，野生動物を傷つけるかもしれない（Browers 1953）．柵を建てることは，野生動物の行動を抑制するかもしれない．南ケニアのゾウの例では，柵を設置した場所の内と外では，植生が劇的に変化した（Kahumbu 2002）．火器や音，光，化学物質を使う妨害物は，対象外の野生動物に対して予期しない結果を導く可能性がある．

豊かな国と貧しい国の相違

ヨーロッパと北米のいくつかの地域では，自然への社会的価値の変化が保護政策に拍車をかけた．こうした政策の実施は，ある地域において野生動物の回復へ貢献し，他のいくつかの地域では，再導入の努力を促進させた（Breitenmoser 1998；Gompper 2002；Hunter et al. 2007；Mech 1995）．対照的に，多くの貧しい農業国では，大きな食肉目の行動範囲が狭くなり，保護地域でさえも同様なことが生じている（Plumptre et al. 2007；Rjpurohit and Krausman 2000）．貧しい国々は，野生動物の保護政策を強化するのに十分な手段をもっていない．そのため，彼らはコミュニティベースの保全や，住民参加による共同管理とよばれる保全の代案を試みてきた．この代替案の重要な目的は，野生動物を消費するしないにかかわらず，彼らの利用で得た財源を共有することによって地域の自治体へ利益をもたらすことにある（Archabald and Naughton-Treves 2001；

表 16-2 野生動物と人の軋轢の影響を和らげる一般的な介入とそれに伴う野生動物と人への潜在的で重要な影響

介入の部類とその方法	保護地域の野生動物に対する負の影響	利害関係者に対する負の影響
直接的な介入		
障壁（バリアー）	・通り道を妨害する	・保護地域内の資源利用を妨げる ・共同で所有している資源の管理体制に影響する
妨害物や忌避剤	・化学物質・火・光・音の利用により対象ではない野生動物を撹乱する ・撹乱により本来目的としていた対象動物が他地域へ追いやられる	・忌避剤や妨害物が，その地域の人の健康や生活を脅かす ・分散した野生動物が全く新しい被害を引き起こす
見回り（人もしくは動物による）	・人間の近くに住む動物が，健康を害したり生命を脅かされる	・人間の近くに住む動物が，健康を害したり生命を脅かされる
農業や畜産業，人の行動の変化	・多面的な影響がでる	・多面的な影響が，政治的経済的な不公平さを助長する
人の手による野生動物の操作（個体数コントロール，強制移住，不妊手術等）	・個体に害がある ・社会ネットワークが撹乱され，問題が他地域へ移る	・問題が他の場所に移る ・問題が現状より悪化する
間接的な介入		
野生動物の保護の取消し	・野生動物や保護地域が持続的に利用できなくなる	・持続不可能な利用が起こると，保護地域における生態系サービスが悪化する
補償	・保護地域内で管理の対象となっている資源が少なくなる	・寄付者への依存が強くなる ・政治的，経済的な不公平さが大きくなる
動機づけ	・保護地域内で管理の対象となっている資源が少なくなる	・変化の大きな市場の力や外的な資本への依存が強くなる ・政治的，経済的な不公平さが大きくなる
環境教育と調査研究	・誤った解釈や提案をする調査・研究が，持続不可能な管理を提案する	・政治的，経済的な不公平さを助長する
共同管理と参加	・野生動物や保護地域を持続的に利用できなくなる	・政治的，経済的な不公平さを助長する

Brandon and Margoluis 1996；Frost and Bond 2006；Loveridge, Reynolds, and Milner-Gulland 2007）．比較的豊かな国々の野生動物管理は，前記の方法に徐々に変わり始めている（Carr and Halvorsen 2001；Raik et al. 2005；Wiedenhoeft, Boles, and Wydeven 2003）．関係者間で協同する野生動物管理は，軋轢に関する研究において将来的に重要な分野である．また，被害を受けた人が管理に参加することで，被害を受けることへの耐性を高めることになるであろう（Treves et al. 2006）．

　豊かな国と貧しい国とのさらなる違いは，保護地域周辺の全住民である．多くの発展途上国では，政策上で取り残された人々が保護地域やその周辺に居住し，貧困状態にある（Hazzah and Dolrenry 2007；Karanth 2005；Karanth and Madhusudan 2002；Naughton-Treves et al. 2003a；Mishra et al. 2003）．対照的に，豊かな国では，保護地域や野生動物に関する産業によって生み出される仕事の数の増加とともに，保護地域のレクリエーション的な利用の増加がみられている（Duffield and Neher 1996；Hunter et al. 2007）．また，豊かな国は野生動物の生息地に隣接して高価な家を多く建てる（Torres et al. 1996；Tucker and Pletscher 1989）．結果として，保護地域の縁沿いの人々は，貧しくもなく政策的に取り残されることもない．ウィスコンシン州では，比較的経済的に余裕があり，高等教育を受け，大きな保有財産や家畜の群れをもつ土地の所有者が，オオカミ被害に対する補償金をもらうことが起きていることが分かっている（Naughton-Treves, et al. 2003b）．加えて，有力な土地の所有者は，政策立案者への直接的なつながりを多くもち，法の場においても有利に展開すると考えられる．

結　論

　人と野生動物との軋轢は，政策上の対立にまで激化する状況という点で，野生動物の管理者が直面する課題のなかで突出している．被害を受けた人々，野生動物の管理者，そして野生動物保護の立場をとる者の間で野生動物の価値が異なることが，政策上の対立の最も一般的な原因である．野生動物との軋轢において論拠とデータに対して違った反応をする関係者が多種多様にいると，話し合う態度や論拠が同じ情報によって揺れ動く場合よりも早く，より致命的な政策上の対立

が生じるであろう．これに加え，経済的な損失，野生動物からの恐怖や行政への不信から生じる怒りも，大きな政策上の対立を早める．感情的になっている人と対峙すると，野生動物の管理者もしくは保護論者は自己防衛的にならざるを得なくなるであろう．自己防衛的な反応は，野生動物の相対的な少なさに触れることや絶滅の影響は小さいと感じさせることを通して，議論を聞いている人たちに野生動物が受ける脅威を過小評価させてしまう（例えば，Valentino 1998）．豊かな国の保護地域では，その周辺にいる裕福な人々が野生動物の管理者にしっかりした管理を要求できる立場にいる一方で，貧しい国の保護地域では，その周囲を囲んでいる人々が貧しく政治的な力をほとんどもたないことから，貧困の緩和と経済発展が最優先の課題となっている（Karanth 2005）．さらに，政策的な対立が様々なレベルで起こり，保護地域と野生動物管理者のための政策的なサポートを蝕んでいる場合もある．現在では，保護地域の廃止やその境界線の変更等がされてきており，野生動物の政策が劇的に変わってきている（Feral 1995；Okwemba 2004）．野生動物の管理者が，人の財産に被害を与える野生動物を管理するための権威と柔軟性を失ってきているのは，彼らの選択した管理の手段が訴訟好きで規模の大きい圧力団体を納得させられていないからである（Gill 1996；Torres et al. 1996）．

野生動物との軋轢に対して関心が高くなっていることから，理論家や野外研究者は政策を学ぶべきであり，提案されている管理について社会政治的な許容性から評価を行うべきなのである．こうした評価は，管理が実行される前に行うことが非常に重要で，評価を行った結果とそれによる有用な情報は，多くの人々，特に政策立案者に対して効果的に伝えなければならない．人間事象の研究者は，筆舌に尽くしがたいほど行動を起こし，認識と態度の因果関係を理解することが要求されている．さらに，こうしたことだけではなく，最善の道をつくりだせるような問題の介入の仕方を選択し，デザインし，モニタリングしていくことも求められている．

引用文献

Archabald, K., and L. Naughton-Treves. 2001. Tourism revenue sharing around national parks in western Uganda: Early efforts to identify and reward local communities. *Envi-*

ronmental Conservation 23:135 − 49.

Backeryd, J. 2007. *Wolf attacks on dogs in Scandinavia 1995 − 2005*. Ecology Institute, Swedish University of Agricultural Sciences, Grimso.

Beier, P. 1991. Cougar attacks on humans in the United States and Canada. *Wildlife Society Bulletin* 19:403 − 12.

Bowers, R. R. 1953. The free-running dog menace. *Virginia Wildlife*14:5 − 7.

Brandon, K. B., and R. Margoluis. 1996. Structuring ecotourism success: Framework for analysis. In *The ecotourism equation: Measuring the impact*, ed. E. Malek-Zadeh, 28 − 38. New Haven, CT: Yale School of Forestry and Environmental Studies.

Breitenmoser, U. 1998. Large predators in the Alps: The fall and rise of man's competitors. *Biological Conservation*, 83: 279 − 89.

Bright, A. D., and M. J. Manfredo.1996. A conceptual model of attitudes toward natural resource issues: A case study of wolf reintroduction. *Human Dimensions of Wildlife* 1(1):1 − 21.

Bruskotter, J. T., R. H. Schmidt, and T. L. Teel. 2007. Are attitudes toward wolves changing? A case study in Utah. *Biological Conservation* 139:211 − 18.

Carr, D. S., and K. E. Halvorsen. 2001. An evaluation of three democratic, community-based approaches to citizen participation: Surveys, conversations with community groups, and community dinners. *Society and Natural Resources* 14:107 − 26.

Cernea, M., and K. Schmidt-Soltau. 2006. Poverty risks and national parks: Policy issues in conservation and resettlement. *World Development* 34:1808 − 30.

Cope, D., J. Vickery, and M. Rowcliffe. 2005. From conflict to coexistence: a case study of geese and agriculture in Scotland. In *People and Wildlife, Conflict or Coexistence?* edited by R. W. S. Thirgood, and A. Rabinowitz. Cambridge, UK: Cambridge, University Press.

Duffield, J. W., and C. J. Neher. 1996. Economics of wolf recovery in Yellowstone National Park. *Transactions of the North American Wildlife and Natural Resources Conference* 61:285 − 92.

Ericsson, G., and T. A. Heberlein. 2003. Attitudes of hunters, locals, and the general public in Sweden now that the wolves are back. *Biological Conservation* 111:149 − 59.

Feral, C. 1995. Kenya rethinks wildlife policy. *African Wildlife News* 30(5):1 − 4.

Frost, P., and I. Bond. 2006. *CAMPFIRE and payments for environmental services*. London: Marketing Environmental Services Publication Series, IIED.

Gill, R. B. 1996. The wildlife professional subculture: The case of the crazy aunt. *Human Dimensions of Wildlife* 1(1):60 − 69.

Gompper, M. E. 2002. Top carnivores in the suburbs? Ecological and conservation issues raised by colonization of North-eastern North America by coyotes. *BioScience*

52(2):185 – 90.
Harbo, S. J., Jr., and F. C. Dean. 1983. Historical and current perspectives on wolf management in Alaska. In *Wolves in Canada and Alaska: Their status, biology and management*, ed. L. N. Carbyn, 51 – 64. Edmonton, AB: Canadian Wildlife Service.
Hazzah, L., and S. Dolrenry. 2007. Coexisting with predators. *Seminar* 577:1 – 12.
Heberlein, T. A., and G. Ericsson. 2005. Ties to the countryside: Accounting for urbanites attitudes toward hunting, wolves, and wildlife. *Human Dimensions of Wildlife* 10: 213 – 27.
Hill, C. M. 1998. Conflicting attitudes towards elephants around the Budongo Forest Reserve, Uganda. *Environmental Conservation* 25(3):244 – 50.
———. 2004. Farmers' perspectives of conflict at the wildlife – agriculture boundary: Some lessons learned from African subsistence farmers. *Human Dimensions of Wildlife* 9: 279 – 86.
Hunter, L. T. B., K. Pretorius, L. C. Carlisle, M. Rickelton, C. Walker, R. Slotow, and J. D. Skinner. 2007. Restoring lions *Panthera leo* to northern KwaZulu-Natal, South Africa: Short-term biological and technical success but equivocal long-term conservation. *Oryx* 41(2):1 – 11.
Kahumbu, P. 2002. Forest lephant ecology at Shimba Hills. PhD diss., Princeton University.
Kaltenborn, B. P., T. Bjerke, and J. Nyahongo. 2006. Living with problem animals: Self-reported fear of potentially dangerous species in the Serengeti region, Tanzania. *Human Dimensions of Wildlife* 11(6):397 – 409.
Karanth, K. K. 2005. Addressing relocation and livelihood concerns: Bhadra Wildlife Sanctuary. *Economic and Political Weekly* 40 (46):4809-4811.
Karanth, K. U., and Madhusudan, M. D. 2002. Mitigating human-wildlife conflicts in southern Asia. In *Making parks work: Identifying Key factors to implementing parks in the tropics*, ed. J. Terborgh, C. P. Van Schaik, M. Rao, and L. C. Davenport, 250 – 64. Washington, DC: Island Press.
Karlsson, K., and M. Sjostrom. 2007. Human attitudes towards wolves, a matter of distance. *Biological Conservation* 137 (4):610 – 16.
Kellert, S. R. 1980. Contemporary values of wildlife in American Society. In *Wildlife values*, ed. W. W. Shaw and E. H. Zube, 31 – 60. Fort Collins, CO: U.S. Forest Service, Rocky Mt. Forest and Range Experiment Station.
———. 1985. Public perceptions of predators, particularly the wolf and coyote. *Biological Conservation* 31:167 – 89.
Knight, J. 2000a. Introduction. In *Natural enemies: People-wildlife conflicts in anthropological perspective*, ed. J. Knight, 1 – 35. London: Routledge.

———, ed. 2000b. *Natural enemies: People-wildlife conflicts in anthropological perspective*. London: Routledge.

———. 2003. *Waiting for wolves in Japan*. Oxford: Oxford University Press.

Kuriyan, R. 2002. Linking local perceptions of elephants and conservation: Samburu pastoralists in northern Kenya. *Society and Natural Resources*, 15:949 − 57.

Linnell, J. D. C., and T. Bjerke. 2002. Frykten for ulven. En tverrfaglig utredning (Fear of wolves: An interdisciplinary study). *NINA oppdragsmelding*, 722:1 − 110.

Linnell, J. D. C., and H. Broseth. 2003. Compensation for large carnivore depredation of domestic sheep. *Carnivore Damage Prevention News* 6:11 − 13.

Loveridge, A. J., J. C. Reynolds, and E. J. Milner-Gulland. 2007. Does sport hunting benefit conservation? In *Key topics in conservation biology*, ed. D. W. Macdonald, 224 − 41. Oxford: Oxford University Press.

Manfredo, M. J., and A. A. Dayer. 2004. Concepts for exploring the social aspects of human-wildlife conflict in a global context. *Human Dimensions of Wildlife* 9: 317 − 28.

Manfredo, M. J., T. L. Teel, and A. D. Bright. 2003. Why are public values toward wildlife changing? *Human Dimensions of Wildlife* 8:287 − 306.

Manfredo, M. J., H. C. Zinn, L. Sikorowski, and J. Jones. 1998. Public acceptance of mountain lion management: A case study of Denver, Colorado, and nearby foothill areas. *Wildlife Society Bulletin* 26:964 − 70.

Mech, L. D. 1995. The challenge and opportunity of recovering wolf populations. *Conservation Biology* 9:270 − 78.

Mishra, C., P. Allen, T. Mccarthy, M. D. Madhusudan, A. Bayarjargal, and H. H. T. Prins. 2003. The role of incentive schemes in conserving the snow leopard, *Uncia uncia*. *Conservation Biology* 17:1512 − 520.

Montag, J., M. E. Patterson, and B. Sutton. 2003. *Political and social viability of predator compensation programs in the West*. Missoula: School of Forestry, University of Montana.

Naughton-Treves, L. 1997. Farming the forest edge: Vulnerable places and people around Kibale National Park. *Geographical Review* 87:27 − 46.

Naughton-Treves, L., R. Grossberg, and A. Treves. 2003. Paying for tolerance: The impact of livestock depredation and compensation payments on rural citizens' attitudes toward wolves. *Conservation Biology* 17:1500 − 11.

Naughton-Treves, L., J. L. Mena, A. Treves, N. Alvarez, and V. C. Radeloff. 2003. Wildlife survival beyond park boundaries: The impact of swidden agriculture and hunting on mammals in Tambopata, Peru. *Conservation Biology*. 17:1106 − 17.

Okwemba, A. 2004. Proposals to reduce sizes of national parks. *The Nation*. March 18th, 2004.

Plumptre, A. J., D. Kujirakwinja, A. Treves, I. Owiunji, and H. Rainer. 2007. Transboundary conservation in the Greater Virunga landscape. *Biological Conservation* 134:279 − 87.

Raik, D. B., T. B. Lauber, D. J. Decker, and T. L. Brown. 2005. Managing community controversy in suburban wildlife management: Adopting practices that address value differences. *Human Dimensions of Wildlife* 10:109 − 22.

Rajpurohit, R. S., and P. R. Krausman. 2000. Human-sloth-bear conflicts in Madhya Pradesh, India. *Wildlife Society Bulletin* 28:393 − 99.

Regehr, E. V., N. J. Lunn, S. C. Amstrup, and I. Stirling. 2007. Effects of earlier sea ice breakup on survival and population size of polar bears in Western Hudson Bay. *Journal of Wildlife Management* 71 (8):2673 − 83.

Riley, S. J., G. M. Nesslage, and B. A. Maurer. 2004. Dynamics of early wolf and cougar eradication efforts in Montana: Implications for conservation. *Biological Conservation* 119(4):575 − 79.

Robinson, M. 2005. *Predatory Bureaucracy.* Boulder, CO: University of Colorado Press.

Sillero-Zubiri, C., R. Sukumar, and A. Treves. 2007. Living with wildlife: The roots of conflict and the solutions. In *Key topics in conservation biology*, eds. D. MacDonald and K. Service, 266 − 72. Oxford: Oxford University Press.

Starr, C. 1969. Social benefit versus technological risk. *Science* 165:1232 − 38.

Terborgh, J., C. P. Van Schaik, M. Rao, and L. C. Davenport, ed. 2002. *Making parks work: Identifying key factors to implementing parks in the tropics.* Washington, DC: Island Press.

Torres, S. G., T. M. Mansfield, J. E. Foley, T. Lupo, and A. Brinkhaus. 1996. Mountain lion and human activity in California: Testing speculations. *Wildlife Society Bulletin* 24:457 − 60.

Treves, A., and L. Naughton-Treves. 2005. Evaluating lethal control in the management of human-wildlife conflict. In *People and wildlife, conflict or coexistence?*, ed. R. Woodroffe, S. Thirgood, and A. Rabinowitz, 86 − 106. Cambridge: Cambridge University Press.

Treves, A., R. R. Jurewicz, L. Naughton-Treves, R. A. Rose, R. C. Willging, and A. P. Wydeven. 2002. Wolf depredation on domestic animals: control and compensation in Wisconsin, 1976 − 2000. *Wildlife Society Bulletin* 30:231 − 41.

Treves, A., L. Naughton-Treves, E. L. Harper, D. J. Mladenoff, R. A. Rose, T. A. Sickley, and A. P. Wydeven. 2004. Predicting human-carnivore conflict: A spatial model based on 25 years of wolf predation on livestock. *Conservation Biology* 18:114 − 25.

Treves, A., and P. Palmqvist. 2007. Reconstructing hominin interactions with mammalian carnivores (6.0 - 1.8 Ma). In *Primates and their predators*, ed. K. A. I. Nekaris and S.

L. Gursky. New York: Springer.

Treves, A., R. B. Wallace, L. Naughton-Treves, and A. Morales. 2006. Co-managing human-wildlife conflicts: A review. *Human Dimensions of Wildlife* 11(6):1 ― 14.

Tucker, P., and D. H. Pletscher. 1989. Attitudes of hunters and residents toward wolves in Northwestern Montana. *Wildlife Society Bulletin* 17(4):509 ― 14.

Valentino, P. C. 1998. Of wolves, cows and humans. In *Proceedings of the Defenders of Wildlife Restoring the Wolf Conference*, ed. N. Fascione, 47 ― 53. Washington, DC: Defenders of Wildlife.

West, P., and D. Brockington. 2006. An anthropological perspective on some unexpected consequences of protected areas. *Conservation Biology* 20:609 ― 16.

Wiedenhoeft, J. E., S. R. Boles, and A. P. Wydeven. 2003. Counting wolves--integrating data from volunteers. Paper presented at the World Wolf Congress 2003: Bridging Science and Community, Banff, AB.

Williams, C. K., G. Ericsson, and T. A. Heberlein. 2002. A quantitative summary of attitudes toward wolves and their reintroduction (1972 ― 2000). *Wildlife Society Bulletin* 30(2):575 ― 84.

Woodroffe, R., and L. G. Frank. 2005. Lethal control of African lions (*Panthera leo*): Local and regional population impacts. *Animal Conservation.* 8:91 ― 98.

Woodroffe, R., and J. R. Ginsburg. 1998. Edge effects and the extinction of populations inside protected areas. *Science* 280:2126 ― 28.

Wydeven, A. P., A. Treves, B. Brost, and J. E. Wiedenhoeft. 2004. Characteristics of wolf packs in Wisconsin: Identification of traits influencing depredation. In *People and predators: From conflict to coexistence*, ed. N. Fascione, A. Delach, and M. E. Smith, 28 ― 50. Washington, DC: Island Press.

第17章
遊漁にとっての新しいマーケット

Øystein Aas and Robert Arlinghaus

訳：山本俊昭

　管理者，非政府組織（NGO）関係者，あるいは釣具販売，旅行，宿泊の関係者などは，将来のレジャー活動や今後の釣り人の趣向性について関心をもっている．関連する疑問は以下の通りである．遊漁を目的とする釣り人は増加しているのか減少しているのか，あるいは安定しているのか，釣りへの参加率はどうなのか，釣り人の特性はどうなのか，何を好み，どのような行動をとり，将来はどのように変化するのか，釣り人はもっと時間を費やすようになるのか減らすのか，どのような魚種を好み，どのような釣りのスタイルを好むようになるのか，さらには，どのような商品やサービスを好むのか．

　他にも似たような疑問は，様々な理由によって出てくる．例えば，水産業関係者はサービスを受ける客について知りたいので，生物多様性を保護するなどの生物学的な観点，あるいは利用者の論争を軽減するためといった社会的な観点で釣り人の満足を最大限とするためにはどのようにすべきかといった疑問をもつ（Arlinghaus 2005）．釣り人の特性あるいは人口は，遊漁に関連する社会的，経済的，生態学的な損害と利益が影響する（Weithman 1999, Arlinghaus, Mehner and Cowx 2002, Pitcher and Hollingworth 2002）．釣り人の増加，あるいは釣りに行く頻度が増加することは，釣りの関連商品による歳入を増加させることになるが，その一方で過剰な漁獲で人が増加すると管理の問題に繋がる（Arlinghaus 2005）．NGO関係者は，公共政策決定あるいは関連法案の施行による遊漁関連への政治的な影響力に関心があるため，これらの動向に注意を払っている．また，商業活動に関わる人々は，利益を高める目的から釣り人の嗜好性に関心がある．

興味深いことは，釣魚市場に関するこれらの疑問に関してほとんど研究が行われていないことで，多くの利害関係者は関連情報をコストを払わずして得ることができると考えている．

マーケットアプローチの妥当性

"マーケット（market）"という語彙は，遊漁の人間事象の研究に用いられることは多くない（Ditton 1999）ため，ここで定義をしておく．われわれは"マーケット"という言葉を，生産された製品を合法的に購入することに関心のある個々のグループあるいは組織という意味で捉えている．別の意味では，生産品が売買される場所を指す（Seaton and Bennett 1996）．

次に"生産（product）"を定義する．生産は無形のサービスと有形の品物とを指す．1970年代初頭に，Driverと共同研究者は，遊漁の機会，遊漁の経験に対して"生産"という言葉を使っていた（Driver 1985）．この用語の使い方は，管理者が一般の人々ならびに釣り人に対して釣りの可能性を引き出したように思われた．彼らは，釣り人が魚場の利用者（ユーザー）であり，管理者は釣り人が要求する製品を届ける者とした．しかしながら，これらの考え方は，釣りは公の利益であり，ライセンス制度によって得られた収入によって管理する責任があると考える北米地域が主である．ヨーロッパでは生産アプローチは広く浸透せず，漁業権は個人にあるとしている．事実，ヨーロッパの釣り関連NGOの多くの関係者は，釣りは労働や職業とは繋がらず，より私的な行為であるとして北米の考え方を拒否している．しかし，釣りは地域の経済効果を創出することから，これは狭い見解である．

それにもかかわらず，遊漁を"私的"とする非商業的な考え方は，おそらくは釣りを提供するマーケットアプローチを遅らせる結果となった．遊漁用具や釣りにとって重要なマーケットが長い間存在していたが，公の管理機関や関係NGOなどの多くが，遊漁のマーケットアプローチを反対してきた．なぜならば，釣りが商業化となり，"全員の権利"であるとした釣りの公益アプローチに変わることを恐れているためと思われる．

しかしながら，マーケットアプローチは遊漁が個人の釣りをする権利と同様に，公的なサービスとして捉えることが適当であるとわれわれは主張する．下記に示

したことは，公および個人の漁業権における公および私的な遊漁へのマーケットアプローチを論じている．

- マーケットアプローチは，遊漁マーケットが釣り人の多様なニーズに対応するために，複数に分かれるに違いないことを示唆している．
- マーケットアプローチは，それが商業的あるいは公的なビジネスサービスに基づくかどうかに関わらず，管理者，旅行店，釣り用具店，いくつかの国では釣具メーカーと許可状発行者が受動的ではなく活動的にマーケット（または公的機関）に対して関連することを強調している．
- マーケットアプローチは，釣りが活動的なレジャーマーケットの1つであることを認識させる．
- マーケットアプローチは，地域や国における釣りの商業的な関心がかみ合うことによって遊漁による潜在的な利益が最大になることを秘めている．

釣りへの参加は，地域によって増減しているが，これら利用できるデータは，米国などのいくつかの地域を除いて非常に乏しいのが現状である（Ditton et al. 2008）．もし，遊漁に関連した仕事関係者が参加者の減少傾向を止めたいならば，漁場管理に対するマーケットアプローチは，適切であり必要であるとわれわれは信じている．そして，新しいマーケットを理解することが成功の鍵となる．

本章の目的は，遊漁にとって新しいマーケットを認識し，議論することである．この章では，私たちが西洋出身であることから，主に西洋の脱工業化社会について述べているが，他の地域や国も触れていく．

参加の決定要素

西洋社会における典型的な釣り人といえば，比較的じかに釣りができるような田園地域に住む中年の白人である（Aas 1996, Arlinghaus 2006, Murdock et al. 1992 1996）．ドイツ，ノルウェーおよび米国の少なくとも3つの西洋諸国では，その人物が釣り人かそうでないかを見分ける共通の特性がある．その共通項とは，男性であり，常勤で働き（金銭的資力に関連して），水場に近い田園地域に住んでいる者である（Aas 1996, Arlinghaus 2006）．いくつかの研究論文では，年齢は釣りへの参加に対して負の影響があるとしているが（Walsh et al. 1989），

影響する要因がなかったという報告もある（Arlinghaus 2006）．しかしながら分かっていることは，年配の釣り人が多いことから，参加率は年々低下する傾向があることである（Arlinghaus 2006）．年齢を重ねることは，生活が変化して釣りの行動に影響する．例えば，20代半ばで仕事を始めた若者は，新しい場所で責任を果たすことから，頻繁に釣りに行くことはないであろう．年配の釣り人にとっては，身体や健康問題が，釣りに行くことを遠ざける（Walsh et al. 1989）．教育などが釣りの参加に対してどのように影響するのかは不明である．いくつかの研究では，教育と釣りには正の相関が認められるとする研究（Walsh et al. 1989）がある一方，高い教育を受けたドイツの釣り人は，釣りに行く機会が少ないとする研究結果もある（Arlinghaus 2006）．

　また，民族の違いによる参加率や行動の違いを指摘する研究もあり，米国ではこのような仕事が行われている（例えば，Hunt and Ditton 2002）．これらの研究結果では，米国は少数移民の人口増加が釣り人の増加に繋がっていることを示唆している（Murdock et al. 1992,1996）．西および中央ヨーロッパでは，東ヨーロッパからの移民が増加することで遊漁の文化が変化してきており，結果として新しい釣り人のグループが形成され，遊漁に対する異なる見解がいくつかあるため（例えば消費的利用），対立も生じている．

　都市化と遊漁参加とに負の関係があるとするとして，北米（Manfredo, Harris and Brown 1984）やヨーロッパ（Arlinghaus, Mehner and Cowx 2002）で都市に住む釣り人と田園地域に住む釣り人との違いが研究されている．これらの研究による共通の知見は，動機については大差がないということである．しかし，一般的に都市に住む釣り人は，やや若く，十分な教育を受けておらず，消費的な考えをもち，熱狂的な傾向がある．全体的な参加率は低下しているが，都会に住む人々は人生の早期に趣味を通じて社交的になることが重要であるとして，釣りは良い機会であるとして勧めている．

需要要因の変化

　釣りへの参加がどのように展開するのかは，本質的にいえば需要と供給の相互作用の結果である．これまで従来の研究では，ほとんどが需要要因に焦点を当てたものである．教科書ではアウトドアレクリエーションが流行することを述べて

いるが，遊漁については明確に述べられていない（Cordell 1999, Jackson and Burton 1999, Gartner and Lime 2000）．レジャーやアウトドアレクリエーションとなり得る多くの要因は，この分析と深く関連する．これらの研究では，人口学的，経済学的な変化を示して適切に分析されているが，結論を支持できるだけの正確な長期に亘るデータはない．

いくつかの国では，NGO関係者およびジャーナリストは遊漁が将来増加するであろうと楽観視している一方で，研究者は，人口構造の変化によって成長は望みにくいとしている（Murdock et al. 1996, Arlinghaus 2006）．今後，様々な方向性が考えられる．釣り人の数が減少している理由として以下のことが考えられる．

- 都市の人口がより増加（文化的なものと同様に地理的なものとして）
- 高齢化社会
- 収入が減り，複数の国で失業者が増加
- 人口回復には寄与しない単身家庭の増加を含む家族構造の変化
- コンピューターゲームや自然に触れることがないレジャー活動が若者の間で支持を得ていること

一方，釣り人の数が増加することに影響する要因は以下の通りである．

- 継続的な経済成長，特に東ヨーロッパおよびアジア
- 急速な経済成長した国々による余暇時間と旅行の増加
- 野外でリラックスすることと"全てからの逃避"を望む人々の増加

以下のいくつかの重要な社会変化が，釣りへの参加および遊漁の新しいマーケットにどのように影響するのかは難しい．

- 異なる民族間での文化交流
- より良い教育
- 気候変化と生態系における生産性の変化

予測アプローチの限界：有効供給努力量は違いをもたらすのか

人口変化の予測だけに基づいた将来のマーケットを予測するアプローチは，遊漁にとって新しいマーケットを認識するためとしては限界がある．最初に，社会学的・人口学的な変化に基づいた将来の釣り参加を予測する研究では，人々

がなぜ釣りをするのか，あるいはしないのかついてわずかな割合（10 〜 40%, Arlinghaus 2006）でしか説明できていない．これらの研究は，あたかも将来が決まっているかのような印象を与え，時には利害関係者も受け入れてしまうことがある．これは，ビジネスを行う者と同様に漁場の管理者が行うアプローチとは正反対である．彼らは，新しい漁場を設置したり，湖での釣り場の質を改善したり，都市部の釣り場にパンフレットを配布したり，あるいは新しい用具などで大きなキャンペーンを行ったりして，どこでどのように釣りを行う行為に繋がるのかを考えている（Wightman et al. 2008）．事実，これらの行為は，今現在だけでなく将来の釣り参加や行動に対して影響を与えている．特に，個々の社会的背景，文化，伝統といった要因は，重要な役割を果たすであろう．また，旅行の距離や時間，費用などの"質"は，釣りに参加するかどうかの可能性に影響するであろう．特別な釣果や機会によるかもしれないこれら"供給"の要因は，釣りクラブ，管理者および商業によって直接的に対象とした変化を起こしやすく，遊漁のマーケットアプローチにとって重要な要素である．しかしながら，供給要因が釣りマーケットにどのように影響するかについての知識は，人口学的な変化が遊漁における需要に対してどのように影響するのかについての知見よりも明らかでない．

釣り人の様相が変化？

将来どれほどが釣り人になるのか，どのような特性をもっているのかといった疑問は大変興味深い．一方で，現在活動的に釣りを行っている人々がどのように変化していくのかを調べることも重要である．幅広い研究の領域では，釣り人を人口学的，行動学的，心理学的，社会学的にいくつかのサブグループに分けて特性を明らかにしている（Arlinghaus 2004, Ditton 2004）．例えば，調査の主な課題は，動機，満足度，漁業管理への態度，釣果規制，消費の度合いについてである．残念ながら，釣り人の行動や嗜好性などの特性を時間軸で比較できていない．

研究の本質は，"平均的な釣り人は存在しない"ということである（Aas and Ditton 1998）．全ての研究は釣り人の集団内での主な違いを明らかにしており，いくつかの論文では行動や嗜好性が大きく異なることを示しており，いくつかの

論文では対立する要因を示している．また，遊漁を管理するうえで1つの政策が全てに当てはまるようなアプローチより，ゾーニング（例えば，多様性の管理）アプローチが好まれることを示唆している（Arlinghaus 2004，Ditton 2004）．

　早期の遊漁における人間事象での研究から，釣り人の特性は多様であることが述べられている．最も調査され議論された論文としてBryan（1977）が示した"専門化"があげられる．Bryanはマスの釣り人を調査し，スポーツにおいて道具や技術を用いて一般から特有化する行動の連続性を"専門化"と定義した．彼は，この連続体にそって釣り人を，時々行う釣り人，一般的な釣り人，技術にこだわる釣り人，技術・道具もすばらしいものを持っている釣り人（technique-and-setting specialist）の4つのタイプに分けた．さらにBryanは，これらグループ間で参加の程度，道具および技術の違いを反映していることを述べている．Bryanの研究は，遊漁における人間事象研究のきっかけとなり，他の領域である野鳥観察，狩猟，水に関連するスポーツなど野外のレクリエーションに関する領域においても概念は受け入れられた（Scott and Schafer 2001を参照）．遊漁のビジネスと同様に，管理における専門化の特性，大衆性および適用性は，世界で活動的な遊漁者間で変化を議論するために優れた基準となる．

　変化の程度，動的な特性も，時間とともに釣り人の行動や嗜好性などの特性が変化することを示唆する．先ほど述べたように，われわれは時間とともに釣り人の人口について，また釣りの嗜好性についてどのように変化したのかを述べた研究を知らない．しかしながら，キャッチアンドリリースやフライや大型の魚種のみをターゲットにした釣りが主なやり方になってきており，遊漁のいくつかのタイプのなかで主要な割合となっていることは確かである（Policansky et al. 2008，Aas 未発表 2006）．例えば，キャッチアンドリリースは河川だけでなく海でもここ数十年でごく当然のようになってきている（Policansky et al. 2008）．

　研究者は，自己形成と自己実現に関連したレクリエーションの利点と結果がますます重要になるであろうと論じている（Jenkins 1996）．遊漁でこれらに関する研究はないものの，非消費的で，より熱心である釣り人が，今後釣りを行う人々の大きな割合となるであろうとわれわれは考えられる．これは，余暇の時間に釣りを行いたいとする人々の影響を受けており，遊漁の経営および発展におけるマーケットアプローチが非常に重要となっている．

公であっても個人であっても魚の供給側は，どこにターゲットを絞るのかを問い続けなければならない．なぜなら，専門化の増加傾向にある一方で釣り人が多様化しているためである．われわれは，釣り人の行動がどのように変わるのかを仮説をたてて研究する必要がある．

フィッシング観光

遊漁は観光と密接な関係がある．自分自身で全てを計画立て行う釣りから，ライセンス，食料，宿泊場所まで含めて全て旅行代理店に頼んで行う釣りまで様々である．われわれは，将来の遊漁が商業観光客によって行われると予測する．目的や活動の価値ある商品化によって，アウトドアレクリエーションとして遊漁の領域は広がるであろう（Cohen 1988，Veal 1999）．多くの活動的な釣り人は高所得者ではあるが，時間がない．これは，より企画化された釣りの機会へとマーケットが動く．釣りと観光が密接な関係があるとすれば，観光の視点から釣りを検討する研究があってもよいが，実際にはほとんどない（Borch, Policansky and Aas 2008）．もし，遊漁にとって新しいマーケットを見分けることに成功できるとすれば，観光旅行としての遊漁をより深く理解することが重要である．

魚類および漁場は，観光客引き付けるいくつかの要素がある．魚類は観察することが目的となり得る．特に回遊や産卵に集まる場所などはそれにあたる．多くの国では，そのような対象を利用してビジターセンターあるいはインフォメーションセンターなどの施設をつくっている．また，商業目的の漁業および遊漁は独特の場所で魅力的であり，それが希少な種であればなおさらである．しかしながら，釣りはほとんどの観光においてほんの一部でしかない．遊漁は観光客や旅行にとって目的をもった行動である．場合によっては休日の主な活動目的であることもある．これまでは，このような休日を対象とした研究はあまり行われてきていない（Zwirn, Pinsky and Rahr 2006, Stoeckl, Greiner and Mayocchi 2006）．釣りが，会社の大会であったりセミナーの一部であったり，あるいは従業員や顧客の報償として利用されることもあるであろう．専門の釣りを観光産業としている多くは，活動的で熱中している高所得者の釣り人を対象に，原野が残された魅力的な環境での釣りを提供している（Borch, Policansky and Aas 2008）．

観光事業は，マーケットの細分化と供給によって急速に多様化している．エコ

ツーリズム，自然に触れる観光旅行，野生動物を対象にした観光旅行は，いくつかの共通した特性をもったツーリズムである．また，釣りの観光も冒険旅行やエコツーリズムなどと同様に共通した特性がある．観光の推進力は多くの異なる産業を発展させるとともに，矛盾した点も増えていく．釣りの観光にとって，当を得た動向（Veal 1999, Borch, Policansky and Aas 2008）は以下の通りである．

- 長い休暇を取ることではなく，短い休暇に対する要求の増加と，そのような休暇を複数回とる人々の増加
- 年配の観光客
- 受身的な経験だけでなく，活発に行うことができる経験への要求
- 本物のツーリズムへの要求
- 環境に配慮した休暇への要求
- めったにない休暇への要求

遊漁にとって主な新しいマーケット

　レクリエーションとして釣りを行っている人々には，現在様々な行動および姿勢があり，地域・国によって遊漁への参加が異なってきている．全体として，今後数年間において釣り人はより多様化するであろうと思われる．田園地域に住む中年の白人男性は，釣り人として異なる背景をもつようになっていくであろう．需要決定要因は，西洋の脱工業化の地域において将来の遊漁参加の増加に対して影響するであろう．また，東ヨーロッパおよびアジアといった地域では，経済的・社会的・政治的な要因が，遊漁の増加に関連するであろう．個々および公にて釣りを行う西洋では，経済成長ならびに釣り人の購買意欲の増加によって，生産の消費的考えが減少するであろう．しかしながら，利害関係者は，釣りに関心が薄れてきた時期に，より活発な供給をすることが，釣り人を維持でき増加へつながることに気づくべきである．国中の文化が変化し，レジャー活動で競争している時には特性が重要である．

　将来の市場を見極めるための研究は十分でないが，最終的にわれわれは将来のマーケットの鍵となり得ることを指摘して，この章の終わりとしたい．われわれは，これらマーケットが，将来さらに研究の対象となり，より一層行われるべきであると主張したい．

年配の釣り人

現在の人口構造の変化から描ける最も安全な結論は，50〜80歳までの年配の層でより釣りが活動的になるであろうということである．将来年配の釣り人は，一昔に比べれば健康的である限り，管理者らが生産を十分に用意し，常連の機会をつくるのが賢明である．年配の人々は時間があり，趣味のために金銭を費やすことが多々あることから，この年齢層は，ツーリズムおよび野外レクリエーションにおいて確実に成長する．

都市部に住む若者

都市部での釣りの機会は，ここ数十年注目されている（Manfredo et al. 1984）．昔からの慣習で，彼らが住んでいる近くの海や川，それに湖にて男家族から手ほどきを受けて若いころに釣りを始める．しかし，釣りをする機会がほとんどない地域に住み，核家族となった今，都心部に住む若者にどのように参加してもらうのかが，釣りの将来にとって重要である．そのためには，若者に遊漁に参加することに興味をもってもらうことに加えて，都心部に住む若者に何かを提供する特性を持たなければならない（Wightman et al. 2008）．

経済成長している地域での中・上流階級

世界の急速な世界成長をしている国々において，中・上流階級は生活水準が上がり，余暇や休暇が増加している．加えて，政治体制が変化して，より旅行をすることができるようになった．急速な経済成長を果たした中国や東ヨーロッパでは，これまで遊漁の伝統がある．この文化的背景により，経済，社会，政治の変化とともに，例えば中国やリトアニアおよびマレーシアで遊漁が成長している（Ditton et al. 2008）．釣りの欲求は益々高まり，国内や近隣の地域にとどまらず，多くの国々にて釣りを行うようになるであろう．西洋の釣り人は，世界中でこのような地域からの釣り人に会うことになるだろう．

釣り観光客の増加

都市部の人口が世界中で増加しており，遊漁をツーリズムとして楽しむようになっている．したがって，ツーリズムとしての釣りをより理解することが重要である．海外での釣りツーリズムは成長し，しばしば発展途上国で行われる．この発展は今後も続き，これら目的地を訪れる常連がより多様化するであろう．釣り観光は，非消費的になり，エコツアーのようになっている一方で（Zwirn et al. 2005)，外来種ではない消費的な釣りも成長している．例えば，ヨーロッパマーケットにおけるノルウェーの海洋フィッシングツーリズム（Borch 2004）やオーストラリアにおける国内釣り観光である（Stoeckl, Greiner, and Mayocchi 2006）．今日，いくつかの釣り観光ビジネスは，成長するであろう年齢層を相手に，活動的な休暇として釣りマーケティングを提供している．

結　論

本章では，われわれは遊漁のマーケット動向について分析し，議論してきた．遊漁の変化を分析する研究は，十分に行われているとは言い難い．特に，遊漁に関わる利害関係者および科学者がともに集まり，デルファイ法，シナリオライティング・時系列分析などの方法を行うことが推奨される（Veal 1999）．遊漁の未来は，固定されたものではなく，多くの利害関係者が複雑に関連しあっており，変化をつくることができる．

引用文献

Aas, Ø. 1996. Recreational fishing in Norway from 1970 to 1993: Trends and geographical variation. *Fisheries Management and Ecology* 3: 107 − 18.

―――. 2008. Global challenges in recreational fisheries. Oxford: Blackwell Publishing.

Aas, Ø., and R. B. Ditton 1998. Human dimensions perspectives on recreational fisheries management: Implications for Europe. In *Recreational fisheries, social economic and management aspects*, ed. P. Hickley and H. Tompkins, 153 − 64. Oxford: FAO/Fishing News Books.

Arlinghaus, R. 2004. *A human dimensions approach towards sustainable recreational fisheries management.* London: Turnshare.

―――. 2005. A conceptual framework to identify and understand conflicts in recreational fisheries systems, with implications for sustainable management. *Aquatic Resources, Culture and Development* 1:145 − 74.

―――. 2006. Understanding recreational angling participation in Germany: Preparing for demographic change. *Human Dimensions of Wildlife* 11:229 − 40.

Arlinghaus, R., and Mehner T., 2004. A management-orientated comparative analysis of urban and rural anglers living in a metropolis (Berlin, Germany). *Environmental Management* 33, 331 − 44.

Arlinghaus, R., T. Mehner, and I. G. Cowx. 2002. Reconciling traditional inland fisheries management and sustainability in industrialized countries, with emphasis on Europe. *Fish and Fisheries* 3:261 – 316.

Borch, T. 2004. Sustainable management of marine fishing tourism: Some lessons from Norway. *Tourism in Marine Environments* 1:49 – 57.

Borch, T., D. Policansky, and Ø. Aas. 2008. International fishing tourism. In *Global challenges in recreational fisheries*, ed. Ø. Aas, 268 – 91. Oxford: Blackwell Publishing.

Bryan, H. 1977. Leisure value systems and recreation specialization: The case of trout fishermen. *Journal of Leisure Research* 9:174 – 87.

Cohen, E. 1988. Authenticity and commodification in tourism. *Annals of Tourism Research* 15:371 – 86.

Cordell, K. 1999. Outdoor recreation in American life: A national assessment of demand and supply trends. Champaign, IL: Sagamore Publishing.

Ditton, R. B. 1999. Human dimensions in fisheries. In *Natural resource management: The human dimension*, ed. A. Ewert, 73 – 90. Boulder, CO: Westview Press.

———. 2004. Human dimensions of fisheries. In *Society and natural resources: A summary of knowledge prepared for the 10th International Symposium on Society and Resource Management*, ed. M. J. Manfredo, J. J. Vaske, B. L. Bruyere, D. R. Field, and P. J. Brown, 199 – 208. Jefferson, MI: Modern Litho.

Ditton, R. B., T. Aarts, R. Arlinghaus, A. Domarkas, T. Eriksson, A. Lofthus, E. Radaityte, et al. 2008. An international perspective on recreational fishing. In *Global challenges in recreational fisheries*, ed. Ø. Aas, 5 – 55. Oxford: Blackwell Publishing.

Driver, B. L. 1985. Specifying what is produced by management of wildlife by public agencies. *Leisure Sciences* 7:281 – 94.

Gartner, W. C., and D. W. Lime. 2000. *Trends in outdoor recreation, leisure and tourism.* Wallingford, CT: CABI Publishing.

Hunt, K. M., and R. B. Ditton. 2002. Freshwater fishing participation patterns of racial and ethnic groups in Texas. *North American Journal of Fisheries Management* 22: 52 – 65.

Jackson, E. L., and T. L. Burton. 1999. *Leisure studies: Prospects for the twenty-first century.* State College, PA: Venture Publishing.

Jenkins, R. 1996. *Social identity.* London: Routledge.

Manfredo, M. J., C. C. Harris, and P. J. Brown. 1984. The social values of an urban recreational fishing experience. In *Urban fishing symposium proceedings*, ed. L. J. Allen, 156 – 64. Bethesda, MD: American Fisheries Society.

Murdock, S. H., K. Backman, R. B. Ditton, M. Nazrul Hoque, and D. Ellis. 1992. Demographic change in the United States in the 1990s and the twenty-first century: Implications for fisheries management. *Fisheries* 17(2):6 – 13.

Murdock, S. H., D. K. Loomis, R. B. Ditton, and M. Nazrul Hoque. 1996. The implications of demographic change for recreational fisheries management in the United States. *Human Dimensions of Wildlife* 1:14 － 37.

Pitcher, T. J., and C. Hollingworth. 2002. *Recreational fisheries: Ecological, economic and social evaluation*. Oxford: Blackwell Publishing.

Policansky, D., R. Arlinghaus, R. Lukacovic, G. Mawle, T. F. Næsje, J. Schratwieser, E. Thorstad, and J. H. Uphoff Jr. 2008. Trends and development in catch and release. In *Global challenges in recreational fisheries*, ed. Ø. Aas, 202 － 236. Oxford: Blackwell Publishing.

Scott, D., and C. S. Schafer. 2001. Recreational specialization: A critical look at the construct. *Journal of Leisure Research* 33:319 － 43.

Seaton, A. V., and M. M. Bennett. 1996. *Marketing tourism products: Concepts, issues, cases*. London: International Thompson Business Press.

Stoeckl, N., R. Greiner, and C. Mayocchi. 2006. The community impacts of different types of visitors: An empirical investigation of tourism in North-west Queensland. *Tourism Management* 27:97 － 112.

Veal, A. J. 1999. Forecasting leisure and recreation. In *Leisure studies: Prospects for the twenty-first century*, ed. E. L. Jackson and T. L. Burton, 385 － 98. State College, PA: Venture Publishing.

Walsh, R. G., K. H. John, J. R. McKean, and J. G. Hof. 1989. Comparing long-run forecasts of demand for fish and wildlife recreation. *Leisure Sciences* 11:337 － 51.

Weithman, A. S. 1999. Socioeconomic benefits of fisheries. In *Inland fisheries management in North America*, 2nd ed., ed. C. C. Kohler and W. A. Hubert, 193 － 213. Bethesda, MD: American Fisheries Society.

Wightman, R., S. Sutton, K. Gillis, B. Matthews, J. Colman, and J. R. Samuelsen. 2008. Recruiting new anglers: Driving forces, constraints and examples of success. In *Global challenges in recreational fisheries*, ed. Ø. Aas, 303 － 23. Oxford: Blackwell Publishing.

Zwirn, M., M. Pinsky, and G. Rahr. 2005. Angling ecotourism: Issues, guidelines, and experiences from Kamchatka. *Journal of Ecotourism* 4:16 － 31.

第 18 章
次なる疾病への準備：
人と野生動物との接点

Jerry J. Vaske, Lori B. Shelby, and Mark D. Needham

訳：鈴木正嗣

　野生動物を管理し，その疾病の社会的重要性を理解するには，人間事象に関わる研究が不可欠である（Decker et al. 2006；Otupiri et al. 2000）．野生動物疾病に対しては，病理，伝播様式，疫学に関する多くの研究が行われてきたが，人間事象の研究は限定的である．生物学的・生態学的情報を欠く決定を好まない野生動物管理者は，一般の人々および他の利害関係者団体に関する情報に基づかない決定にも同様に躊躇するに違いない．疾病のリスクは，関連する利害関係者への理解と教育ならびに世論を取り込んだ政策の実施によって軽減できる．例えばSimonetti（1995）は，チリの公園管理者にとって，土地所有者の態度を理解することがシカの口蹄疫対策に有効であると述べている．人間事象の研究は，論述や予測，野生動物に対する人間の考えや行動への影響行使の試みにより，野生動物管理者に対し重要な情報を提供する．

　本章には3つの目的がある．①人が罹患する可能性のある野生動物疾病に加え，野生動物が罹患しない疾病についても明確化する．②ほとんどの疾病において人間事象研究は限られており，研究上の系統的パラダイムに従っていないことを示唆する．③慢性消耗病（CWD）を用い，野生動物疾病を対象とする人間事象研究のアプローチを例示する．生物学研究と同様に，人間事象の探求における系統的な計画は，次なる野生動物疾病の危機を理解し，それに備えるために不可欠である．

疾病に関わる人と野生動物の接点の概要

　動物と人との間で伝播する疾病（人獣共通感染症）は，最近10年間で発生した新興感染症の原因の2/3以上を占めた（Friend 2006）．これらの疾病は，野生動物や家畜との直接的あるいは間接的な接触により感染したことは疑う余地もない．直接的接触は，咬傷あるいは感染性のある体液や組織との接触によって起こる．職業（例：野生動物研究者，魚類や野生動物に関わる法執行官，肉処理業者など）上の危険性に起因する直接的接触により感染が起こることもある．消費的なレクリエーション（狩猟，釣り，罠がけ）においても感染した野生動物や肉に接触することがあり，非消費的レクリエーションでのリスクもある（例：ハイカーが罹患するライム病やキャンパーが罹患するハンタウイルス感染症）（Friend 2006）．例えば，給餌活動は野生動物と人との接触の機会を増加させ，動物を不自然に集合させて潜在的に感染を拡大させることになる．また，ペットとして飼育されている野生動物（例：何種かの両生類や爬虫類，鳥類），家畜化されたペット（例：イヌやネコ）や他の動物（例：ヒツジやウシ）から人獣共通感染症に曝露する可能性もある．家畜は，動物感染症の病原体に遭遇し，それを直接的あるいは間接的（例：ダニなどのキャリアの運搬）に人へと感染させる．汚染された水や土壌との接触あるいは空気媒介性の病原体の吸引（例：洞窟内では，コウモリの糞の堆積物が撹乱されることで吸引される）により，人が間接的に人獣共通感染症に感染することもある．

　主要な3つの傾向が人獣共通感染症を重大な問題へと発展させた．第1に，人口増加が野生動物の生息地を分断化し，野生動物の人間への接近を促した．これは，人に対しては野生動物からの感染の可能性を，野生動物に対しては人からの感染の可能性を増大させた．第2に，旅行と貿易の国際化が，疾病の伝搬と感染拡大の速度増加をもたらした．例えば重症急性呼吸器症候群（SARS）は，急速な伝播への恐怖により，旅行業界に対する経済的損失を引き起こした．国際貿易の振興に伴い，疾病が広がる可能性は増大する（例：汚染された食品の供給あるいは罹患した野生動物の輸送）．第3として，屋外レクリエーション活動への参加の増加は，野生動物と人との接近の機会を増加させた．例えばエコ・ツーリズムと冒険的観光旅行の人気は，人と野生動物とを本来の生活・生息環境では一

般的ではない疾病〔例：アフリカにおける野生動物の人型結核あるいはコスタリカでの渓流ラフティング客のレプトスピラ症（Friend 2006）〕を発生させることになった．

野生動物感染症に関わる視点や生物学，人への影響に対する理解は，人間事象研究の系統的な理論的枠組みの発展にとって不可欠である．これまでに人間事象的な研究が行われた疾病は限定的である．しかし，野生動物の疾病は，様々な種と環境に広がっている（例：齧歯類から大型哺乳類まで，海生哺乳類から淡水魚まで）．表18-1では，野生動物の疾病と人に対する影響を，野生動物のタイプごとに例示したものである（Childs, Mackenzie, and Richt 2007；Friend 2006；Kahn, Line, and Aiello 2006；Williams and Barker 2000；Wobeser 2007 を参照）．野生動物の疾病に関する生物学的理解は，関連する問題・関心の範囲（例：その疾病は人間に感染するか，教育によりその疾病の伝播は減少できるか，それに関わる野生動物の種は何か）を明示することで人間事象研究を促進する．表18-1に示した野生動物疾病は，人の社会経済，レクリエーション，健康に対する影響と関連する．野生動物疾病に関わる人間事象研究は，人による野生動物への影響と同様に，これらの影響の潜在的重要性についても考慮する必要がある．

野生動物疾病における人間事象

野生動物疾病の疫学や伝染に関する研究と比較すると，これらの疾病について人間事象の視点による研究はほとんどない（例として表18-2を参照）．ウシの結核（Brook and McLachlan 2006；Dorn and Mertig 2005；Stronen et al. 2007），口蹄疫（Poortinga et al., 2004），家禽ペスト〔ニューカッスル病（Brunet and Houbaert 2007）〕，ヨーネ病（Daniels et al. 2002），ライム病（Deblinger et al. 1993；Kilpatrick and LaBonte 2003），狂犬病（Gibbons et al. 2002；Sexton and Stewart 2007；Schopler, Hall, and Cowen 2005）のような疾病は，人間事象の観点から注目されている．表18-2に掲載した研究は知見の充実に寄与したが，野生動物疾病に関するほとんどの人間事象研究は，慢性消耗病を除き，1回限りの断片的な調査と特徴づけられる．系統的で理論性をベースとする人間事象の研究計画は，人と野生動物に対する潜在的な影響の広がりを解明するために不可欠である．人間事象に関わる研究で使われる広範な学問分野（例：社会心理学，

表 18-1　野生動物の疾病：関連する野生動物タイプと人への影響

野生動物タイプ	疾病	人への影響と特徴
両生類と爬虫類	サルモネラ症	ペット（トカゲ類やカメ類など）の取扱いが人への主要な感染源 哺乳類や鳥類，爬虫類，両生類，甲殻類より世界中で発見される 人への伝播は，食物や職業，レクリエーションを通じ発生することもある
鳥類	トリインフルエンザ	接触曝露により伝播する世界的な人獣共通感染症 アジアでは家禽，人，ネコ，ブタへの感染が記録されている 病原ウイルスが進化し，人為的な蔓延が憂慮される
	ウエストナイル熱	蚊に刺されることで，哺乳類（人やウマなど）や鳥類に伝播する 伝播は輸血や組織移植，まれに乳汁を通じて発生することもある 世界中で確認されているが，特に急速な蔓延は米国のウマで発生した（1999年の25件が2007年には15,000件となった）
淡水魚	背曲がり病	経済的な打撃となる魚類の大量死を引き起こす（例：人工孵化場や商業的・非商業的な釣り） 英国への伝播は米国からのニジマスの導入が原因となった
海生哺乳類	ブルセラ症，結核，レプトスピラ症，インフルエンザ	人への伝播は動物の直接的な取り扱いを通じて発生する
陸上哺乳類	ウシ海綿状脳症（BSE）	ウシの死亡による経済的損失 主として英国やヨーロッパ，カナダにおける人のクロイツフェルト・ヤコブ病と関連した汚染牛肉の摂食
	ウシ型結核	ウシ，ブタ，サル，バイソン，シカ，エルク，その他の哺乳類において世界中で発生している人獣共通感染症 シカやエルクに対する給餌とも関連する 肉の摂取，吸引，職業的曝露を通じ人に伝播
	ブルセラ症	ウシ，バイソン，エルク，トナカイ，ヤギ，ヒツジ，ラクダ，野生ブタ，イヌ，コヨーテから株が見つかった 人への伝播は仕事やレクリエーションでの曝露ならびに乳汁を介して発生する エルクのブルセラ症は給餌活動と関連する 野生動物から飼育されている動物への伝播も懸念される

つづく

表 18-1　野生動物の疾病：関連する野生動物タイプと人への影響（つづき）

野生動物タイプ	疾　病	人への影響と特徴
	口蹄疫	アジア，アフリカ，南米において，ウシやブタ，他の有蹄類に認められる 英国では家畜の損失と農家への保証による経済的な悪影響を生じている
	ハンタウイルス感染症	シカネズミや他の齧歯類の尿や糞，唾液に接することによる人への伝播が世界中で認められる（咬傷や吸引，汚染土壌を介する）
	後天性免疫不全症候群（ヒト免疫不全ウイルスHIVの感染）	霊長類の捕獲と食肉処理が人のHIVやAIDSの起源と信じられている
	ヨーネ病	世界中で認められる反芻類（シカ，バイソン，ヤギなど）の疾病 人のクローン病や農家における経済的損失と関連する
	レプトスピラ症	世界中で認められる疾病で，齧歯類から大型哺乳類に至る広い宿主域を有する 人への伝播は，レクリエーションや仕事で汚染された水と接することで発生する
	ライム病	世界中のシカや齧歯類で認められ，人への伝播はダニの咬傷に起因する
	狂犬病	主として食肉類（スカンク，アライグマ，キツネ，コヨーテなど）とコウモリに認められる 複数の州における人獣共通感染症としての狂犬病は，米国北部へのアライグマの移入に起因する 感染した動物による咬傷や閉鎖地域（洞窟など）での吸引により伝播する
	重症急性呼吸器症候群（SARS）	直接的接触に起因する中国や東南アジアにおける人獣共通感染症 ジャコウネコ科の動物に起因する可能性が高い 観光旅行の減少による深刻な経済的損失の原因となる

Friend（2006）と Kahn, Line, and Aiello（2006）を改変.
例示した疾病には，他の動物タイプも関連し，リストアップされていない人への影響が生じることもある.

表 18-2 野生動物疾病に関する人間事象研究

疾　病	動物種	調査対象	調査概念	引　用
ウシ型結核	シカ	ミシガン州の利害関係者	態度，知識，コミュニケーション	Dorn and Mertig 2005
ウシ型結核	エルク，ウシ	マニトバ州（カナダ）ライディング・マウンテン国立公園近くの農業者	リスク認識，管理事業への許容度	Brook and McLachlan 2006
ウシ型結核	オオカミ	マニトバ州（カナダ）ライディング・マウンテン国立公園近くの農業者	態度	Stronen et al. 2007
口蹄疫	家畜	英国における2つの地域共同体（ノリッジとビュード）	態度，リスク認識，信頼感	Poortinga et al. 2004
家禽ペスト（ニューカッスル病）	鳥類	多くの利害関係者	リスク認識，コミュニケーション	Brunet and Houbaert 2007
ヨーネ病	多数種	スコットランド東部の農業者	リスク認識，信条，行動	Daniels et al. 2002
ライム病	シカ	マサチューセッツ州のRichard T. Crane, Jr.記念保護区とCornelius and Mine Crane野生動物保護区	信条，懸念	Deblinger et al. 1993
ライム病	シカ	コネチカット州グロトンの地域共同体	公衆の認識，期待	Kilpatrick and LaBonte 2003
多数の感染症	多数種	ミシガン州の公的機関と野生動物担当部局の職員	野生動物疾病のコントロールを目的とする致死的管理に対する態度	Koval and Mertig 2004
多数の感染症	多数種	コロラド州の住民	認知階層，野生動物疾病のコントロールを目的とする罠捕獲に対する態度	Manfredo et al. 1999
狂犬病	コウモリ類	米国洞窟学会の会合参加者	知識，リスク認識	Gibbons et al. 2002
狂犬病	コウモリ類	コロラド州フォートコリンズの住民	精通度，知識，リスク認識，認知階層，コミュニケーション	Sexton and Stewart 2007

（つづく）

第18章　次なる疾病への準備：人と野生動物との接点　　*251*

表 18-2　野生動物疾病に関する人間事象研究（つづき）

疾病	動物種	調査対象	調査概念	引用
狂犬病	コウモリ類	ミネソタ州の住民	知識	Liesener et al. 2006
狂犬病	多数種	ノースカロライナ州の野生動物リハビリテータ	知識，ポリシー	Schopler, Hall, and Cowen 2005
人獣共通感染症	多数種	食料品部門の非専門家と専門家	リスク認識，コミュニケーション，価値観，モラル	Jensen et al. 2005
人獣共通感染症	多数種	アイダホ州ティトン地域	態度	Peterson, Mertig, and Liu 2006
人獣共通感染症	アフリカの野生動物	中央アフリカにおける17の地方村	リスク認識，狩猟様式	LeBreton et al. 2006
人獣共通感染症	ウシ	ガーナのと畜場作業員	知識，態度，信条，行動	Otupiri et al. 2000

慢性消耗病についても多くの研究が行われている（表18-3を参照）．

経済学，コミュニケーション）から引き出される理論的概念（例：知識，リスク，信条，姿勢，行動反応）は，野生動物疾病における人間の位置づけについての理解を促し，得られた知見について，一般化の可能性，信頼性，妥当性を拡大させることができる．このような推奨すべき系統的アプローチは，慢性消耗病に関する人間事象研究により例証されている．

慢性消耗病における人間事象

　本章で議論された他の疾病と異なり，慢性消耗病については一連の人間事象研究が集積されている．過去5年で，慢性消耗病に関しては少なくとも23編の人間事象研究が学術誌に掲載された（表18-3を参照）．この節では慢性消耗病について概説するとともに，慢性消耗病に関する人間事象研究で得られている現時点での結果を総括する．米国内の複数の州にまたがる多様な利害関係者（例：狩

表18-3 慢性消耗病に関する人間事象研究

調査概念*	調査対象	引用
社会心理学的研究		
価値観，信頼感，知識，リスク認識	コロラド州とニューヨーク州の大型獣専門の狩猟ガイド	Anderies 2006
行動に関わる意向，満足度，情報，コミュニケーション，信頼感，知識	ニューヨーク州の一般市民とシカ狩猟者	Brown et al. 2006
懸念，行動	ユタ州ブラックヒルズのシカ狩猟者	Gigliotti 2004
態度，行動	ウィスコンシン州の狩猟者	Holsman and Petchenik 2006
行動，リスク認識，情報	北部イリノイ州の7地域	Miller 2003
信条，行動	イリノイ州のシカ狩猟者	Miller 2004
信条，受容度，リスク認識	シカの狩猟者（8州：アリゾナ，コロラド，ネブラスカ，ノースダコタ，サウスダコタ，ユタ，ウィスコンシン，ワイオミング）とエルクの狩猟者（3州：コロラド，ユタ，ワイオミング）	Needham, Vaske, and Manfredo 2004
行動，リスク認識，レクリエーション限定	シカの狩猟者（8州）とエルクの狩猟者（3州）	Needham et al. 2007
態度，行動，知識	ウィスコンシン州南西部の慢性消耗病撲滅計画地域に居住する土地所有者	Petchenik 2006
信条	ウィスコンシン州南西部の慢性消耗病撲滅計画地域に居住する狩猟者と非狩猟者	Stafford et al. 2007
態度，行動，受容度	ウィスコンシン州のシカ狩猟者	Vaske et al. 2006a
行動，リスク，信頼感，類似性	ウィスコンシン州のシカ狩猟者	Needham and Vaske 2008 Vaske et al. 2004
人間集団に関わる研究		
州，年，利益集団に横断的な信条	シカの狩猟者（8州）とエルクの狩猟者（3州）ウィスコンシン州南西部の慢性消耗病撲滅計画地域に居住する狩猟者と非狩猟者	Needham and Vaske 2006

（つづく）

表 18-3　慢性消耗病に関する人間事象研究（つづき）

調査概念*	調査対象	引用
異なる州と居住地に横断的なリスク回避行動	シカの狩猟者（8州）とエルクの狩猟者（3州）	Needham, Vaske, and Manfredo 2006
コミュニケーションに関わる研究		
コミュニケーション，情報	州の野生動物担当部署のウェブサイト	Eschenfelder 2006；Eschenfelder and Miller 2007
情報源，知識	コロラド州とウィスコンシン州の狩猟者	Vaske et al. 2006b
経済性に関わる研究		
経済的な影響	既存データ	Bishop 2004
経済的な影響	既存データと公共的な情報源	Seidl and Koontz 2004
その他		
ポリシー	ウィスコンシン州の既存データ	Heberlein 2004
組織の能力	24州の野生動物担当部署と12州の農業担当部署	Burroughs, Riley, and Taylor 2006
管理上のフレームワーク	既存データ	Decker et al. 2006

*ここにリストアップした研究は，経済性やコミュニケーション，社会心理に関わる多くの調査概念と情報のタイプを網羅している．

猟者，非狩猟者，狩猟ガイド）の信念や態度，行動の理解を目的に，しばしば共通の調査方法を用いることで社会心理，経済，コミュニケーション理論において見出された概念が直接的に一元化された．利害関係者からは，表 18-1 や表 18-2 に示された各種野生動物疾病についてそれぞれに特有な人間事象に関わる質問が提示されるが，慢性消耗病の研究で採用された一般的なアプローチは，それらに

ついても適用することができる．

　慢性消耗病は，羊のスクレピー，ウシのウシ海綿状脳症，人のクロイツフェルト・ヤコブ病と同様なシカ，エルク，ヘラジカの神経系疾患である．慢性消耗病は，1960年代〜1970年代に飼育下にあるシカとエルクで，1980年代〜1990年代にはコロラド州とワイオミング州の野生の群で確認された．この疾病は，現在のところ米国の11州（コロラド，イリノイ，カンザス，ネブラスカ，ニューメキシコ，ニューヨーク，サウスダコタ，ユタ，ウェストバージニア，ウィスコンシン，ワイオミング）およびカナダの2州（アルバータ，サスカチュワン）の野生個体に存在することが知られている．飼育個体においては，他の州（例：ミネソタ，モンタナ，オクラホマ）や国（例：韓国）で報告されている．慢性消耗病に罹患した全ての個体は，衰弱と異常行動を起こし死に至る．慢性消耗病が人の健康の危険をもたらす証拠は確認されていないが，人間への伝達の可能性は捨て去ることはできない（レビューとして Williams et al. 2002 を参照）．

　慢性消耗病によって影響を受けた主要な利害関係者の1つは狩猟者である．その結果，慢性消耗病に関するほとんどの人間事象研究は，狩猟者の"病に対応した何らかの関与""慢性消耗病の人の健康に対する潜在的リスクへの認識""疾病が野生動物に与える影響に対する懸念"を調査している（Brown et al. 2006；Gigliotti 2004；Miller 2003, 2004；Needham et al. 2007；Needham, Vaske, and Manfredo 2004, 2006；Stafford et al. 2007；Vaske et al. 2004, 2006a, 2006b）．研究では，狩猟者の慢性消耗病に関する知識，管理策（例：検査や個体数削減）への受容度，対策を担当している機関への信頼感も測定された（Brown et al. 2006；Miller 2003；Needham and Vaske 2008；Vaske et al. 2006b）．また，狩猟者集団内の下位グループ間の比較〔例：シカ猟従事者とエルク猟従事者との比較，居住狩猟者と一時滞在狩猟者との比較（Needham, Vaske, and Manfredo2004, 2006）〕，狩猟者とそれ以外の利害関係者〔例：土地所有者（Stafford et al. 2007）や狩猟ガイド（Anderies 2006）〕との認識の比較も行われてきた．いくつかの研究は，慢性消耗病を管理する機関の能力や，その疾病の情報を周知させるためのインターネット等の多様な経路の効果測定に取り組んだ（Eschenfelder 2006；Heberlein 2004）．狩猟，野生動物観察，観光，シカやエルクの飼養に対する経済的影響を評価した研究もある（Bishop 2004；Seidl and

Koontz 2004)．人間事象研究においては，慢性消耗病研究と同様に，対象とする各野生動物疾病の利害関係者を集団ごとに区分して解析しなければならない．

行動の決定

いくつかの州で慢性消耗病発見直後に行われた研究では，限られた狩猟者（10%未満）しか狩猟に出る頻度や猟場を変えようとしなかったことが明らかになった（例：Gigliotti 2004；Miller 2003, 2004）．現時点での慢性消耗病の流行レベルでは，狩猟者は動物の異常行動を見出そうとしたり，動物を検査しようとしたり，あるいは捕獲した動物の肉を食べようとしなかったりしている（Brown et al. 2006；Gigliotti 2004；Miller 2003, 2004；Vaske et al. 2004）．しかし，もし流行が急に激化した場合には，狩猟への参入状況における重大な変化が生じる可能性が高い．

一連の報告（Needham, Vaske, and Manfredo 2004, 2006；Needham et al. 2007）において，8つの州の狩猟者が"慢性消耗病の流行レベルと人の健康に対するリスク（すなわち死）の増加"という仮説的シナリオに回答している．もし州内のシカやエルクの50%が感染していたとすれば，居住者の38%と非居住者の52%がその州でのシカやエルクの狩猟をやめると回答した．この流行レベルで，慢性消耗病により狩猟者が死亡するというシナリオにおいては，居住者の53%と非居住者の64%とがやめると答えた．アリゾナ州とノースダコタ州の狩猟者は，最も行動を変更しやすいようであった．これらの州に慢性消耗病が存在しないとすれば，その状況は新たなリスクを引き起こすかもしれない．ウィスコンシン州（ここでの狩猟には強固な伝統がある）では，狩猟者が行動を変える可能性は最も低かった．シナリオならびに州を通じ，(a) 狩猟者は，シカやエルクの狩猟をする猟場（州）を変えるよりも，これらの種の猟そのものをやめてしまう可能性が高く，(b) 居住者は狩猟をやめる可能性が高く，非居住者は猟場を他の州に変える可能性が高く，(c) 狩猟初心者あるいは猟に不慣れな者は狩猟をやめ，ベテラン狩猟者は他州に猟場を切り替える可能性が高かった．慢性消耗病による狩猟者の減少は，野生動物管理担当部署の収入（例：狩猟ライセンスの売り上げ）と事業計画に影響するとともに，これら部署への支援の減少や狩猟に依存するコミュニティーの文化的伝統と社会経済学的安定先を抑制することになる．したがって，上述のような知見の重要度は高い．

リスクに対する懸念と認識

慢性消耗病に対する狩猟者の懸念や認識度を調査した研究もある．例えば Needham and Vaske（2006, 2008）は，8つの州の大多数の狩猟者は，慢性消耗病が人へのリスクの原因となるため除去されるべきとの考えに同意し，人間への感染の可能性から自分や家族がシカやエルクを食べることに不安感を抱いている．狩猟者は慢性消耗病の脅威が誇張されてきたとは考えてはいない．

Gigliotti（2004）は，サウスダコタ州の狩猟者の 2/3 が慢性消耗病を心配していると報告した．イリノイ州では多くの狩猟者がシカに対する慢性消耗病の影響について関心をもち，その疾病が人に感染すると信じていた（Miller 2004）．ニューヨーク州の大多数の狩猟者は，狩猟ならびに人やシカの健康に与える慢性消耗病の影響について関心をもっていた（Brown et al. 2006）．ウィスコンシン州で慢性消耗病が確認された後，慢性消耗病が原因で狩猟を行わなかった者は，一般狩猟者に比べその疾病に関わるリスクの認知度が 16 倍に達すると考えられた（Vaske et al. 2004）．このような研究は，一般大衆と利害関係者集団における野生動物疾病のリスクに対する懸念と認識危険に関する理解を促進し，疾病に関する管理技術と広報活動の必要性と潜在的有効性とを測定するうえでも不可欠である．

情報源と知識

Vaske et al.（2006b）は，慢性消耗病に関する狩猟者の情報源と知識とについて調査した．慢性消耗病に関する正誤を答えさせる二者択一問題に，ウィスコンシン州の狩猟者の 32% とコロラド州の狩猟者の 44% は，少なくとも半数の設問に正確に答えることができなかった．このことは，情報提供に対する行政の努力にも関わらず，両州の狩猟者の多くが慢性消耗病に関する十分な知識をもたないことを示唆した．狩猟者が慢性消耗病に関する知識を深めるために有効な情報源は，新聞，野生動物関連機関のウェブサイト，狩猟管理に関するパンフレットであった．

イリノイ州北部のほとんどの狩猟者が慢性消耗病を認知し，この疾病がイリノイ州や他の州に存在することを知っていることを Miller（2003）は確認した．ほとんどの狩猟者は慢性消耗病の情報を新聞や友人・親類，テレビ，雑誌から得ていた．ニューヨーク州では，慢性消耗病についてほとんどの狩猟者が州内で

の存在をよく知っており，関連情報を新聞やテレビのニュースで見聞きしていた（Brown et al. 2006）．病気に関する知識の浸透と一般に用いられ有効とされる情報源との関係性の評価は，関連機関が情報伝達や教育の方法の改善につながると考えられる．

野生動物関連機関に対する信頼度

大多数の狩猟者は，最大限の能力を行使し慢性消耗病管理に携わる野生動物機関を信頼している．8つの州の狩猟者は，概して慢性消耗病と疾病の管理に関わる広報を，州の担当機関を信頼しここに委任している（Needham and Vaske 2008）．ウィスコンシン州では，慢性消耗病対応策の導入（例：根絶を目的とする劇的な生息数削減策）に関わる論争が起こったにもかかわらず，狩猟者は州の自然資源局を信頼していた（Stafford et al. 2007）．同様に，イリノイ州とニューヨーク州の大多数の狩猟者は，担当機関の慢性消耗病対策と広報への努力に対し満足していた（Brown et al. 2006；Miller 2003）．

Needham and Vaske（2008）は，個人の健康に対する狩猟者のリスク意識の程度と，このリスク意識の決定要因となる州政府機関への信頼度の影響とを調査した．機関を信頼していた狩猟者は，慢性消耗病のリスクの低さを認識していたが，その信頼度はリスクの分散のわずか8％までしか説明できなかった．狩猟者は担当機関を信頼してはいたが，それでも慢性消耗病が個人の健康に関わるリスクを有すると考えていた．野生動物の疾病管理を課せられた機関に対する信頼度の理解は重要である．なぜなら，担当機関への信頼不足はリスク意識を増大させ，人々が行動を変えてしまうこと（例：狩猟の中断）につながる可能性をもつためである．担当機関への信頼を維持させるための努力は住民との肯定的な関係を促進し，管理事業への支持を増大させることができる．

管理策の受容

多くの研究は，慢性消耗病管理を目的とする現行ならびに実施される可能性のある戦略に対する狩猟者の態度を検討した（例：Needham, Vaske, and Manfredo 2004, 2006；Petchenik 2006；Vaske et al. 2006a）．ほとんどの州と研究事例の狩猟者にとって，(a) 慢性消耗病調査を目的とする捕獲ならびに汚染地域での生息数削減のために狩猟者が使われることは受容可能な戦略であり，(b) 関係機関が対応策を講じずに慢性消耗病の経過を成り行き任せとすることには承

諾しがたく，(c) 機関のスタッフが生息数削減に使われることは論争の的となった．狩猟者は，慢性消耗病の拡大を最小限に留め，それを群から除去するための努力も支援した．狩猟期延長や無料のライセンスやタグはほとんどの狩猟者に支持されたが，罹患動物の捕獲を目的とする金銭による誘導はあまり好まれなかった（Petchenik 2006）．管理策の受容度を考察する人間事象研究は，世論の集結を促進するための情報を提供する．そのような研究は，さらには公的な教育やコミュニケーションの必要性を明示させる可能性もある．社会や利害関係者の支持を得ることは，野生動物疾病管理の成功の促進に直結する．

他の利害関係者

少数の慢性消耗病研究は狩猟者以外の集団にも注目した．例えば Stafford ら（2007）は，ウィスコンシン州の非狩猟者である土地所有者が州当局による慢性消耗病管理を信任し，その疾病が管理されるべきことにも合意のうえで，シカの健康とシカ肉の安全性について関心を有することを確認した．狩猟者と比較すると，非狩猟者は狩猟への関心をもっていなかった．Brown et al.（2006）は，ニューヨークの市民を狩猟者と比較し，前者が（a）慢性消耗病ならびにそれに関して行政がどう広報しているかについてあまり知識がないこと，(b) 野生動物や人に対する慢性消耗病の潜在的な影響については同様に関心をもつこと，の2点を明らかにした．狩猟ガイドの慢性消耗病への反応を調査した唯一の研究（Anderies 2006）では，ほとんどのガイドが慢性消耗病に関する知識が豊富であり，その疾病を管理する機関を信任し，そしてその会社と産業に対する慢性消耗病の影響について関心をもっていることが確認された．一般に，野生動物疾病に関わる人間事象研究は，他種多様な集団を組み込んで行われるべきである．異なる利害関係者は，野生動物疾病のコントロールのために受容し得る戦略について，異なる信条をもつ可能性がある．

経済的影響

慢性消耗病のもつ潜在的な経済的影響には，(a) 狩猟離れならびに狩猟ライセンスやツーリズムなどの収入源に与える影響，(b) 野生動物ウオッチング活動の減少，(c) 養鹿産業に影響する商取引の規制と肉の安全性に関する認識，(d) 生息数削減に関わる米国政府による補償，(e) 調査研究のための資金，などがある（Seidl and Koontz 2004）．例えばウィスコンシン州では，州内における慢性

第 18 章　次なる疾病への準備：人と野生動物との接点　*259*

消耗病の発見年の翌年（2002 年）に，狩猟ライセンス売り上げの年間最大の下落（11%）を記録した（Heberlein 2004）．これによる経済的影響は，2002 年には 5,500 万ドル近くに達し，2003 年には 3,300 万ドルと見積もられた（Bishop 2004）．非居住者向けライセンスの売り上げは年 600 万ドル減少し，疾病対策として 1,500 万ドル以上が費やされた（Bishop 2004）．人間事象研究は，公的ならびに他の利益団体に関する情報を呈示することができ，これは野生動物疾病に起因する経済的影響の予測と対応に役立つ．

結　論

　本章では疾病問題を軸に人と野生動物との関連性を要約した．動物と人間との間で伝搬する疾病は，新興再興感染症の 3 分の 2 以上を占める．これらの疾病には，社会や経済，レクリエーション，環境に関わる諸問題が存在する．野生動物疾病の病理学や疫学は重要視されてきたが，これら諸問題に関わる人間事象研究は限定的であった．本章では，ほとんどの野生動物疾病についての散発的な人間事象研究を総覧した．しかし，野生動物疾病が有する多様な人間事象的視点についての系統的な研究プログラムは不可欠である．最近の慢性消耗病研究は，この方向性の出発点と位置づけられ，次なる野生動物疾病に備えるための人間事象的情報の必要性を強く示している．

引用文献

Anderies, A. J. 2006. The impact of shared values, trust, and knowledge on big game outfitters' risk perceptions associated with chronic wasting disease. Master's thesis, Colorado State University.

Bishop, R. C. 2004. The economic impacts of chronic wasting disease (CWD) in Wisconsin. *Human Dimensions of Wildlife* 9:181 – 92.

Brook, R. K., and S. M. McLachlan. 2006. Factors influencing farmers' concerns regarding bovine tuberculosis in wildlife and livestock around Riding Mountain National Park. *Journal of Environmental Management* 80:156 – 66.

Brown, T. L., D. J. Decker, J. T. Major, P. D. Curtis, J. E. Shanahan, and W. F. Siemer. 2006. Hunters' and other citizens' reactions to discovery of CWD in central New York. *Human Dimensions of Wildlife* 11:203 – 14.

Brunet, S., and P. Houbaert. 2007. "Involving stakeholders: The Belgian fowl pest crisis.

Journal of Risk Research 10:643 — 60.

Burroughs, J. P., S. J. Riley, and W. W. Taylor. 2006. Preparedness and capacity of agencies to manage chronic wasting disease. *Human Dimensions of Wildlife* 11:227 — 28.

Childs, J. E., J. S. Mackenzie, and J. A. Richt. 2007. *Wildlife and emerging zoonotic diseases: The biology, circumstances and consequences of cross-species transmission.* Oxford: Springer.

Daniels, M. J., M. R. Hutchings, D. J. Allcroft, I. J. McKendrick, and A. Greig. 2002. Risk factors for Johne's disease in Scotland: The results of a survey of farmers. *Veterinary Record* 150:135 — 39.

Deblinger, R. D., D. W. Rimmer, J. J. Vaske, G. M. Vecellio, and M. P. Donnelly. 1993. Ecological benefits and hunter acceptance of a controlled deer hunt in coastal Massachusetts. *Northeast Wildlife* 50:11 — 20.

Decker, D. J., M. A. Wild, S. J. Riley, W. F. Siemer, M. M. Miller, K. M. Leong, J. G. Powers, and J. C. Rhyan. 2006. Wildlife disease management: A manager's model. *Human Dimensions of Wildlife* 11:151 — 58.

Dorn, M. L., and A. G. Mertig. 2005. Bovine tuberculosis in Michigan: Stakeholder attitudes and implications for eradication efforts. *Wildlife Society Bulletin* 33:539 — 52.

Eschenfelder, K. R. 2006. What information should state wildlife agencies provide on their CWD websites? *Human Dimensions of Wildlife* 11:221 — 23.

Eschenfelder, K. R., and C. A. Miller. 2007. Examining the role of website information in facilitating different citizen-government relationships: A case study of state chronic wasting disease websites. *Government Information Quarterly* 24:64 — 88.

Friend, M. 2006. *Disease emergence and resurgence: The wildlife-human connection.* (circular 1285). Reston, VA: U.S. Geological Survey.

Gibbons, R. V., R. C. Holman, S. R. Mosberg, and C. E. Rupprecht. 2002. Knowledge of bat rabies and human exposure among United States cavers. *Emerging Infectious Diseases* 8:532 — 34.

Gigliotti, L. M. 2004. Hunters' concern about chronic wasting disease in South Dakota. *Human Dimensions of Wildlife* 9:233 — 35.

Heberlein, T. A. 2004. Fire in the Sistine Chapel: How Wisconsin responded to chronic wasting disease. *Human Dimensions of Wildlife* 9:165 — 79.

Holsman, R. H., and J. Petchenik. 2006. Predicting deer hunter harvest behavior in Wisconsin's chronic wasting disease eradication zone. *Human Dimensions of Wildlife* 11:177 — 89.

Jensen, K. K., J. Lassen, P. Robinson, and P. Sandoe. 2005. Lay and expert perceptions of zoonotic risks: Understanding conflicting perspectives in the light of moral theory. *International Journal of Food Microbiology* 99:245 — 55.

Kahn, C. M., S. Line, and S. E. Aiello, eds. 2006. *Merck Veterinary Manual*, 9th ed. Whitehouse Station, NJ: Merck. www.merckvetmanual.com/mvm/index.jsp (accessed December 13, 2007).

Kilpatrick, H. J., and A. M. LaBonte. 2003. Deer hunting in a residential community: The community's perspective. *Wildlife Society Bulletin* 31:340 − 48.

Koval, J. H., and A. G. Mertig. 2004. Attitudes of the Michigan public and wildlife agency personnel toward lethal wildlife management. *Wildlife Society Bulletin* 32:232 − 43.

LeBreton, M., A. T. Prosser, U. Tamoufe, W. Sateren, E. Mpoudi-Ngole, J. L. D. Diffo, D. S. Burke, and N. D. Wolfe. 2006. Patterns of bushmeat hunting and perceptions of disease risk among central African communities. *Animal Conservation* 9:357 − 63.

Liesener, A. L., K. E. Smith, R. D. Davis, J. B. Bender, R. N. Danila, D. F. Neitzel, G. E. Nordquist, S. R. Forsman, and J. M. Scheftel. 2006. Circumstances of bat encounters and knowledge of rabies among Minnesota residents submitting bats for rabies testing. *Vector-Borne and Zoonotic Diseases* 6:208 − 15.

Manfredo, M. J., C. L. Pierce, D. Fulton, J. Pate, and B. R. Gill. 1999. Public acceptance of wildlife trapping in Colorado. *Wildlife Society Bulletin* 27:499 − 508.

Miller, C. A. 2003. Hunter perceptions and behaviors related to chronic wasting disease in Northern Illinois. *Human Dimensions of Wildlife* 8:229 − 30.

———. 2004. Deer hunter participation and chronic wasting disease in Illinois: An assessment at time zero. *Human Dimensions of Wildlife* 9:237 − 39.

Needham, M. D., and J. J. Vaske. 2006. Beliefs about chronic wasting disease risks across multiple states, years, and interest groups. *Human Dimensions of Wildlife* 11:215 − 20.

———. (2008). Hunter perceptions of similarity and trust in wildlife agencies and personal risk associated with chronic wasting disease. *Society and Natural Resources* 21:197 − 214.

Needham, M. D., J. J. Vaske, and M. J. Manfredo. 2004. Hunters' behavior and acceptance of management actions related to chronic wasting disease in eight states. *Human Dimensions of Wildlife* 9:211 − 31.

———. 2006. State and residency differences in hunters' responses to chronic wasting disease. *Human Dimensions of Wildlife* 11:159 − 76.

Needham, M. D., J. J. Vaske, M. P. Donnelly, and M. J. Manfredo. 2007. Hunting specialization and its relationship to participation in response to chronic wasting disease. *Journal of Leisure Research* 39:413 − 37.

Otupiri, E., M. Adam, E. Laing, and D. B. Akanmori. 2000. Detection and management of zoonotic diseases at the Kumasi slaughterhouse in Ghana. *Acta Tropica* 76:15 − 19.

Petchenik, J. 2006. Landowner responses to harvest incentives in Wisconsin's south-west chronic wasting disease eradication zone. *Human Dimensions of Wildlife* 11:225 − 26.

Peterson, M. N., A. G. Mertig, and J. G. Liu. 2006. Effects of zoonotic disease attributes on public attitudes towards wildlife management. *Journal of Wildlife Management* 70:1746 − 53.

Poortinga, W., K. Bickerstaff, I. Langford, J. Niewohner, and N. Pidgeon. 2004. The British 2001 foot and mouth crisis: A comparative study of public risk perceptions, trust and beliefs about government policy in two communities. *Journal of Risk Research* 7:73 − 90.

Schopler, R. L., A. J. Hall, and P. Cowen. 2005. Public veterinary medicine: Public health survey of wildlife rehabilitators regarding rabies vector species. *JAVMA − Journal of the American Veterinary Medical Association* 227:1568 − 72.

Seidl, A. F., and S. R. Koontz. 2004. Potential economic impacts of chronic wasting disease in Colorado. *Human Dimensions of Wildlife* 9:241 − 45.

Sexton, N. R., and S. C. Stewart. 2007. *Understanding knowledge and perceptions of bats among residents of Fort Collins, Colorado.* (open-file report 2007-1245). U.S. Geological Survey, Biological Resources Division.

Simonetti, J. A. 1995. Wildlife conservation outside parks is a disease-mediated task. *Conservation Biology* 9:454 − 56.

Stafford, N. T., M. D. Needham, J. J. Vaske, and J. Petchenik. 2007. Hunter and nonhunter beliefs about chronic wasting disease in Wisconsin. *Journal of Wildlife Management* 71:1739 − 44.

Stronen, A. V., R. K. Brook, P. C. Paquet, and S. McLachlan. 2007. Farmer attitudes toward wolves: Implications for the role of predators in managing disease. *Biological Conservation* 135:1 − 10.

Vaske, J. J., M. D. Needham, P. Newman, M. J. Manfredo, and J. Petchenik. 2006a. Potential for conflict index: Hunters' responses to chronic wasting disease. *Wildlife Society Bulletin* 34:44 − 50.

Vaske, J. J., M. D. Needham, N. T. Stafford, K. Green, and J. Petchenik. 2006b. Information sources and knowledge about chronic wasting disease in Colorado and Wisconsin. *Human Dimensions of Wildlife* 11:191 − 202.

Vaske, J. J., N. R. Timmons, J. Beaman, and J. Petchenik. 2004. Chronic wasting disease in Wisconsin: Hunter behavior, perceived risk, and agency trust. *Human Dimensions of Wildlife* 9:193 − 209.

Williams, E. S., and I. K. Barker. 2000. *Infectious diseases of wild mammals.* Malden, MA: Blackwell.

Williams, E. S., M. W. Miller, T. J. Kreeger, R. H. Kahn, and E. T. Thorne. 2002. Chronic wasting disease of deer and elk: A review with recommendations for management. *Journal of Wildlife Management* 66:551 − 63.

Wobeser, G. A. 2007. Disease in wild animals: Investigation and management. Oxford: Springer.

第19章
21世紀の野生動物の観察市場と管理の接点における挑戦と機会

Stephen F. McCool

訳：八代田千鶴

　21世紀における3つの重要な流れが1つになることで，野生動物の管理者や保護地域の管理人，地域社会の開発者は生物多様性保全のための新たな機会を得ることができ，地域社会での生活がよくなり，生活の質が向上することになる．そして，これらの流れは興味深く豊かな可能性を提供する一方で，野生動物の観察市場と管理の共通部分においてもたぐいまれな挑戦となる．健全な野生動物の個体群の存在は質の高い生活を送るうえで重要であり，このような挑戦や機会を理解し対応することが重要な政策領域となっている．

　これらの流れのなかでも，レクリエーション活動として野生動物の観察に対する関心が高まっている．米国における全世帯の約4分の1は，庭先または旅行中に野生動物の観察を行っていることが報告されている (U.S. Fish and Wildlife Service 2007)．野生動物の観察を行っている米国人の数は徐々に増加しており，生活に意義をもたらすその活動に対して，10億ドル以上のお金が費やされている．2005年には国外から何百万もの観光客が訪れたが，世界観光機関によると観光客の約7%がハイキングや自然観察，野生動物の観察といった自然に親しむ観光をしていると見積もられている．裏庭での鳥の観察，カナダのチャーチル近郊でのホッキョクグマの観察，南アフリカ沖でのホホジロザメを観察するケージ・ダイビング，ルワンダでの近距離からのマウンテンゴリラ観察など，野生動物の観察市場は成長しつつある活動である．

2番目の流れは，経済発展の手段として観光事業を利用する政策の拡大である．これは，アフリカのような第三世界の多くの国で重要な関心事である．そこでは，観光事業からの収益が外貨の重要な資金源であり，旅行客の出費は地元住民に雇用をもたらすだけでなく，野生動物と生物多様性保全のための資金提供にも役立つものとなる．例えば，サハラ以南のアフリカでは，約3億人（人口の40%以上）が，極めて貧しい生活をしている（1日あたりの収入は1米ドルかそれ以下）．非常に貧しい地域の多くには豊かな生物多様性が存在しており，太陽や海，砂浜といった従来のイメージだけではなく，野生動物とそれに関連する生物多様性に基づいた観光事業の発展（とそれが生み出す収入）により，人々の生活の質は大きく影響されるだろう．最後に，北米においては，多くの農村社会において自然に基づいた観光事業の発展または拡大の基盤として野生動物資源の活用に関心がもたれている．

3番目の流れは，地球規模の気候変動，生物多様性の保護，清浄な水に関する議論を通して同時に明らかになった高まりつつある環境についての懸念である．1980年代以降，環境に依存した人間生活と，人間活動による悪影響を減少させる方法を考えて実行する必要性について，人々の価値観や信念が大きく変化した．野生動物の観察はしばしば，保護担当機関やNGOにとって，環境に対する人間活動の影響を伝えるための手軽で効果的な媒体となっている．

21世紀におけるこれら3つの流れが合流することで，野生動物管理者の重要性が高まるだけでなく，生物多様性を保全し人間の生活を向上させる革新的な機会が生み出されるだろう．これらの流れが1つになり，人々がこの合流に関して正当に評価し始めた時に，生物多様性の保護と人間生活の質とのつながりに対する理解も進むだろう．特に，地域社会が野生動物の観察による経済的利益を追求したり，野生動物管理者が野生動物の生息地と個体群をよりよく管理するための方法を検討したりする場合に，市場と管理の共通部分について理解する必要がある．

このような流れが1つになることによってもたらされる需要と機会は，市場と管理が重なり合ったシステムとみなした枠組みを通してのみつくり出すことができるだろう．本章では，この共通部分の特徴を調査し，野生動物の観察における問題を考慮したシステムを適用することで得られる挑戦と機会について解説す

る．焦点を当てるのは，構造化され意図的に設計された自然を中心とする野生動物観察の設定に関してである．本章では，故意に印象主義的な記述をしており，関連する文献の体系的な総説であることを意図してはいない．その代わり，管理と市場について野生動物管理者と議論を行った筆者の理解と経験に基づいている．

市場と管理の接点

野生動物観察の機会を意義深いものとし，有益な影響をもたらす状況は，偶然に起こるものではない．それは十分考慮したうえで，機能し続け，そして注意深く実施されるべきである．生物学的な側面を注意深く検討しなければならないだけでなく，社会学的な側面についても同様に慎重な研究を行わなければならない．野生動物の観察を経験する機会をつくり出すことは，生物学と社会学的側面の両方を慎重に組み合わせる必要がある．

したがって，この意味において管理と市場に対する伝統的な概念を修正しなければならないかもしれない．ここでいう管理とは，現地生産や野生動物の生息地と個体群の保全として定義されるだけでなく，野生動物の生息地と行動について必要な設備や解説プログラム，情報を通した野生動物観察の機会に接することを促す活動としても定義される．

市場とは，人々が期待している経験と管理によって提供される機会の間につくり出される"つながり"を確実にするために計画された活動とみなすことができる伝統的な定義において，ある需要を満たす価格，宣伝，場所，生産物の組合せと考えられている（Heath and Wall 1991）．市場は情報や知識，認識は除いたアクセスにも関連している．市場に関する2つの定義は一貫しているが，市場がしばしば観光事業の発展と関連した宣伝活動を越えたものになっていることが重要な点である．

システム思考の応用（Senge 1990）は，市場と管理がつながる過程を理解する大きな助けとなるだろう．システムは，関連した事項の集合であり，それらが関係して全体を構成する複雑なものである．それぞれのシステムには目的があり，より大きなシステムの中に位置付けられることになる．また，システムはフィードバックとしての役目を果たすループも含んでいる．管理と市場は，経済発展と

環境保護を扱うさらに大きな社会的システムの中のサブシステムとみなすことができる．図 19-1 は 2 つのサブシステムを単純化して表示したものであり，野生動物観察の設定で交差することを示している．サブシステムはそれぞれ，いくつかの要素とその関連から構成されており，原因と結果の間には時間的遅れが生じることになる．結果として，観光客が体験できる経験は他の活動と政策の中の要素となるため，衝突するか互いを強化するかのどちらかとなる可能性がある．例えば，ディスティネーションマーケティング組織（DMO）が，ハクトウワシを観察するための理想的な場所として特定の公園または保護地域を宣伝したとしよう．地方の管理機関は，この宣伝活動に気づくかどうか分からないので，多くの訪問客が訪れる可能性に対して準備ができていないかもしれない．このような宣伝の結果，訪問客が殺到するようになれば，駐車場やトイレ，給水施設，道路のような設備が必要となるだろう．管理機関は，訪問客の増加がワシの自然な習性を混乱させる可能性を減らすために規則を実施するかもしれない．しかし，このような規則は，ディスティネーションマーケティング組織の宣伝によって期待さ

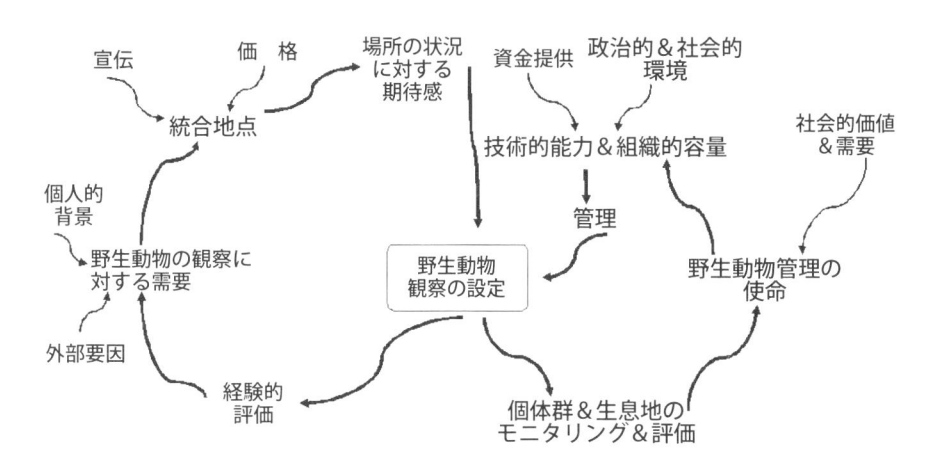

図 19-1　野生動物観察の設定
　野生動物観察の設定は，ここで示したように人間活動における 2 つのサブシステムの結果として生じる．サブシステムはこの設定において交差するので，質の高い観察機会の創出が 2 つのサブシステムを調整し協調するために必要である．

れる訪問客の経験に対して悪影響を与えると同時に，観察の機会を制限することになる可能性がある．

このような状況下において3つの団体（ディスティネーションマーケティング組織，管理機関そして訪問客）の関心は，競合し重複している部分がある．ディスティネーションマーケティング組織は，地方経済に有益な影響をもたらす観光事業による収入を増加させるために訪問客を増やすことを使命としている．管理機関は，野生動物の個体群と生息地を保護する（そしてさらによくする）使命を担っている．野生動物管理者は，観察の設定において，野生動物に対する影響を最小限にするために，訪問客の行動管理と情報収集について関心をもっている．訪問客は，野生動物の様々な種を観察し理解する機会を求めている．このような三者三様の関心は多少競合しているが，以下の意味で重複している．ディスティネーションマーケティング組織は，もし訪問客が野生動物の邪魔をしすぎて観察が困難になると，成功できない．管理機関は，野生動物の改善プログラムに資金提供する公的支援を必要としている．また訪問客の行動をあまりにも制限しすぎると，野生動物が正しく評価されなくなる．訪問客は自然の生息地にいる野生動物の観察を期待している．

観察の設定は，信念，期待，政策そして活動が交差する2つのサブシステムの重要な部分である．生物学者は植生のタイプ，生態学的関連性，撹乱プロセスの観点から設定に関する記述をするかもしれない．レクリエーションと観光事業の専門家はレクリエーション利用体験多様性計画法（Driver and Brown 1978）に基づいた社会的，生物学的，経営学的特徴の観点から設定について記述する．観察の設定は，訪問客が自然，冒険，興奮，逃避，家族の結束について理解し学ぶといった経験をするための機会も提供しているのである（Driver, Tinsley, and Manfredo 1991）．このような設定に関わる管理は，ディスティネーションマーケティング組織と野生動物の管理機関との様々な信念と政策が（計画的または偶発的に）統合された結果決定される．

どちらのシステムでも過去の出来事は，その設定が原因で，あるいは設定の結果生じることに影響を及ぼしている．野生動物管理者は，少し時間がかかるが，野生動物を特定の密度（または直接観察可能な密度）になるよう，植生，水場，隠れ場所，そして種個体群に手を加えている．ディスティネーションマーケティ

ング組織（または個々の民間企業，時には管理機関）は，情報と宣伝媒体の普及によって経験的な事項がこの設定により提供されるであろうといった期待感を高めている．しかし，このような期待感は，同じように訪問するかもしれない他の観察者と個人的に交流することによっても影響されるかもしれない．このように管理下にある設定は，期待した経験とその結果による達成感を妨害するかもしれないし，促進するかもしれない．

市場と管理が相互に影響する状況は，一般的に人気のあるカリスマ的な大型動物類とみなされる象徴的な種に対して最も顕著になる．例えば，北米のバイソン，オオカミ，グリズリーおよびホッキョクグマ，アフリカ南部の"ビッグファイブ（ゾウ，サイ，アフリカスイギュウ，ライオン，ヒョウ）"，海洋のサメ，イルカおよびクジラ，オーストラリアの大型有袋類，アジアのパンダ，アフリカ東部のマウンテンゴリラ，そしてワシと他の猛禽類である．自然の生息地にいるこれらの動物は，観察したい人々にとってだけでなく，非政府系保全グループにとっても，保全（そして保全のための基金）に対するアピールに有効な広告の象徴になっている．ある意味で，野生動物観察の設定は，保全と経済成長の両方の原動力となっているのである．

いくつかの機会と挑戦

野生動物個体群の回復と管理に対する根本的な障害は，生息地と個体群に対する人間活動と開発による影響である．これらの障害は伝統的に，生息地の破壊，動物の狩猟や駆除，そして人間による攪乱といった活動に対して焦点が当てられてきた．適切に管理されるなら，野生動物の観察に対するこれらの影響は"緩やか"になる傾向がある．例えば，Litchfield (2001) は，ウガンダにおいて類人猿の観察を希望する人間の影響を減らすために行われた手段について議論している．人間の行動は，この設定の場合極度に規制されるが，類人猿にかなり近づくことが許される．同様に，Newsome ら (2005) は，オーストラリア海域にいるクジラを観察するときの規則と指針を記述している．規則と解説，監視の組合せにより，これらの動物が許容できないほど邪魔することを制限できるが，それでもなお人々が観察する機会を提供することができる．確実な状況で野生動物を観察するためなら，人々は非常に制限されることになる規則でも受け入れるだろう

(Frost and McCool 1988).

　観察される野生動物がおかれた状態は，種や設定の目的と状況，そして訪問客の経歴と期待感によって変化する一方で，そのような観察が動物種に与える影響は，ほとんど明らかにされていない．野生動物の観察を行った結果からどのような影響が生じるのかが根本的な問題であるが，その影響の種類とそのためにかかる費用がどの程度で許容できなくなるのかという問題も同じように重要である．例えば米国では，郊外を散歩中にオジロジカに遭遇することはごく普通のことである．その遭遇によってシカは逃げるかもしれないので，生理学的，行動学的な影響がその動物に生じることになる．しかし，この影響はどの程度で許容できなくなるのだろうか．

　このような野生動物に対する影響の許容度は，生物学的な概念だけでなく，存在価値や状況（設定の目的を含む），制度的な要因，影響に対する個々の信念，トレードオフに対する意欲（Kakoyannis, Shindler, and Stankey 2001；Stankey and Shindler 2006）によって左右されるものであり，協議と交渉により解決することができる．どの程度までの影響を許容できるかを判断するためには，そこに含まれているトレードオフを理解する必要がある．例えば，得られる利益（質のよい経験やより多くの雇用と収入の観点から）は，動物に対するコスト（起こり得る撹乱の観点から）を上回るだろうか．また許容度の問題は，期待している経験に影響するかもしれない状況になるような観察の設定など他の問題にも影響される．このような状況としては，野生動物種の密度と見つけやすさ，一緒にいる人々の数，訪問客の行動を制限する規則そして解説プログラムを含んでいる．

　現在，野生動物を観察する機会が得られる地域全てにカリスマ的な大型動物相が存在しているとは限らない．アフリカで一般的な通説では，野生動物の観察機会を経済的に成功させるためには，ビッグファイブが必要とされている．これは必ずしも真実ではない．ビッグファイブが生息している禁猟区は，開発と維持のためにコストがかかる．なぜなら，その地域は柵で囲んで厳重に管理しなければならず，訪問客は怪我や死亡の可能性を防ぐために厳密に規制されるためである．野生動物の観察機会を売りにする小さな禁猟区や農場，朝食付き宿泊ビジネスも数多くあるが，ビッグファイブが生息していない場合もある．例えば，これらのビジネスでは，訪問客にとって付加価値があるアンテロープやシマウマ，ヌー，

キリンなどいくつかの種が生息する小さな禁猟区を所有していることがある．このようなビジネスは，これらの動物のおかげで高い収益を得ることが可能になるかもしれない．

米国では，野生動物の観察を重視する個人所有の禁猟区は比較的まれである．西部地方における，大きな農場の多くはシカやエルク，クマのような大型動物の狩猟を行うことができるが，高所得者向けの狩猟用ロッジのようなアフリカ南部で行われている手法を取り入れた野生動物の観察はほとんど行われていない．個人的な狩猟に応じる狩猟用ロッジも各地で見られるが，それは大型動物の狩猟を許可する州法次第である．アラスカでは，魚釣りと野生動物の観察（特にアラスカヒグマ）を組み合わせて行うロッジが多い．しかし，野生動物の観察に注目している私有地のロッジは，今のところ米国市場にとっては"未知数"の存在である．

西部地方における大きな農場（例えば，1万エーカー以上）の多くでは，他の動物に加えてバイソンやエルクの群，より注意深く管理する必要のあるオオカミやクマでさえも，将来的に再導入する可能性がある．アフリカ南部では，採用されている保全モデルにしたがって，農場主のグループは管理委員会（主な目的として保全と野生動物の観察を行う私有地の所有者組織）に参加し，邪魔な柵を撤去し，自然に行動する野生動物を観察できる広大な区域を設置している．ウシを対象とするよりも生息地の管理は難しいが，在来の鳥類や水鳥個体群が再び飛来するといった，付加価値が生まれるかもしれない．そのようなプロジェクトの実行は簡単ではないが，アフリカ南部の管理委員会が示したような方法で実行することは可能であろう（例えば，Weaver and Skyer 2003 を参照）．

伝統的な市場という意味では，宣伝により知名度を高めることが重要な意味をもち，価格が生産物の競争力に重要であるように，生産物に関心を向けてもらうことが，売上げを増加させるキャンペーンにおいて必要不可欠な要素である．売上げ増加を成功させるためには，全ての要素をまとまりのある戦略にうまく統合しなければならない．米国において野生動物と野生動物の生息する土地は，一般的には公的に運営されているので，生産物（この場合は，野生動物の観察機会）の管理は，ディスティネーションマーケティング組織と地方の観光事業を目的としたビジネスによって運営されることの多い宣伝活動とは区別される傾向にある．これは，単に2つの活動を実施している2つの異なるグループとしてより以

上に協調することもないものとして，二極化している．これらの活動は，全く異なる知的文化，一方はビジネス，もう一方は生物学に由来する個人によって行われており，彼らはしばしば対立した信念をもっている（例えば，利益とサービス，利用と保護）．2つの文化は，同じように聞こえるが，全く異なる意味の定義をした異なる言語をしばしば用いるため，システムが機能するために必要なコミュニケーションが困難になっている．

システム内の機能を区分することは，複雑な事項に対処するための代表的な方法である．官僚制度は，それぞれの要素に対処する専門性を発展させることで，対象とする要素に対処しやすくするシステムである．図 19-1 は，そのような2つのシステムを示しているが，システムの目的が経済発展である場合，これら2つのシステムは相互に関連した2つのサブシステムとみなせるかもしれない．したがって，この2つのシステムを区分すれば1つのサブシステムまたはもう一方だけなら有効に機能するかもしれないが，2つのシステムがシステム全体を通して同時に機能を最適化することを目標とする場合はうまく働かないだろう．

単純に野生動物を観察することは満足できる経験となるけれども，正しい認識や理解が野生動物保護に対する公的支援の管理目標における根拠にもなっている．したがって，より大きな目標を達成するうえで解説は重要な役割を果たすことになる．解説は，観察者に対してある動物種についての生物学的な事実を伝える以上のものであり，今日では設定された観察場所の多くで強調されている．ゾウの妊娠期間やグリズリーの冬眠前の秋季に必要なカロリーを知ることも興味深いかもしれないが，解説は正しい知識を得ることで関連性を理解することも目的としているのである．実際に動物を観察することは経験に対する重要な構成要素であるが，"関連性"（例えば，野生動物，生息地および人との関連）に対する理解を深めることで，野生動物を観察する経験に対して非常に大きな付加価値となる．

このような関連性の理解は生態学的な教養の基盤にある重要な構成要素である．この概念に対する理解を深める機会を得ることは，自然を正しく認識したいと思っている訪問客が実際に野生動物を観察する経験だけでなく，最終的に詳細な情報を得ることで帰宅後も続けることができる経験となるだろう．つまり，2つのシステムの目標が重なり合い，野生動物の観察について満足した経験によっ

第 19 章　21 世紀の野生動物の観察市場と管理の接点における挑戦と機会　　　273

て，需要の増加と生息地を保護する市民活動の活発化につながるように思えるのである．野生動物観察の設定に関して働く従業員は，非常に現実的な方法で"記憶に残る経験"としての機会をつくり出すために，生息地，個体群，施設そして情報をうまく組み合わせている（Jager et al. 2006）．そのような機会の創出は訪問客，そして彼らの経歴，"生活状況"，経験に対する期待を理解することから始まり，解説者が訪問客にとって適切な野生動物観察の設定をつくり出すために続けられている．これは簡単な職務ではないし，野生動物管理者と野生動物の観察を担当する市場のスタッフ間でさらに協調して実施する必要があるだろう．

　残念なことであるが，管理と市場が関連する分野として少しでも理解されるものがあるとしたら，訪問客が求めている経験を得られる機会を提供できる設定だけが確実なものである．近年国際的には，保全活動においては民間部門が発展することで得た歳入から資金提供されており，生物多様性保全に重点がおかれている．野生動物を基盤とした観光事業は，経済発展の道具としてだけでなく，保全のための資金を提供できる収入源として頻繁に言及されている（例えば，Bushell and McCool 2007）．

　この戦略は，質の高い野生動物観察を経験する機会を提供することが重要な構成要素である．野生動物が存在するなら，観察経験の質は高くなり記憶に残りやすくなる，ということが基本的な前提にあるように思われる．観察できる動物の存在は，このような経験で満足する状況では必要と考えられているのかもしれない．観察の設定（Driver and Brown 1978；Clark and Stankey 1979）は，生物物理学的要素（動物，生息地，人に由来する改変），社会学的要素（一緒にいる人々の数とタイプ），管理的要素（同一基準の人員，解説，規則の存在）から構成されている．訪問客の経験とこれに関連する設定における要素をどのように構成するかは，依然として重要な研究上の挑戦のままである（McCool 2006）．

　野生動物の観察市場がどのように分類されるかを理解することは，極めて重要である．観察者によって好みや期待，行動は変化する．動物を見る可能性が低くても，その機会を待つために何時間もかける人も多い（Montag, Patterson, and Freimund 2005）．これは，野生動物に無関心な人とは対照的に熱心な人々も多くいることを示唆している．そのような人々は，足跡や野生動物が存在する他の証拠に出会ったら，まさに"幸せ"なのである．彼らは，動物を観察できる可能

性や，接近する方法，解説方法，観察に費やす時間や時間配分のような設定に関する希望が異なるだろう（例えば，Loker and Perdue 1992 を参照）．レクリエーション市場を分類するために様々な方法があるが，重要なことは市場の分類をよりよく理解するためには質の高い野生動物観察の機会を提供するべきということである．

最終的な挑戦は，観察の機会を提供する野生動物管理機関の技術的な能力に関連している．そのような機関は一般的に，疾病や生息地，捕食者-被捕食者の関係，栄養など，野生動物の生物物理学的側面に対する高いレベルの専門性と技術的な能力をもっているが，野生動物の観察者自身と彼らの動機，期待，行動，費やす時間配分を理解する能力が不足している．野生動物を観察する機会の創出とは，両方の分野における技術を統合した結果である．そして，効果的に統合された機会（市場）をつくる能力は，社会学と生物学（もちろん，どちらの分野にもこの議論と関連のある重要な専門領域を含んでいる）を統合した結果である．しかし，Kennedy（1985）が以下で主張するように，野生動物の専門家は堅い絆で結ばれた専門的文化をもっている．

> 世界的に野生動物管理者は，崇高な目的によって彼らを結ぶ使命と知識を共有しているように見える．この絆は利点である．そのような献身と団結心なくしては，サイ（*Cemtotherium sirnus*）やアメリカシロヅル（*Grits americana*）の個体群を保護し，水鳥の生息地を管理し，角のないシカの駆除を実施し，DDT の使用を規制することはおそらく成功しなかっただろう．

この価値と使命の共有は，野生動物個体群の回復も成功に導いた．しかし，Riley ら（2002）が指摘するように，21 世紀の野生動物管理においては多様化する規律を統合する必要がある．

> 野生動物管理に対する生物学的な知識の価値に，疑問の余地はない．しかし，そのような知識は野生動物管理の実施に際して十分に独立した基盤となっていない．

文化的，組織的な信念は個人が異なる状況にうまく対処し成功することを手助けするが，それと同じ信念が不確実性を生み出し，さらに 21 世紀を特徴づける技術的，社会的，気候的変化といった将来起こり得る状況を失敗へと導くことに

もなる．野生動物の管理が野生動物を観察する機会の提供を重要な目的とする時，この意見はより重要になるだろう．2つの分野を統合することは，依然として野生動物の管理者と市場の専門家の両方が直面している最も重大な挑戦の1つであり続けている．

結　論

　野生動物の観察市場は，時々偶然に観察する機会に遭遇するだけの無関心な人から，特定の動物や鳥類，魚類や昆虫の観察を期待する訪問客で構成された状況へと成長し多様化しつつある．このような需要に対する成長と多様化を利用することで，野生動物管理者は自然と人がどのように関連しているかをよりよく理解するための機会を提供することができる．同時に，野生動物の観察を行うことで，管理された野生動物の生息地の近隣に生活する人々の生活の質が向上する可能性もある．しかし，学習と経済発展の両方において，このような機会を有効に利用するためには，野生動物の観察市場と管理の2つのサブシステムが統合した1つのシステムとして考慮する必要がある．

　市場と管理は，設定方法と関連しており密接につながっている．設定における2つのサブシステムの共有部分は，一方では管理者が野生動物を観察する訪問客と彼らの要求，動機，希望を理解することを必要とし，他方では市場の専門家が野生動物管理の微妙な意味合いを正しく理解することを必要としている．どちらも，創出した生産物（経験）が単なる生物物理学的な設定以上のものであることを理解しなければならない．レクリエーション機会の設定といった概念の利用は，質の高い観察の機会をつくり出すことに焦点を当てることで両方の専門的職業の助けとなるだろう．

　野生動物の観察に対して増加し多様化する需要，経済的発展の道具としての自然を対象とした観光事業の利用，環境や気候の変化に対して高まりつつある懸念を収束することは，避けて通ることのできないものである．そのような様々な状況を統合することによって，よりよい観察の機会を提供できるだけでなく，地球規模の環境問題に取り組むための正しい理解と活動を促すことになるだろう．

引用文献

Bushell, R., and S. F. McCool. 2007. Tourism as a tool for conservation and support of protected areas: Setting the agenda. In *Tourism and protected areas: Benefits beyond boundaries*, ed. R. Bushell and P. F. J. Eagles, 12 − 26. Oxfordshire, UK: CAB International.

Clark, R. N., and G. H. Stankey. 1979. *The recreation opportunity spectrum: A framework for planning, management and research.* PNW-98. Portland, OR: U.S. Department of Agriculture Forest Service, Pacific Northwest Forest and Range Experiment Station.

Driver, B. L., and P. J. Brown. 1978. The recreation opportunity concept and behavior information in outdoor recreation resource supply inventories. In *Integrated inventories of renewable natural resources: Proceedings of the workshop*, 24 − 31. Vol. Gen. Tech. Rep. RM-55. Fort Collins, CO: U.S. Department of Agriculture Forest Service Rocky Mountain Forest and Range Experiment Station.

Driver, B. L., H. E. A. Tinsley, and M. J. Manfredo. 1991. The paragraphs about leisure and recreation experience preference scales:] Results from two inventories designed to assess the breadth of perceived psychological benefits of leisure. *Benefits of Leisure* B. L. Driver, P. J. Brown, and G. L. Peterson (eds.), 263 − 86. State College, PA: Venture Publishing.

Frost, J. E., and S. F. McCool. 1988. Can visitor regulations enhance recreational experiences? *Environmental Management* 12(1):5 − 9.

Heath, E., and G. Wall. 1991. *Marketing tourism destinations: A strategic planning approach.* New York: John Wiley and Sons.

Jager, E., C. Sheedy, F. Gertsch, T. Phillips, and G. Danchuk. 2006. Managing visitor experiences in Canada's national heritage places. *Parks* 16(2):18 − 24.

Kakoyannis, C., B. Shindler, and G. H. Stankey. 2001. *Understanding the social acceptability of natural resource decisionmaking processes by using a knowledge base modeling approach.* GTR-PNW-518. Portland, OR: U.S. Department of Agriculture Forest Service, Pacific Northwest Research Station.

Kennedy, J. J. 1985. Viewing wildlife managers as a unique professional culture. *Wildlife Society Bulletin* 13(4):571 − 79.

Litchfield, C. 2001. Responsible Tourism with Great Apes in Uganda. Tourism, Recreation and Sustainability: Linking Culture and the Environment, S. F. McCool, and R. N. Moisey (eds), 105 − 32. Oxxon, UK: CABI Publishing.

Loker, L. E., and R. R. Perdue. 1992. A benefit-based segmentation of a nonresident summer travel market. *Journal of Travel Research* 31(1):30 − 35.

McCool, S. F. 2006. Managing for visitor experiences: Promising opportunities and fun-

damental challenges. *Parks* 16(2):3 — 9.
Montag, J., M. E. Patterson, and W. A. Freimund. 2005. The wolf viewing experience in the Lamar Valley of Yellowstone National Park. *Human Dimensions of Wildlife* 10(4):273 — 84.
Newsome, D. R., Dowling, and S. Moore. 2005. *Wildlife tourism*. Aspects of Tourism. Clevedon, UK: Channel View Publications.
Riley, S. J., D. J. Decker, L. H. Carpenter, J. F. Organ, W. F. Siemer, G. F. Mattfeld, and G. Parsons. 2002. The essence of wildlife management. *Wildlife Society Bulletin* 30(2):585 — 93.
Senge, P. M. 1990. *The fifth discipline: The art and practice of the learning organization*. New York: Doubleday/Currency.
Stankey, G. H., and B. Shindler. 2006. Formation of social acceptability judgments and their implications for management of rare and little-known species. *Conservation Biology* 20(1):28 — 37.
U.S. Fish and Wildlife Service. 2007. *2006 national survey of fishing, hunting and wildlife associated recreation: National overview*. Washington, D.C.: U.S. Fish and Wildlife Service, Department of the Interior.
Weaver, C. L., and P. Skyer. 2003. Conservancies: Integrating wildlife land-use options into the livelihood, development, and conservation strategies of Namibian communities.Paper presented at the Fifth World Parks Congress, WWF-LIFE Program, Durban, South Africa.

第 20 章
アクセスと野生動物の民有化の傾向

Tommy L. Brown and Terry A. Messmer

訳：八代田千鶴

　魚類と野生動物資源へのアクセスは歴史的に管理されてきており，人間事象探求の最も古い話題の1つでもある．長期的でより新しい傾向は，どちらも公的な魚類と野生動物資源へのアクセスが増加していることに関する問題と懸念を示している．所有者による土地の開発や利用変更の増加は，以前は開かれていた何千エーカーもの土地へのアクセスを制限し続けることになるだろう．私有地の所有者は，今日では友人と家族を除いて狩猟を許可するつもりはほとんどない．加えて，地球規模の経済が，料金や狩猟する権利のリースを通じてレクリエーション的なアクセスの民有化を促しており，手軽な狩猟場所を探している人にとっての代替手段もさらに減少している．まとめると，これらの影響力は伝統的な狩猟経験の性質を変化させているのである．

　本章では歴史的な概説を提示した後，狩猟と特に私有地へのアクセスの条件における最近の傾向を検証する．本章は，選択したアクセスの問題，特に土地所有者の負担と，狩猟や他の活動のためのアクセスを許可する土地所有者に対する幅広い負担に備えるための，いくつかの州における最近の努力について詳しく検証する．アクセスに対する民有化の影響と，これらの傾向に直面し，将来に亘って適切なアクセスを維持するために政府や他の組織が努力していることについても検証する．また，野生動物管理に対するこれらの傾向によって起こり得る影響についても特別な考察として言及する．

概　説

　湖や河川への公的なアクセスに対する必要性は，早くから Fanselow（1952）によって述べられていた．その 10 年後に，スポーツフィッシング協会と米国アウトドアボーティングクラブ（1962）が，1961 年にレクリエーションに利用できる水域へのアクセスに関する年次会議を始めた．米国におけるこれらの資源の大多数は私有地にあるので，州の機関は魚類と野生動物へのアクセスに注目している（Brown et al. 2001）．付随して，ほとんどの州では，魚釣りを目的として湖や河川の地役権を手に入れたり，狩猟のための私有地へのアクセスを維持したりするために，数十年に亘ってプログラムを実施している．地方の土地所有者が実施している慣習の研究は，少なくとも Larson（1959）から始まり，1960 年代から 1970 年代にかけてより広く知られるようになった．

　狩猟のための私有地へのアクセスについて，州の野生動物担当機関の関心は，管理に関する活動の資金を供給することである．それは，いくつかの種の個体数を目標頭数まで到達させて狩猟の機会を維持することと関連しており，活動的な狩猟者人口と彼らが支払う収入源を持続させることが重要となる．また担当機関は，野生動物が接近可能な状況にある作物や緑化帯に対する被害を管理し，地域社会にとって文化的，経済的に重要となる野生動物の有効な利用方法を提供することについても関心をもっている．

　狩猟による私有地への自由なアクセスは米国の大部分で一般的であるが，有料の狩猟形態も何十年間にも亘っていくつか存在してきた．例えば，ニュージャージー州の（主として）農民の 440 人以上が，1938 年に収入源としてキジや他の狩猟動物を飼育するために許可制を導入した（Leopold et al. 1939）．テキサス州のリースシステムの報告は，早くも Leopold et al.（1939）によって行われている．水鳥猟の権利のリースまたは他の有料の狩猟も，数十年に亘って多くの州において利用されてきた（例えば，Uhlig 1961）．したがって，半世紀に亘って米国における有料の狩猟は，許可制，狩猟者が支払う手数料またはリースのどれかによって実施されてきたのである．有料の狩猟は主に米国南部の大きな木材会社によって一般的に導入しており（Shelton 1987），他の地域での導入はつい最近からである．現在では，インターネットサイトで狩猟する権利のリースができ

る土地の広告が出ている．

　テキサス州以外では，おそらく70年間に亘って狩猟する権利のリースが行われているが，有料の狩猟はそれほど急速に成長しているわけではない．1999年にイリノイ州において狩猟を許可する土地所有者が料金を請求したのは，4%だけであった（Miller et al. 2002）．1991年から1992年にかけて，ニューヨーク州の土地所有者で，アクセスする権利に対して贈答品やサービスまたは支払いを受け取ったのは6%だけであった（Siemer and Brown 1993）．1994年にモンタナ州における大農場の所有者で，有料の狩猟またはリース事業を行っていたのは12%であった（Swensson and Knight 2001）．

狩猟への参加，アクセス，経済的な効果

　2006年には16歳以上の米国人のうち1,250万人以上が狩猟を行い（U.S. Fish and Wildlife Service 2007, 6），4,400万人以上の米国人が一生のうちに数回狩猟を行っている（Aiken 2005）．狩猟は，伝統的なレクリエーション活動であることに加えて，強力な経済勢力にもなっている．それは，米国政府の年間所得税の30億ドルおよび小売売上高の約250億ドルを生み出し，米国における約600,000種類の職業をつくり出している（Southwick 2001）．これらの図式には，狩猟者が様々な保全に対する努力に貢献していることは含まれていない．

　1980年以来収集されたデータは，狩猟への参加者数が全般的に減少していることを示している〔米国内務省，米国魚類野生生物局（U.S. Fish and Wildlife Service），米国商務省国勢調査局（U.S. Department of Commerce, Bureau of the Census）1994, B-7；Aiken 2005, 6-9〕．さらに近年では，狩猟への参加者数は1991年の1,400万人から2006年の1,250万人に減少している（Aiken 2005, 28；U.S. Fish and Wildlife Service 2007, 6）．狩猟者人口の減少に伴って，1980年から2001年の間に狩猟を行う場所は，特に大型動物の狩猟において公有地から私有地に変化してきた（Aiken 2005, 31）．

　狩猟への参加者が減少したことで，多くの州の魚類と野生動物担当機関の予算が影響を受けている．これは収入のほとんどが狩猟や釣りの許可証の売り上げであり，米国政府からの援助額は参加者数や関連する装備への支出と関連しているためである．さらに，多くのビジネスが狩猟関連での支出に依存している．地方

経済の多くは重要な収入源として狩猟関連の支出に依存しているため，地方経済はより過度な影響を受けるかもしれない（Duda et al. 2004, 9）．

公有地におけるアクセスのしにくさや狩猟の質の低下は，狩猟者の参加を減少させる共通の理由となっている（Duda et al. 1998, 576-85）．しかし，狩猟における公有地や私有地の個々の利用を決定する主な要因は，利用の可能性が継続することである．2001年に西部の8つの州に住んでいる狩猟者は，主に米国政府の所有地において狩猟を行っていたが，他の42の州における狩猟者の大多数は私有地で狩猟を行っている（Aiken 2005）．

過去半世紀に亘るアクセスと関連した主要な変化は，多くの私有地で狩猟に反対し立ち入り禁止とすることであり，農場および非農場の両方で生じている．ニューヨーク州における立ち入り禁止の割合は1963年の26%（Waldbauer 1966）から1991年の60%以上（Siemer and Brown 1993）に増加した．さらに近年では，2003年にペンシルベニア州の土地所有者の69%が，自分の土地を立ち入り禁止にした（Jagnow et al. 2006）．かなり多くの狩猟が私有地で行われている（Siemer and Brown 1993）が，同時にここ数年で立ち入り禁止の土地が増加しており，多くの土地所有者が友人や隣人または親戚以外の人々に狩猟を許可しなくなっている．1991年にニューヨーク州の土地所有者で，自分の土地で狩猟したことのない人々に許可を与えたのは14%だけであった（Siemer and Brown 1993）．イリノイ州では，2000年に調査を行った土地所有者のうち，見知らぬ人に自分の土地での狩猟を許可すると答えたのは32%であった（Miller et al. 2002）．しかし，土地所有者とのつながりをもたない狩猟者（すなわち，新規の狩猟者，新しい地域に引っ越してきた狩猟者，初めて狩猟対象とした種の生息地を新しく探している狩猟者）にとって，私有地へのアクセスは重大な問題である．

立ち入り禁止に関する最も初期の研究のいくつか（Larson 1959；Waldbauer 1966）は，ゲートを開けたままにしたり，危険な方法で発砲したり，残滓を残したままにしたりするような狩猟者のひどい経験が立ち入り禁止の重要な理由となっていることを示した．最近の研究では，ペンシルベニア州における土地所有者の多くも同様の理由で立ち入りを禁止している（Jagnow et al. 2006）．土地所有者と選ばれた人のどちらか一方または両方に独占的な狩猟の特権を与えるた

めに立ち入り禁止にしている場合もあるし，狩猟が土地の他の利用方法と相容れないとみなしている場合もある．責任に関する懸念もまた，アクセスを制限する重要な理由としてあげられている．それは，狩猟のためのアクセスを許可しないイリノイ州の土地所有者の2人に1人が答えた理由であり（Miller et al. 2002），ニューヨーク州の土地所有者が立ち入り禁止にしている重要な理由であった（Siemer and Brown 1993）．

現在55州全てで有限責任レクリエーション法（limited liability recreation statutes）があり，土地所有者が料金を請求していないか他の対価を受け取っていない場所では，狩猟者や他のレクリエーション客に対する責任に関して土地所有者を十分に保護している．イリノイ州（Miller et al. 2002）とニューヨーク州（Siemer and Brown 1993）における研究では，ほとんどの土地所有者がこれらの法制度を知らないか理解していないことが示されている．

有限責任法における最近の傾向

有限責任レクリエーション法は1950年代から実施されており，最初にミシガン州とニューヨーク州において制定された（Brown 2006）．他の多くの州では1960年代と1970年代に制定され，1980年代後半までにはほぼ全ての州でそのような法制度が制定されている．多くの州では，最初の成立以来それらの法制度をある程度改正しており，1990年以降から，数か所の州で行われた土地所有者の責任を保護するために付け加えられた改正は特に興味深い．

改正された州の法制度における変化は，主に2つのカテゴリーに分類できる．(1)新たに加わった利用者のグループに対する保護を提供し，そして裁判訴訟によって明らかになった現在の法制度における抜け道を埋めること，(2)狩猟者や他の利用者から支払いまたはサービスを受ける土地所有者も対象とするために法制度の対象範囲を拡張すること，である．以下で示すのは，これらの各分野における法制度の拡張の例である．

対象とする活動と状況の拡張

1990年以前には，多くの州の法制度は指定するレクリエーション活動のリストを含んでおり，土地所有者はこれらの活動に対してのみ保護されていた．狩猟や魚釣り，ワナ猟は，法制度が制定された時から，事実上全ての州で指定された

活動であった．しかし，野鳥観察や野生動物の撮影といった活動は対象とされていなかった．狩猟や魚釣りをしている最中，狩猟者または釣り人が活動している場所からその土地を通過中に事故にあった場合，その時に狩猟または魚釣りをしていなかったということで，その法制度は適用されないと原告は時々主張することがあった．さらに，狩猟やハイキング，野鳥観察または他の活動のためにアクセスしやすくする道路をつくったり維持したりするために土地所有者を手伝っている釣り人や狩猟者が，その作業中に怪我をした場合はしばしば対象とされないことがあった．

現在，半分以上の州では，独自の法制度のなかで全てのレクリエーション活動を対象としており，16の州では教育目的のような非商業利用も付け加えられている．例えば，現在のマサチューセッツ法では，「湿地，河川，水路，池，湖，他の水域を制限なしで含み，土地に付属する構造物，建物，施設を含む土地に興味をもつ全ての人，そして料金の請求がないレクリエーション，保全，科学，教育，環境，生態学，研究，宗教，慈善的な目的でそれらの土地を利用することを合法的に公的に許可された全ての人」に対して適用される（マサチューセッツ法注釈，21章，§17C [a]）．

土地所有者が贈答品，サービスまたは支払いを受け取る場合の対象範囲

一般的に，これらの州法制度の改正前は，土地所有者が現金の支払いや贈答品，または場合によってはレクリエーション客からの対価を受け取った場合は適用されなかった．これらの制限は，現在いくつかの州で以下のように拡張されつつある．

- 利用者がその土地から得た魚や狩猟動物または他の生産物を土地所有者と共有することを許可する（アーカンソー州，アーカンソー州条例，タイトル18-11-302[1]）．
- 土地を主に商業目的のために利用しない場合，支払いについて言及しないことを許可する（メイン州，支払いが独占的利用のためでない必要がある，メイン州修正法，タイトル14，§159-A）．
- 土地所有者に固定資産税と関連した特定の金額で集金することを許可する（ノースダコタ州，ノースダコタ州センチュリー条例，タイトル53，§53-08-05）．

多くの州における有限責任法は土地所有者に対する政府からの支払いを認めているが，しばしば政府機関として該当するのは，州のような限られた組織である．

土地所有者に対する奨励

多くの州における魚類と野生動物担当機関は，狩猟や魚釣りを目的としたアクセスの許可を促すために，農民や他の地方在住の土地所有者に数十年間働きかけを続けてきた．これらの協調的プログラムの下では，土地所有者は現金による奨励を受けることはまれであり，他の行政サービスを受けることが多かった．代表的な例は，住宅周辺を立ち入り禁止としたり，法的な保護を強めたり，保全に関わる州の雑誌の購読料を無料にしたり，樹木や低木の苗を無料とすることなどである（Waldbauer 1966）．これらの取り決めが未だに実施されている場合もあるが，土地所有者（例えば，所有権の変更）と担当機関（例えば，人員削減によりいくつかの状況で提供できるサービスが制限される）の両方の様々な理由により終了している場合もある．

北米における野生動物の民有化と商業化

民有化は，「公有地，私有地および水域において，魚類と野生動物資源の一方または両方に対して，利用やアクセスのどちらか一方または両方を決定し調整することができる民間グループに対して，州が義務づけたこの調整が終わった後に，公的な野生動物資源に対する責任を委譲すること」として定義されている〔野生動物協会サウスダコタ州の章（South Dakota Chapter of the Wildlife Society：SDCTWS）1989〕．SDCTWS は，さらに野生動物の商業化について，「公的な魚類と野生動物資源にアクセスするために，民間グループや個人によって行われる売買や取引，交換」として定義されている．したがって，これらの定義によると，民間企業の経済を好意的にとらえて，公的な利用のために野生動物を管理する州の役割に取って代わる活動が，野生動物の民有化といえる．

非居住者である狩猟者に適用する料金や規則に対する最近の訴訟によって，野生動物の管理と保全に対する経済の影響と関連した懸念が再確認された．経済は，常に現代の野生動物管理において不可欠な要素である．州の野生動物管理プログラムを支援するために利用される収入のほとんどは，州発行の狩猟免許の売り上

げを含む市場に基づいた経済活動に由来しており，私有地の所有者個人も同様の活動が許されている．しかし，それは私有地（すなわち，法的に制定させた"狩猟動物または野生動物を所有する"企業と明示することで"侵入に対する対価"を集めている土地所有者）において実施されている市場本位の野生動物管理プログラムであり，野生動物保全の将来に対する民有化と商業化の影響についての議論で主な争点となっている（Duda 1998, 361-76；Butler et al. 2005, 381-82）．このことから，公共信託法理を台無しにするような，野生動物から私的な利益を生み出す活動に対する関心と注目が高まっているとみなす人もいる（Hawley 1993, 2-3）．

公有の野生動物と私有の土地：野生動物管理者のジレンマ

　北米における野生動物管理の基本的な理念，いわゆる野生動物保全の北米モデルは，公共信託法理に由来している（Wildlife Society 2007）．この法理は，1842年の最高裁判決（Matthews 1986, 460）から始まったものであるが，政府が市民から野生動物を委託されているとする立場をとっている．法的な拘束力はないが，公共信託法理は政府が公益のために野生動物の管理を委託されるべきであることについて，ほとんどの人々が合意するので，この概念はうまく受け入れられている．

　公共信託法理にしたがって，野生動物管理者は生息地（間接的な管理）または個体群（直接的な管理）を直接操作することによって，人間の食物やレクリエーションに対する需要を満たすために望ましい野生動物種を維持または増加させようと努力してきた（Messmer and Rohwer 1996, 25-26）．間接的な管理手法は，生息地の状況を改善し出生率または生存率を高めることによって，結果的に望ましい個体群サイズに段階的に増加させることで実施されている．直接的な管理手法は，個体群の出生または死亡率に対してすぐに影響する活動（例えば，駆除の規制や捕食者管理）を含んでいる．

　しかし，ほとんどの野生動物は広く移動するので，これらの伝統的な野生動物管理戦略の成功は，野生動物が生息する土地へのアクセスとその利用を調整する管理者にかなり依存している．利用可能な土地の60％以上（14億エーカー以上）が私的に所有されており，28％（主に西部の6億3500万エーカー）は米

国政府が所有している〔米国農務省経済調査局（U.S. Department of Agriculture, Economic Research Service）2002, 35-36〕．"公益"のために野生動物を州が管理することは，難しい綱渡りとなっている．

多くの人が，州が野生動物を"独占的に"調整をしているとみなしているが（Matthews 1986, 460），商業地での合法的な制限，差別条項（米国憲法第4条2章1節），連邦法最高条項（米国憲法第6条2章）と，その下にある州法が対立した場合は，州の権限に取って代わることがある．他の連邦法や条約は，ある目的のためにいくつかの土地に対して追加的な権限を米国政府と先住民に与えている．これらの例として，絶滅危惧種法（Endangered Species Act），1916年の渡り鳥条約（Migratory Bird Treaty），レイシー法（Lacey Act）がある．

私有地の所有者は，狩猟する権利や自分の土地にアクセスする権利の売買が新たな収入源になることを認識し始めている（Benson, Shelton, and Steinbeck 1999）．さらに，多くの州における野生動物担当機関では公的なアクセスプログラムを実施しており，現在いくつかのプログラムでは野生動物の生息地を維持または改善し，自分の土地を狩猟者に開放する土地所有者に対して奨励金を給付している（Duda et al. 1998, 360-65；Aiken 2005, 5）．西部のいくつかの州では，さらに定型化された有料の狩猟プログラムを実施しており（事例研究：ユタ共同野生動物管理団体プログラムを参照－後述），それは野生動物と私有地への公的なアクセスの増加を管理する土地所有者に対する実質的な経済効果と事業の奨励を含んでいる（Leal and Grewell 1999, 18）．これらのプログラムに対して，野生動物の私有化を州が承認するものにすぎないと主張している批評家もいる（Eliason 2000, 264）．

最近の傾向は，狩猟者が私有地へ行く機会を得るためにより一層努力していることを示唆している．これらの努力は，狩猟する権利のリースや土地購入の両方を含んでいるだろう（Aiken 2005, 31）．1989年から2000年にリースのために狩猟者が支払った金額は，6億2,500万ドルと倍増し，おそらく今後も増加する傾向にある．2001年には，982,000人の狩猟者がリースのために平均635ドルを支出した．さらに919,000人の狩猟者が，私有地へ毎日または季節ごとにアクセスするために，平均403ドルを支出した（Aiken 2005, 28）．

狩猟のために土地をリースする習慣は，数十年間に亘って行われてきたもの

であるが，依然として賛否両論のままである（Benson Shelton, and Steinbeck 1999）．土地所有者や農民，農場経営者にとって，狩猟のためのリースは野生動物資源から副収入を得るための手段であり，土地所有者が作物や生息地を維持することによって継続できる．狩猟者にとって，リース契約数の増加や普及は，公的なアクセスの機会が減少する徴候でもある．これらの傾向を保全地も含む私有地の所有者の増加とみなす人もいる一方で（Benson 1998），これらのプログラムを野生動物保全の北米モデルの下で取り入れられた専門的な野生動物管理と原則論の後退とみなす人もいる（Giest 2006）．

全州と全国的主導権

州の魚類と野生動物担当機関の行政官は，法的な権限を獲得するために狩猟のための私有地へのアクセスが重要であると報告している（Benson 2001, 354）．私有地へアクセスする機会の減少と狩猟のための私有地のリースの増加に対して，21の州，大部分は西部の州で，狩猟と魚釣りのためにアクセスできる私有地2,700万エーカーを開放するプログラムを実施している（Theodore Roosevelt Conservation Partnership 2007a）．"予約なしで"アクセスできるプログラムでは，自主的に狩猟者へ自分の土地を開放し生息地を改善している地方の土地所有者に対して1エーカーあたりの少額であるが給付を行っている．プログラムの最終目標は私有地へのアクセスを拡張することであり，狩猟への参加に対するリースと民有化の影響を潜在的に相殺することである．

おそらく，改善されたアクセスに対して高まりつつある懸念の最も明らかな証拠として，ここ数年米国政府レベルで生じた問題の対応に注目が集まっている．米国で行われた重要な試みで，2003年に開始されたものである．それは，新しい狩猟者のアクセスプログラムを確立し，その傾向を支持するための新しい資金源として，州の魚類と野生動物担当機関が主催して設立された会議である（Theodore Roosevelt Conservation Partnership 2007b）．米国政府レベルでの他の努力として，レクリエーションのためのアクセスを許可する土地所有者に支払う資金を提供するために，農場法の修正案が提示されている．そのような資金提供により，州の魚類と野生動物担当機関が土地所有者の責任に対する懸案に対処し，地方経済を活性化させ，州独自の需要を満たすためにプログラムを調整する

ことによって，野生動物管理の促進を支援することになる．

事例研究：ユタ共同野生動物管理団体プログラム

ユタ共同野生動物管理団体（Utah's Cooperative Wildlife Management Unit：CWMU）プログラムは，1990年に試験的なプログラムとして始まり，1994年にユタ州議会によって成文化された．CWMUプログラムは以下の目的で設立された．(1)土地所有者に対する収入を提供する，(2)満足できる狩猟の機会をつくる，(3)野生動物の生息地を増加させる，(4)狩猟用に自分の土地を開放している土地所有者のために適切な入場になるよう保護する，(5)大型狩猟動物の狩猟用に私有地へのアクセスを増加させる．Messmerら（1998）は，そのプログラムが管理目的を達成するために最も優れていると結論づけた．プログラムの状況を評価するため，2002年にプログラムへの参加者を対象に調査が行われた（McCoy 2003；McCoy, Reiter, and Briem 2003）．そのプログラムは，土地所有者と運営者の両方にとって新たな収入をもたらし続けていた．それでもなお，ほとんどの土地所有者にとっての主な事業は家畜や作物のような農業であり，家計の合計収入の平均46%が農業のままであった．CWMUプログラムはまた，非公式の有料狩猟プログラムで初期の頃に不足していた安定性を提供しているように見える．プログラムを確立するための法的な権限により，土地所有者と運営者は経済的基盤と野生動物の生息地を改善する動機を得ることになった．付随的に，参加している土地所有者の多くは，野生動物の生息地と運営をさらによくするために，CWMU事業に再投資している．土地所有者と運営者は不法侵入の問題を報告し続けているが，その圧力を緩和することはもはやプログラムに登録する主な動機とはなっていない．プログラムに登録する前に，多くの土地所有者（68%）は，自分の土地への公的な狩猟のためのアクセスを許可しなかった．しかし2003年には，160万エーカー以上の土地がプログラムに登録しており，居住者と非居住者の両方にアクセスを許可している．そのプログラムは，居住者や非居住者に満足できる狩猟の機会と地方経済に景気浮揚効果を生み出し続けている（McCoy, Reiter, and Briem 2003）．

結　論

　狩猟者の数は近年減少しているが，アウトドアを好むレクリエーション客の総数は増加し続けている．したがって，人間による利用の増加と関連した問題から分かるように，レクリエーションに利用できる地域としての私有地や公有地の価値は成長し続けるだろう．私有地へのアクセスは，家族や友人以外の人に狩猟を許可している土地所有者が少ない米国のほとんどの地点で，近年さらに厳しく調整されている．土地所有者や他の利害関係者に野生動物の管理をしてもらうか，公的な狩猟や他のレクリエーションのためのアクセスを許可してもらうかどちらか一方または両方を行うために，公的な野生動物管理に関する政府機関や組織によってプログラムが実施されている．このプログラムは，州の有限責任レクリエーション法の強化や，狩猟のために自由なアクセスを許可している所有者に対して資金提供をするといった米国政府による法的な試みも含んでいる．今まで，これらのプログラムは，私有地へのアクセスを制限し続ける傾向を効果的に打ち消すには十分ではなかった．テキサス州における狩猟する権利のリースは，他の南部と西部の州でもわずかに見られるが，野生動物と狩猟の両方の民有化に貢献しているのかもしれない．

　最後に，利害関係者の多様性が増加することは，野生動物を管理する伝統的な手法の利用に関して新しい管理上のジレンマを生み出している．ある場合では，狩猟や魚釣り，ワナ猟のような個体群管理技術，これらはかつて野生動物個体群を管理するために利用されたものであり，伝統的な資源利用者のためのレクリエーションの機会を提供していたものだが，新しい管理技術の構成要素としては許容されにくくなっている．プライバシーや土地の損害，安全性に対する懸念が高まっていることで，伝統的な個体群管理における選択肢の利用が広い地域で中止されているため，さらに対立が深刻になるかもしれない．したがって，野生動物関連のレクリエーションに対する公的な需要を満たすために実施できる代替戦略を認識，企画，伝達，評価するための研究や教育，奉仕活動，公開講座に対する必要性は高まっていくだろう．さらに，土地所有者，住宅所有者そして他の利害関係者が，野生動物とその管理に関してもつ懸念に対処するために，新しい戦略と手法を発展させなければならないだろう．

引用文献

Aikin, R. 2005. *Private and public land use by hunters: Addendum to the 2001 national survey of fishing, hunting, and wildlife-association recreation*. 2001-8. Arlington, VA: U.S. Fish and Wildlife Service, Division of Federal Assistance.

Benson, D. 1998. Enfranchise landowners for land and wildlife stewardship: Examples from the western United States. *Human Dimensions of Wildlife* 3:59 – 68.

———. 2001. Survey of state programs for habitat, hunting, and nongame management on private lands in the United States. *Wildlife Society Bulletin* 29:354 – 58.

Benson, D., R. Shelton, and D. Steinbeck. 1999. *Wildlife stewardship and recreation on private lands*. College Station: Texas A&M University Press.

Brown, T. L. 2006. *Analysis of limited liability recreation use statutes in the Northern Forest states*. 06-12. Ithaca, NY: Human Dimensions Research Unit, Department of Natural Resources, Cornell University.

Brown, T. L., T. A. Messmer, and D. J. Decker. 2001. Access for hunting on agricultural and forest lands. In *Human dimensions of wildlife management in North America*, ed. D. J. Decker, T. L. Brown and W. F. Siemer, 269 – 88. Bethesda, MD: The Wildlife Society.

Butler, M. J., A. P. Teaschner, W. B. Ballard, and B. K. McGee. 2005. Commentary: Wildlife ranching in North America — argument, issues and perspectives. *Wildlife Society Bulletin* 33:381 – 89.

Duda, M. D., B. J. Gruver, S. Jacobs, T. Mathews, A. Lanier, O. Augustus, and S. J. Bissell. 1998. *Wildlife and the American mind*. Harrisonburg, VA: Responsive Management.

Duda, M. D., P. E. De Michele, C. Zurawski, M. Jones, J. E. Yoder, W. Testerman, A. Lanier, S. J. Bissell, P. Wang, and J. B. Herrick. 2004. *Issues related to hunting and fishing access in the United States: A literature review*. Harrisonburg, VA: Responsive Management.

Eliason, S. L. 2000. Some polemical observations on Utah's Cooperative Wildlife Management Unit Program. *Wildlife Society Bulletin* 28:264 – 67.

Fanselow, F. G. 1952. Public access to lakes and streams in Michigan. Paper presented at the Midwest Fish and Wildlife Conference, Des Moines, December 18.

Geist, V. 2006. The North American Model of Wildlife Conservation: A means of creating wealth and protecting public health while generating public diversity. In *Gaining ground: In pursuit of ecological sustainability*, ed. D. M. Lavigne, 285 – 93. Guelph, Canada, and University of Limerick: International Fund for Animal Welfare.

Hawley, A. W. L. 1993. *Commercialization and wildlife management: dancing with the devil*. Malabar FL: Krieger Publishing Company.

Jagnow, C. P., R. C. Stedman, A. E. Luloff, G. J. San Julian, J. C. Finley, and J. Steele. 2006. Why landowners in Pennsylvania post their property against hunting. *Human Dimen-*

sions of Wildlife 11:15 – 26.

Larson, J. S. 1959. Straight answers about posted land. *Transactions of the North American Wildlife Conference* 24:480 – 87.

Leal, D. R., and J. B. Grewell. 1999. *Hunting for habitat: A practical guide to state-landowner partnerships*. Bozeman, MT: Political Economy Research Center.

Leopold, A., G. W. Wood, J. H. Baker, W. P. Taylor, and L. G. MacNamara. 1939. Farmer-sportsmen, a partnership for wildlife restoration. *Transactions of the North American Wildlife Conference* 4:144 – 75.

Matthews, O. P. 1986. Who owns wildlife? *Wildlife Society Bulletin* 14:459 – 65.

McCoy, N. 2003. *A survey of Utah Cooperative Wildlife Management Unit landowners, operators, and landowner/operators*. Logan: Jack H. Berryman Institute, Utah State University.

McCoy, N., D. Reiter, and J. Briem. 2003. *Utah's Cooperative Wildlife Management Unit Program: A survey of hunters*. Logan: Jack H. Berryman Institute, Utah State University.

Messmer, T. A., C. E. Dixon, W. Shields, S. C. Barras, and S. A. Schroeder. 1998. Cooperative Wildlife Management Units: Achieving hunter, landowner, and wildlife management agency objectives. *Wildlife Society Bulletin* 26:325 – 32.

Messmer, T. A., and F. C. Rohwer. 1996. Issues and problems in predation management to enhance avian recruitment. *Transactions of the North American Wildlife and Natural Resource Conference* 61:25 – 30.

Miller, C. A., L. K. Campbell, J. A. Yeagle, and R. J. Williams. 2002. *Results of studies of Illinois hunters, landowners, and participants in Access Illinois*. SR-02-01. Champaign:: Illinois Natural History Survey.

Shelton, R. 1987. Fee hunting systems and important factors in wildlife commercialization on private lands. In *Wildlife values: Economic and social perspectives*, ed. D. J. Decker and G. R. Goff, 109 – 16. Boulder, CO: Westview Press.

Siemer, W. F., and T. L. Brown. 1993. *Public access to private land for hunting in New York: A study of 1991 landowners*, 93-4. Ithaca, NY: Human Dimensions Research Unit, Department of Natural Resources, Cornell University.

South Dakota Chapter of the Wildlife Society. 1989. A resolution to establish SDC-TWS position on privatization of wildlife in South Dakota. http://sdwildlife.org/SDTWS%20RESOLUTION%20Privatization%201989.pdf.

Southwick, R. 2001. *Economic contributions of hunting*. Washington, DC: International Association of Fish and Wildlife Agencies.

Sportfishing Institute and Outdoor Boating Club of America. 1962. Access to recreational waters. Workshop Summary. Chicago: Sportfishing Institute and Outdoor Boating Club of America.

Swensson, E. J., and J. E. Knight. 2001. Hunter management strategies used by Montana ranchers. *Wildlife Society Bulletin* 29:306 – 10.

Theodore Roosevelt Conservation Partnership. 2007a. States with walk-in access programs. www.trcp.org/stateprograms.aspx.

Theodore Roosevelt Conservation Partnership. 2007b. Guaranteeing pubic access to hunting and fishing through "Open Fields." www.trcp.org/ea_openfields.aspx..

Uhlig, H. G. 1961. Survey of leased waterfowl hunting rights in Minnesota. *Journal of Wildlife Management* 15:204.

U.S. Fish and Wildlife Service. 2007. *2006 national survey of fishing, hunting, and wildlife-associated recreation: National overview*. Washington, DC: U.S. Fish and Wildlife Service.

U.S. Department of Agriculture, Economic Research Service. 2002. Major land uses in the United States. www.ers.usda.gov/publications/EIB14/eib14j.pdf.

U.S. Department of the Interior, Fish and Wildlife Service, and the U.S. Department of Commerce, Bureau of the Census. 1994. *1991 National survey of fishing, hunting, and wildlife-associated recreation*. Washington, DC: U.S. Government Printing Office.

Waldbauer, E. C. 1966. Posting on private lands in New York State. *New York Fish and Game Journal* 13(1):1 – 78.

Wildlife Society. 2007. Final TWS position statement: The North American Model of Wildlife Conservation. www.wildlife.org/policy/positionstatements/41-NAModel%20Position%20Statementfinal.pdf.

第 21 章
熱帯林の狩猟管理における社会的事象

Elizabeth L. Bennett

訳：伊吾田宏正

　熱帯林での狩猟管理は大いなる挑戦である．なぜなら，そこでは狩猟によって多くの種が脅威に晒されているにも関わらず，世界で最も貧しい位置に属する人々が狩猟に頼って生きてもいるからである（Robinson 2005, Bennett et al. 2006）．熱帯林の大型哺乳類の生産性は低いので，かれらの生存が維持できるような狩猟圧はとても低いはずである（Robinson and Bennett 2000a, 2004）．しかし，野生動物はしばしば，代わりの蛋白源がほとんどないか，あるいは皆無である貧しい森林居住民にとって，極めて重要な食料である（Infield and Adams 1999）．熱帯多雨地方では，遠隔の森林地帯に餌を輸送する問題や病気のリスクがあるため，家畜の飼養は困難だろう．さらに，多くの村では家畜はしばしば，日々の蛋白源ではなく，病気の流行や災害発生時の蓄え，または保険であると考えられている（Wilkie and Carpenter 1999, Milner-Gulland et al. 2003）．

　ほとんどの熱帯多雨地方で起きている急激な変化によって問題は加速している．伝統的な管理体制とタブーが崩壊している．伝統的な狩猟技術が効率的で近代的なものへと変化している．林業などにより熱帯林の道路網がすみずみまで発達したことによって，巨大な商業狩猟が生存狩猟を圧倒してきた（Robinson,

---

執筆に先立つ議論と原稿へのコメントに対して，John Robinson に謝意を表する．John Fraser と David Wilkie からも丁寧なコメントを頂いた．

Redford, and Bennett 1999).さらに，国際的な野生動物の商取引の増大（特に東アジアのマーケットが急成長している）が，大型食肉類からカメ，鳴禽類にいたる熱帯林の多様な種に対して需要を生み出している（Bennett 2006）．新しいマーケットがあまりに速く発達するので，資源の搾取に対して現地の管理機関の能力は追いつかないでいる．その結果，しばしば狩猟をコントロールできず，地域的な種の絶滅や現地住民が必要とする資源の不足が生じている（Robinson and Redford 1991, Robinson and Bennett 2000b, Robinson 2005, Bennett et al. 2006）．

　本章では，様々な関係者（公的機関，民間機関，地域社会，保全団体）に焦点をあてて，熱帯林における野生動物の狩猟管理システムを評価し，各関係者が発揮できる管理上の役割と能力，および彼らが保全に貢献するうえでの問題点と利点について検討する．

様々な管理システム

　優れた行政システムは熱帯林での狩猟管理にとって重要だが，"良い行政"は必ずしも"良い保全"に貢献しない．なぜなら，管理の第1目的は関係者によっても（Dwyer 1994），ランドスケープの構成要素によっても（Robinson 1993）異なるからである．とはいっても，"良い行政"は，狩猟管理を含む効果的な保全活動の重要な前提条件である．

政府主体の管理

　多くの地域で，国または地方の政府は，国民のための野生動物の監視者かつ管理者の役割を担ってきており，法制度と行政システムをつくって，担当部局に狩猟管理の権限を与えてきた．このアプーチの最も有効な点は，政府が国民の関心を尊重するものと位置づけられていることで，しばしば次世代のために野生動物を保護していく役割が期待されている．政府は，国立公園と持続利用地域の大規模な土地区画を行い，それらの土地での狩猟をコントロールする権限を有している．しかし，多くの熱帯林諸国では，政府は適正な野生動物保全を効果的に推進できていない．一般的に彼らの野生動物管理当局の能力は低く，現地スタッフの数とその教育および物資は不足していて，法制度と管理体制は不十分である．さらに，政府主導の管理体制は得てして，森林内外の地域社会の本質的なニーズと

要望を把握しておらず，管理上の規則に対する住民の理解と協力を妨げてさえいる（第4章参照）．この結果，政府の能力がないことで，保護区を含むランドスケープ内の広い範囲で，必然的に効果的な管理ができなくなってしまう．

　他に厄介な問題として，多くの熱帯林諸国で汚職が横行しており，長期に亘る保全の動機が損なわれ，野生動物とその生息地の短期的な搾取を促しているということがある．大部分の熱帯林諸国は"高汚職国"とされているが，熱帯林の重要な地域を占めるマレーシアだけが唯一"高汚職"トップ50か国から免れ164番目となっている（Transparency International 2006）．汚職によって有益な公共支出が縮小されるので，保全はとりわけ腐敗したスタッフの横暴に晒されている．ほとんどの野生動物スタッフは低賃金なので，価値の高い自然資源を扱う時に特に賄賂が横行してしまう．また，一般に野生動物部門は政治的な地位が低いため，地位の高い政治家，官僚，軍部，裕福な天然資源採掘会社からの横暴に屈服してしまうのである（Smith et al. 2003, Smith and Walpole 2005）．司法部の力が弱い場合もよくあることだが，強い規制は適正な管理を促進することなく，さらなる汚職の機会を提供してしまうにすぎない（Damania 2002）．

　政府に権限が完全に付与されている熱帯林地域では，適正な野生動物行政の好例は，これまでほとんど報告されていない．1つの例外は，インドのナガラホール国立公園で，そこでの野生動物管理は高水準であり，世界的に重要な大型動物の個体群が健全に繁栄している（Karanth and Sunquist 1992, Madhusudan and Karanth 2000, Karanth et al. 2006）．その成功の要因は，①外部のパートナー〔野生動物保護協会（Wildlife Conservation Society：WCS）〕と連携し，スタッフ研修および管理活動に有効な長期の研究とモニタリングについての専門技術の提供を10年以上継続して提供されていること，②保護区から部外者を排除する法的根拠，③十分に訓練されたスタッフ，である．644km^{2}の区域には250人の政府スタッフが勤務している．彼らは公園全体に均等に配置されているわけではないが，スタッフ1人平均1.9km^{2}を，ジープ，トランシーバー，武器を使って毎日パトロールしており，周辺地域の人口密度が高いにも関わらず，ゾウ，トラ，ガウアなどの壮観な大型動物が保全されている（Madhusudan and Karanth 2000）．

民間機関主体の管理

　理論的には，個人または会社が私的に野生動物を捕獲する権利をもつことは適正な管理につながる．民営化は所有権を明確にするので，"コモンズの悲劇"が排除される（Hardin 1968）．そもそも所有者は彼自身の資源を保護することに興味をもっているからである．熱帯林における，野生動物の私的管理は3つの場所で実行可能である．1つは，私有地である．多くの熱帯林諸国では政府の規制によって，全ての土地は政府所有となっているか，または私的所有があっても，その場合は森林伐採後にのみ認められるので，林地の私的所有はまれである．主な例外として，私有地の所有権が共有となっている場合がラテンアメリカの一部に存在するが，そこでさえ，森林のほとんどの重要な地域が政府か共同体の管理下にある．さらに，私有地は時を経てモザイク状になるか再分配されがちである（Naughton-Treves and Sanderson 1995）．その結果，熱帯林の私有地は野生動物保全にあまり寄与しないのである．

　第2は，狩猟権が民間のサファリ会社に与えられた土地である．ただし，樹冠のない生息地よりも熱帯林での実例はまれである．それは，熱帯林では，大きな角や牙をもった壮観な動物が少ないこと，モニタリングと取締りが困難であること，汚職の横行，サファリハンターと生存狩猟を行う人々のニーズが潜在的に対立していることによる．適正な野生動物管理につながるサファリハンティングの成功例は熱帯林では報告されていない．

　第3は，木材や鉱物などの自然資源の利用権が民間企業に与えられた土地である．ここでは，狩猟権は含まれていないが，このような企業は，しばしばその土地の独裁者的存在であり，その結果，潜在的に野生動物を管理することができる（Robinson, Redford, and Bennett 1999）．彼らは，盗伐や盗掘の防止およびその雇用者や家族の安定を含む，効率的な資源利用のための効果的な管理体制を確立したがっている．このような体制は，もし適正な狩猟管理を明確に管理目標として設定していれば，そのための環境をつくりだすことができる．このことは，企業が森林認証制度に関心をもっていれば実現する可能性があるだろう．森林認証を取得するには持続的狩猟管理の徹底が必要だと思われるが，取得すれば木材製品の市場を広げることができる（Donovan 2001）．しかし，熱帯林の森林認証を模索している企業は少ない（Bennett 2004）．多くの場合，彼らにとっ

て野生動物は無価値か，労働者にただで与えることができるボーナスくらいにしかみられていない（Robinson, Redford, and Bennett 1999）．また，生存狩猟を担う現地住民のニーズはたびたび無視され，現地社会が依存する野生動物が伐採に伴って狩り尽くされると，大きな対立が起きる（Bennett and Gumal 2001, Riimiz et al. 2001, Wilkie et al. 2001）．

　これらの土地における適正な野生動物管理は可能である．北コンゴのヌアバレ・ンドキ国立公園周辺で林業を行っているある企業は，コンゴ政府，野生動物保護協会，および地域社会と連携して野生動物管理を行っており，特に非持続的な狩猟および野生動物肉の取引をコントロールしている（Elkan and Elkan 2005, Elkan et al. 2006）．その活動内容は，可猟区域と禁猟区域の設定，野生動物の長距離輸送の禁止，保護動物の禁猟，教育活動，取締りの強化，代替蛋白源の開発，重点的なモニタリングである．彼らの林業区域では，ゴリラ，チンパンジー，シンリンゾウ，ボンゴなどの大型哺乳類の個体数が豊富なので，このプロジェクトは成功しているといえよう．ここでは伝統的な狩猟活動が認められているので，地域社会はこのプロジェクトに参加してきた．また，彼らは雇用機会を得ることができ，その食糧事情は良くなり，文化の維持も保障されている．企業側の利点としては，取締り強化による財産の保護，企業の社会的イメージの改善，彼らのもともとの目的である木材製品の国際的認証がある．成功の要因は，①全ての関係者の異なる目的（地域社会，会社，雇用者，保全対象となる生物群集のニーズ）が認められ，管理に盛り込まれたこと，②統制のとれたレンジャー部隊（チーム間でのクロスチェックにより任務の透明性と説明責任を確保）を含む，よく訓練された十分なスタッフ，③長期間の調査研究とモニタリング結果に裏打ちされた10年以上に及ぶ継続した専門技術の蓄積，である（Elkan and Elkan 2005, Elkan et al. 2006）．

地域社会主体の管理

　地域社会による管理では，管理の担い手がその土地に住み，長期間（何世代にも亘る場合もある）参加するので，理論上は適正な管理となり得る．これは，特に地域社会が蛋白源として強く野生動物に依存している場合にそうである．熱帯多雨地方の地域社会による狩猟管理は，生存狩猟社会において普遍的である（Robinson and Redford 1991, Robinson and Bennett 2000b を参照）．地域で管

理される生存狩猟は，ある条件下（特に人口密度が低い地域）で持続可能であり，その多くの実例は広大で人口密度が低い南米にみられ（例えば Hill and Padwe 2000），その社会の多くは狩猟の範囲と頻度を分散させることで持続の可能性を高めるように管理手法を発達させてきた（Vickers 1991, Leeuwenberg and Robinson 2000, Townsend 2000）．

　しかし，このようなシステムは必ずしも全ての種の保全にはつながらない．時として，地域社会と保全活動家は，資源基盤と管理上のニーズがかけはなれていることに気づく（Dwyer 1994）．地域社会にとってのある種の保全は，それ以外の種が食料として重要である場合には，必ずしも優先されない．例えば，エクアドルのフアオラニ族によって管理される地域では，有蹄類と大型のネズミ類の狩猟は持続的だが，霊長類ではそうではない（Mena et al. 2000）．ある調査では，ブラジルアマゾンの25か所の哺乳類の総数は狩猟の影響を受けていなかったが，種の構成は変化していた（Peres 2000）．

　また，地域主体管理システムは外的要因による変化に弱い（Naughton-Treves and Sanderson 1995）．彼らの地域社会は，外部からアクセス可能になった時に，外部の人間を排除する法的権限も実行手段もほとんどもち合わせていない．一方で，社会のメンバー自身，多様な興味をもち，各メンバーは様々な資源への接点と影響を受ける経路をもっている（Agrawal 1997）．このことは，外部の世界との関係が深まり，商業化が進むことを意味し，これは社会的階層化と独自の意思決定機構の弱体化につながる．伝統的なシステムが崩壊すると，保全への個人的動機が失われてしまうのである．

　社会的変化に直面している熱帯林における地域主体の野生動物管理では，概して地域とともに活動する"よそもの"の存在が成功のカギを握っている．野生動物管理の中心的役割が，地域にある場合も，地域と連携する外部の保全活動家にある場合も，多様なパートナーがそれぞれの得意分野を生かすことが成功につながる．ブラジルのアマゾンでは，先住のカヤポ族と保全団体コンサベーション・インターナショナルが連携して保護区を設定し，極めて多様性に富んだ動物相を保全している（Chernela 2005）．ボリビアのグランチャコではイソケーノ族の代表組織と野生動物保護協会が，野生動物管理とイソケーノ文化の保全に成功している（Arambiza and Painter 2006）．ペルーアマゾンでは，地域社会，研究者，

外部スタッフによる共同管理で，持続的な生存狩猟と野生動物の独自の持続的な商取引を実現している（Bodmer and Puertas 2000）．これらの事例から，様々な関係者がそれぞれの多様な長所を発揮することが，地域主体管理の復活に必要であることが分かる（Robinson 2007）．

結　論

熱帯多雨地方での効果的な狩猟管理の実例は非常に少ないが，限られた成功事例を評価すると，以下の重要な要素が明らかになる．

1. 多数のパートナー．その十分な能力が発揮されると野生動物管理は成功する．そのためには，協働についての次のような要因が必要である．資源に対する長期に亘る関心，よく訓練され十分な装備をもった熟練したマンパワー，野生動物管理の専門技術，（必要ならば）生計を立てる代替資源，法執行能力，政治力，予算的措置．その他の成功のための要因としては，関係者間でお互いの目的が十分理解され，その共通項と多様な相違点が明らかになっていること（Robinson 2007），関係者間が意志疎通し交渉する過程が明らかで透明性と自発性が確保されており，各関係者の権利にバランスがとれていること，モニタリング結果が意思決定過程に反映されていること（Agrawal 1997, Robinson and Queiroz），があげられる．

2. 長期間に亘る計画と実行．熱帯林の資源管理は複雑なので，外部から一時的に人材や予算を投入するような短期的なプロジェクトは失敗しやすい（Oates 1999）．全ての成功事例は，政治的・財政的な浮き沈みをみこした長期的な展望をもっている．資源そのものと社会経済システムに関する詳しい知識を収集し，関係者間のパートナーシップを築いて，効果的な管理システムがスムーズに進行し，完全に制度化していくには，少なくとも10年間はかかる．そのための人事と長期予算は極めて重要である．

3. ランドスケープレベルでの計画．保護区における種の保全，利用地域における持続的な自然資源利用，および農地などでのより集約的な土地利用を，それぞれ保証していくためには，国際的，国内的，地域的スケールでの適切な土地の配置を行って，持続的なランドスケープを連携して形成していくことが重要である（Robinson 1993; Bennett et al. 2006）．

4. 適切な法整備．法制度および行政システムは，狩猟権とその取締機構の明確化を通じて，適正な野生動物管理を保証しなければならない．そのためには，しばしば植民地独立後の，中央政府による支配を前提とした不適切な法制度による現行のパラダイムを乗り越えて，地域社会と外部のパートナーに，意思決定や管理の権利を認めなければならない．この時，必要ならば政府関与の必要性（例えば検察や司法）も検討する．

5. 取締規則の設置運営能力．管理主体がどこにあろうと，よく訓練され装備の充実した十分なマンパワーが法執行にあたり，個体群と狩猟状況をモニタリングしなければならない．多くの熱帯林諸国における問題は，政府が十分な人材と予算をもっておらず，地域社会と保全団体も取締りを行う法的根拠がないことである．さらに，関係者間の協働のための合意形成も必要だろう．

6. 汚職を減らす機構．透明性と説明責任が重要である．システムと担当者間のクロスチェックを含む明確で透明な報告制度が必要である（Smith and Walpole 2005）．これはしばしば，複数の部局が管理活動に参加する場合に実現する．汚職度の高い国では前例が全てであるが，協働する部局が多いと透明性と説明責任が問われ，適正な行政が行われる．

7. 順応的管理システム．急激な生態学的，経済的，社会的変化に直面する中，熱帯林における管理システムは"足元を照らす灯り"にならなければならない．頻繁に狩猟状況と個体群をモニタリングすることが重要である．汚職と野生動物の不法取引を主導する犯罪組織網をコントロールする強力で堅牢な法執行機関によって，急激な変化に対応できる管理システムを開発することが求められている（Zimmerman 2003）．重ねて，異なるスキルをもつ複数のパートナーの連携によって，順応性と変化に対応する能力が確保されるだろう．

熱帯林地域における狩猟管理は複雑だが，挑戦する価値がある．熱帯林はもともと生産性が低く，行政の力も弱いうえ，管理の課題として希少種の保全と貧しい人々の生活保障を両立させるという困難を伴っている．もしわれわれが管理に参加する様々な関係者のそれぞれ異なる役割を考慮に入れなければ，われわれが，流動的で，時代錯誤で，厄介な，もともと欠陥のある管理システムに取り組んで

いる間に，森は沈黙してしまうだろう．

引用文献

Agrawal, A. 1997. *Community in conservation: Beyond enchantment and disenchantment.* Gainesville, FL: Conservation and Development Forum.

Arambiza, E., and M. Painter. 2006. Biodiversity conservation and the quality of life of the indigenous people in the Bolivian Chaco. *Human Organization* 65:20 − 34.

Bennett, E. L. 2004. *Unable to see the wildlife for the trees? Timber certification and its role in conserving tropical forest wildlife.* Washington, DC: World Bank.

―――. 2006. Consuming the world's wildlife. *Chinese National Geography* (November):126 − 35. (In Chinese.)

Bennett, E. L., E. Blencowe, K. Brandon, D. Brown, R. W. Burn, G. Cowlishaw, G. Davies, et al. 2006. Hunting for consensus: reconciling bushmeat harvest, conservation and development policy in West and Central Africa. *Conservation Biology* 21(3):884 − 87.

Bennett, E. L., and M. T. Gumal. 2001. The inter-relationships of commercial logging, hunting, and wildlife in Sarawak, and recommendations for forest management. In *The cutting edge: Conserving wildlife in managed tropical forests,* ed. R. A. Fimbel, A. Grajal, and J. G. Robinson, 359 − 74. New York: Columbia University Press.

Bodmer, R., and P. E. Puertas. 2000. Community-based comanagement of wildlife in the Peruvian Amazon. In *Hunting for sustainability in tropical forests,* ed. J. G. Robinson and E. L. Bennett, 95 − 409. New York: Columbia University Press.

Chernela, J. 2005. Response to "A challenge to conservationists." *World Watch* (March/April).

Damania, R. 2002. Environmental controls with corrupt bureaucrats. *Environment and Development Economics* 7:407 − 27.

Donovan, R. Z. 2001. Tropical forest management certification and wildlife conservation. In *The cutting edge: Conserving wildlife in logged tropical forest,* ed. R. A. Fimbel, A. Grajal, and J. G. Robinson, 601 − 13. New York: Columbia University Press.

Dwyer, P. D. 1994. Modern conservation and indigenous peoples: In search of wisdom. *Pacific Conservation Biology* 1:91 − 97.

Elkan, P. W., and S. W. Elkan. 2005. Mainstreaming wildlife conservation in multiple-use forests of the northern Republic of Congo. In *Mainstreaming biodiversity in production landscapes,* ed. C. Petersen and B. Huntley, 51 − 65. Washington, DC: Global Environment Facility.

Elkan, P. W., S. W. Elkan, A. Moukassa, R. Malonga, M. Gangoue, and J. L. D. Smith. 2006. Managing threats from bushmeat hunting in a logging concession in the Republic of Congo. In *Emerging Threats to Tropical Forests,* ed. L. F. Laurance and C. A. Peres. Chicago: Chicago University Press.

Hardin, G. 1968. The tragedy of the commons. *Science* 162:1243 − 48.

Hill, K., and J. Padwe. 2000. Sustainability of Aché hunting in the Mbaracayu Reserve, Paraguay. In *Hunting for sustainability in tropical forests*, ed. J. G. Robinson and E. L. Bennett, 9 − 105. New York: Columbia University Press.

Infield, M., and W. M. Adams. 1999. Institutional sustainability and community conservation: A case study from Uganda. *Journal of International Development* 11: 305 − 15.

Karanth, K. U., J. D. Nichols, N. S. Kumar, and J. E. Hines. 2006. Assessing tiger population dynamics using photographic capture-recapture sampling. *Ecology* 87(11):2925 − 37.

Karanth, K. U., and M. E. Sunquist. 1992. Prey selection by tiger, leopard and dhole in tropical forests. *Journal of Animal Ecology* 64:439 − 50.

Leeuwenberg, F. E., and J. G. Robinson. 2000. Traditional management of hunting in a Xavante community in central Brazil: The search for sustainability. In *Hunting for sustainability in tropical forests*, ed. J. G. Robinson and E. L. Bennett, 375 − 94. New York: Columbia University Press.

Madhusudan, M. D., and K. U. Karanth. 2000. Hunting for an answer: Is local hunting compatible with large mammal conservation in India? In *Hunting for sustainability in tropical forests*, ed. J. G. Robinson and E. L. Bennett, 339 − 55. New York: Columbia University Press.

Mena, P. V., J. R. Stallings, J. Regalo, B. and R. Cueva L. 2000. In *Hunting for sustainability in tropical forests*, ed. J. G. Robinson and E. L. Bennett, 57 − 78. New York: Columbia University Press.

Milner-Gulland, E. J., E. L. Bennett, and the SCB 2002 Annual Meeting Wild Meat Group. 2003. Wild meat: The bigger picture. *Trends in Ecology and Evolution (TREE)* 18(7):351 − 57.

Naughton-Treves, L., and S. Sanderson. 1995. Property, politics and wildlife conservation. *World Development* 23(8):1265 − 75.

Oates, J. F. 1999. *Myth and reality in the rain forest: How conservation strategies are failing in West Africa*. Berkeley: University of California Press.

Peres, C. A. 2000. Evaluating the impact and sustainability of subsistence hunting at multiple Amazonian forest sites. In *Hunting for sustainability in tropical forests*, ed. J. G. Robinson and E. L. Bennett, 31 − 56. New York: Columbia University Press.

Robinson, J. G. 1993. The limits to caring: sustainable living and the loss of biodiversity. *Conservation Biology* 7:20 − 28.

———. 2005. Biting the hand that feeds you: The consumption of nature and natural resources in the tropics. In *2006 state of the wild: A global portrait of wildlife, wild lands, and oceans*, ed. S. Guynup, 153 – 56. Washington, DC: Island Press.

———. 2007. Recognizing differences and establishing clear-eyed partnerships: A response to Vermeulen and Sheil. *Oryx*, 41: 443 – 44.

Robinson, J. G., and E. L. Bennett. 2000a. Carrying capacity limits to sustainable hunting in tropical forests. In *Hunting for sustainability in tropical forests*, ed. J. G. Robinson and E. L. Bennett, 13 – 30. New York: Columbia University Press.

———. 2000b. *Hunting for sustainability in tropical forests*. New York: Columbia University Press.

———. 2004. Having your wildlife and eating it too: An analysis of hunting sustainability across tropical ecosystems. *Animal Conservation* 7:397 – 408.

Robinson, J. G., and H. Queiroz. Forthcoming. Márcio Ayres: New approaches to the conservation and management of protected areas in Amazônia. In *The Amazonian Váárzea: The decade past and the decade ahead*, ed. M. Pinedo-Vasquez, M. L. Ruffino, R. R. Sears, E. S. Brondizio, and C. Padoch. New York: Springer Verlag and New York Botanical Gardens Press.

Robinson, J. G., and K. H. Redford. 1991. *Neotropical wildlife use and conservation*. Chicago: Chicago University Press.

Robinson, J. G., K. H. Redford, and E. L. Bennett. 1999. Wildlife harvest in logged tropical forests. *Science* 284 (April 23):595 – 96.

Rúmiz, D. I., D. Guinart S., L. Solar R., and J. C. Herrara F. 2001. Logging and hunting in community forests and corporate concessions: Two contrasting studies in Bolivia. In *The cutting edge: Conserving wildlife in logged tropical forest*, ed. R. A. Fimbel, A. Grajal, and J. G. Robinson, 333 – 58. New York: Columbia University Press.

Smith, R. J., R. D. J. Muir, M. J. Walpole, A. Balmford, and N. Leader-Williams. 2003. Governance and the loss of biodiversity. *Nature* 426:67 – 70.

Smith, R. J., and M. J. Walpole. 2005. Should conservationists pay more attention to corruption? *Oryx* 39(3):251 – 56.

Townsend, W. R. 2000. The sustainability of subsistence hunting by the Sirionó Indians of Bolivia. In *Hunting for sustainability in tropical forests*, ed. J. G. Robinson and E. L. Bennett, 267 – 81. New York: Columbia University Press.

Transparency International. 2006. *Transparency International corruption perceptions index 2006*. www.transparency.org/policy_research/surveys_indices/cpi/2006.

Vickers, W. T. 1991. Hunting yields and game composition over ten years in an Amazon Indian territory. In *Neotropical Wildlife use and conservation*, ed. J. G. Robinson and K. H. Redford, 53 – 82. Chicago: Chicago University Press.

Wilkie, D. S., and J. F. Carpenter. 1999. Bushmeat hunting in the Congo Basin: An assessment of impacts and options for mitigation. *Biodiversity and Conservation* 8: 927

— 55.

Wilkie, D. S., J. G. Sidle, G. C. Boundzanga, P. Auzel, and S. Blake. 2001. Defaunation, not deforestation: Commercial logging and market hunting in Northern Congo. In *The cutting edge: Conserving wildlife in logged tropical forest*, ed. R. A. Fimbel, A. Grajal, and J. G. Robinson, 375 — 99. New York: Columbia University Press.

Zimmerman, M.E. 2003. The black market for wildlife: Combating transnational organized crime in the illegal wildlife trade. *Vanderbilt Journal of Transnational Law* 36:1657 — 89.

注：発行年の記載のない文献は，原書が発行された時点では"発行予定"であったもの．

第 22 章
多様化する社会における効果的な保護管理戦略としてのコミュニケーション

Susan K. Jacobson and Mallory D. McDuff

訳：桜井　良

　ピュー研究センター（Pew Research Center）によって実施された最近の世論調査では，46 か国中インド，中国，ペルー，そしてカナダなどのいくつかの国々では人々が環境悪化をテロやエイズなどの脅威に勝る世界で最も危険なものであるとしてあげていることが分かった（Page 2007）．サンプル数として世界でも最大規模の当調査の結果は，野生動物の管理者が環境悪化という人々の懸念を野生動物およびその生息地の保護のために正しい情報に基づく決断と行動に転換させることの必要性を露呈している．

　インターネットや印刷物，それに放送されるメディアによって一般市民はますます野生動物や環境問題に触れる機会を得ている．しかし，この情報の時代において，人々は野生動物について最小限のことしか知らない．2003 年の Roper による世論調査では米国のたった 2％の大人のみが環境に習熟しているということが示された．そして 56％の回答者は環境を守るための手助けはしたいが，どのようにそれができるのかは分からない，と答えた（Coyle 2005, cited in Corbett 2006）．iPhone や BlackBerry に象徴される"親指世代"はいかなる情報に対しても際限なくアクセスできるが，子供たちが自然への関心を育むための野外に出る時間は減ってきているように，彼らも野外へのアクセスは不足している（Louv 2005）．

野生動物局にとって新しいタイプの人々が出てきた．米国では2001年から2006年までの間に釣り人と狩猟者の数が10％減少し，バードウォッチャーの数は8％増加した（2006 National Survey of Fishing, Hunting and Wildlife-Associated Recreation）．"一般市民"は，異なる言語を話し，異なる文化的背景を通して野生動物を見るようになり，多様化している．事態はこのように複雑であるからこそ，効果的なコミュニケーションが最も重要な野生動物の保護管理戦略の1つであると言える．野生動物の保護管理は，都市郊外での野生動物の保護管理から持続可能な収穫量の設定まで，問題の一部に民衆が関わり，それゆえ問題解決のためにコミュニケーションを必要としている．この章の目的は3つある．

- 最初に，コミュニケーションの目的，対象とする聴衆（オーディエンス），メディアやメッセージの選択，結果の評価を明確化するためのコミュニケーションの過程を説明する．
- 2つ目に，われわれは野生動物保全に対する人々の支持，知識，そして行動の向上，保護管理へのコンプライアンス（要求などへの応諾）の向上，そして環境政策への影響を可能にするためのコミュニケーション手法の影響力を調査する．
- 3つ目に，われわれは多様化する世界における野生動物に関するコミュニケーションの戦略を提案する．これはEアウトリーチ（インターネットを用いた普及啓発），新しいパートナーシップを通じてのコミュニケーション，そして多文化の聴衆に対するコミュニケーションの設計などを含む．

コミュニケーションとは何か

われわれは，私たち自身の生存，人間関係，仕事，そしてコミュニティにおける成功のためにコミュニケーションが必要不可欠な世界に住んでいる．コミュニケーションとはアイデアを交換したり，情報を授けるプロセスである．コミュニケーションはあなた自身を周囲に理解させ，その代わりに他人を理解することである．もしあなたが意図された受け手が理解できないメッセージ——口頭，視覚，書面——を送るならコミュニケーションは起こらない．メッセージが受け取られ，そして理解されたことを確認するための唯一の方法はフィードバック（反

応）をプロセスに含めることである．マナティー（*Trichechus manatus*）に対して安全な船の運転をするためにコミュニケーションプログラムを評価したところ，メッセージが船の運転の仕方を向上させることに失敗したことが明らかになった（Morris, Jacobson, and Flamm 2007）．フィードバックを集めることはプログラムを向上させるために，そして成功を決定づけるために必要不可欠である（Jacobson 1999）．

コミュニケーションは対人間とマスメディア（大衆に伝達するもの）の両方を含む．対人間のコミュニケーションは直接対話，グループ内における交流，演説，そして市民による特別委員会など参加型の手法も用いる．マスメディアはインターネット，新聞，テレビ，郵便，映画，発行物，広告版，そして衛星会議を含める．コミュニケーションの目標と聴衆を基に適切なコミュニケーションの媒体を選ぶことが重要である．

野生動物保護管理のためのコミュニケーション

一般市民は野生動物保護管理への取り組みの成功や失敗に影響を与える．州政府から野生動物学会まで，ほとんどの野生動物団体がその基本理念の中で一般市民へのコミュニケーションの重要性をあげている（Case 1989）．今日，（野生動物保護管理における）管理者は，参加とコミュニケーションの機会の増加を期待する様々な利害関係者の意識も考慮に入れなければならなくなり，野生動物保護管理の目標はより一層複雑になってきている（Decker, Brown, and Siemer 2001）．

たくさんの野生動物管理者が証言するように，情報があまり与えられていない一般市民や積極的に意見を言う少数派でさえも革新的な保護管理政策を失敗に終わらせてしまうことがある．同様に，事情に精通している利害関係者は，野生動物局の有効性を高める潜在性をもっている．フロリダでは，研究者が捕獲後に放獣したクマを追跡し，放獣後もクマが有害な行動を続けたか，あるいは人との接触により命を落としているのかを明らかにした．この研究は，一般市民へのクマと共存するための方法に関する教育の方が，クマの捕獲と放獣にお金を費やすよりも費用対効果があると結論付けた（Anderson 2007）．ニューハンプシャーでは"クマと生きるための学習"コミュニケーション運動において，一般人とクマ

との軋轢を解消するためにコミュニケーションを用いる広報の専門家および生物学者を含めたチームが形成されている（Organ and Ellingwood 2000）．全ての野生動物管理者が専門家としての効果を増加させるためにコミュニケーションの基礎を理解するべきである．

コミュニケーションプロセスの要素

心理学，教育学，そして社会学など，たくさんの分野がコミュニケーション理論に貢献している．コミュニケーション構造の要素——情報ソース（情報源となる主体），メッセージと媒体，受け手，そしてフィードバックループ——を理解することは効果的なコミュニケーションを設計することに役立つ．

情報ソース

メッセージの情報ソースはコミュニケーションを行っている人か組織である．例えば，科学者が絶滅危惧種であるカリフォルニアコンドル（*Gymnogyps californianus*）の再導入をメディア代表者に説明する．環境問題において情報ソースの信頼性は重大であり，大抵情報ソースの専門性，信用性，そして権威に関する人々の認識を含む．情報ソースはメッセージがどのように受容されて欲しいかを理解しているが，メッセージがどのようにメディアのゲートキーパー（組織体に入ってくる情報やそこから出ていく情報を整理統制する人）によって符号化（他人に分かる言葉に変換すること）されるか，または受け手によって解釈されるのかは保障できない．ゲートキーパーは受け手へと伝わる情報の流れを調整し，コミュニケーションに追加的に変化を及ぼすことがある．例えば，新聞の編集者は野生動物局によって発表された公式発表を記事にするか省略するか決定し，これが受け手がどう記事を解釈するかに影響を与える．普及啓発プログラムからインターネットによる対話式のサイトまで，符号化と解釈は全ての種類のメディアのコミュニケーション過程において重要な部分である．

メッセージと媒体

野生動物局や野生動物団体の目標や目的がメッセージや媒体の選定を導く．目標は猟鳥獣の数を保つこと，土地を保全すること，森林を復元すること，または危機的な種を守ることかもしれない．一般的な目標は絶滅が心配されているマナ

ティーの再生などの問題から生じることが多い．マナティーとモーターボートとの衝突を削減するという目標は，野生動物の管理者がモーターボートの所有者や係船港の管理者のような特定の聴衆に対して目的やメッセージを確定することを助ける．コミュニケーションは受け手の知識，態度，または行動の変化をその目的にすることができる．最初のメッセージは，野生動物問題に対する人々の意識を上げることのみを目的にしてもよい．また，さらなる目的としては，態度の変化，意識の向上，そして最終的には行動を促すことに焦点を当てるのがよいだろう．しかし，意識を向上させることが保全に対する行動を保障するものではない．

受け手の欲求を知ることは彼らの態度に影響を与えるための適切なメッセージをつくるうえで役立つだろう．全ての人々の行動は様々な欲求や要望によって動機づけられる．心理学者である Abraham Maslow（1954）は欲求階層説を展開した．彼は，食，健康，そして安全の心理的欲求を人々は最初に満たそうとすることを示唆した．人々の欲求は次に所属意識，自尊心，そして最終的には自己達成への意欲へと進展する．きれいな空気と水と健全な食べ物の価値は，健康と安全に関する基礎的な欲求の中核をなす．自然資源の文化的な使用は人々の帰属意識への意欲を満たすものであり，宗教的信念，教育的使用，そしてレクリエーション（保養）のための価値を意味する．

コミュニケーションの目的が決められたら，情報ソースのアイデアは符号化され，メッセージの形を伴って伝達される．単純なメッセージは最も簡単に理解される．"餌付けがクマを殺す"は，人々がクマに餌を与えることを防ぐための，ニューハンプシャー州の魚類野生動物局による明快なメッセージである．一方，複雑な問題を伝えるメッセージは，人々に伝達するのが難しい．例えば野生動物の生息地を保持するための管理手法である野焼き火に関する問題は，単純なメッセージに言い換えるのが難しい．フロリダ州南部の住民に行われた意識調査ではたった12%の回答者しか，定期的な火事が原生のマツ林を保持するための自然な過程であることを知らなかった（Jacobson and Marynowski 1997）．森林局のスローガンである"火事療法：森林の健康のための処方"は言い難く，また分かりにくい．火事に適応した生態系に関する個人的な経験やメディアでの自然発火による火事の報道が人々の野焼き火に対する関心を刺激するかもしれない（Jacobson, Monroe, and Marynowski 2001）．

媒体を選ぶことは，メッセージを選ぶことと同じくらい大切であり，異なる伝達方法は別々の長所を発揮する．マスメディアは公共の議題を設定し，意見を促すうえではより効果的かもしれないが，人々の知識を変化させたり，意見を変えたりするには対人間の手法やより詳細な出版物が必要かもしれない．狩猟から公共輸送機関の利用まで新しい行動の実践は家族や同僚からの話を聞いた結果生じる（McKenzie-Mohr and Smith 1999）．コミュニケーションは，このようにメッセージの社会的な普及を助長する．1つ以上の伝達方法を用いることがより多くの聴衆に働きかけ，またメッセージを強化させる可能性を上げる．

受け手

　聴衆（あなたにとっての受け手）を理解することは，効果的なコミュニケーションを生み出すためにメッセージを設計したり，メディア選択を行ううえでカギとなる．それはあなたのメッセージが意図された通り解釈されたことを保障する．聴衆に関する研究は世論調査，フォーカス・グループ，直接観察，インターネット・データベース，ケース・スタディー，そして聴衆に仕える団体とのネットワーク等を通じてデータを収集することを伴う．野生動物の管理者は，もっと人間事象に関する研究者に助けを求めてもいいだろう．なぜなら，そういった研究者は社会的属性に関するデータ，心理学的プロフィール，消費者行動，そしてその他の変数を用い，行政担当部局が聴衆の欲求に合わせてメッセージを調整することを手助けするからである．研究は，あなたの野生動物コミュニケーション運動の成果を評価するための指標も提供する．

　研究者は，普及教育プログラムのための特別なメッセージを設計するために，聴衆である田園地域の土地所有者を区分けした（Tuttle and Kelley 1981, cited in Decker, Brown, and Siemer 2001）．意識調査によって土地所有者の態度，信念，土地利用，そして教育レベルなどに関する情報を収集した．その研究によって野生動物保護管理手法をすでに取り入れている土地所有者は，現地視察や実施講習会など小集団の活動を通じて学べる実践的で詳細な情報が必要であることが明らかになった．保護管理手法を取り入れていないが関心をもっている土地所有者は，パンフレットやマスメディアによる入門的な情報が有益であろう．アイデアの社会を通じての普及の仕方に関する研究は情報の早期/平均的/後期採用者のグループを示した（Brown 1981）．対象となる聴衆に関する知識が対話を促進

させるのに，あなたの受け手から意図した反応を引き出すために重要である．

フィードバック（反応）

　フィードバックは知識の向上，態度・行動の変化という，目的が達成されたかを評価するために，そしてコミュニケーション運動の向上を確認するために不可欠である．コミュニケーション運動を評価する方法は，対象となった人々への形式的な事前および事後意識調査から，それらの人々が野生動物の個体群や環境へ影響を及ぼしていることを直接に見聞きすることまである．例えば，珍しい野生動物種の保全のためのコミュニケーション運動を評価するために，あなたの団体に新たに加入したメンバーの数や保護政策を支持する有権者の票の数，運動後の人々の意識の増加，そして一定の期間後に野生動物の個体群の状況を調べることができるかもしれない．継続的なモニタリングをすることで，フィードバックに基づいて活動を改善させることが可能となる．評価は間違った聴衆を対象にしてしまったり，不適切なメッセージを使うなどのよくある問題を回避することに役立つ．

保護管理手法としてのコミュニケーションの影響力

　野生動物保護管理において多くのコミュニケーションプログラムの目標は，人々の行動に影響を与える，というやりがいのある課題である．環境のためにすべきことを知っているにも関わらず，人々はよく持続可能ではない行動をする．教育者は，環境を配慮した行動が行われるかは，個人個人の環境問題に関する知識や行動戦略のような認識に関する要因によると信じる．認識や環境に変化やコミットメント（関与）を与えるような他の要素は行動にも影響を与える（Hines, Hungerford, and Tomera 1986/87）．

　社会心理学者は，環境へ配慮した行動を促すか，あるいは促すことのない信頼できる友達や家族のメンバーなど，新しい行動に影響を及ぼす社会の影響力や規範を調べている（Fishbein and Ajzen 1975）．コミュニケーションプログラムは，環境に対する責任のある行動に影響を与えるために，環境に関する知識だけでなく行動に関する態度や社会規範についても取り上げなければならない．ソーシャル・マーケティング分野の研究者は，もし利得がコストを上回り，保全行動の実行を妨げていた障害が取り除かれれば，人々が環境に対して持続可能な行動を選

ぶようになると信じる（Smith 1995）．

　効果的なコミュニケーションは，一般市民からの支持，知識，野生動物に対する行動を促進し，コンプライアンスを向上させ，野生動物の保護管理において政策や意思決定に影響を与えることができることを研究が示している．ロッキー山脈国立公園では，Fazio（1974）が，バックパッカー（リュックサックを背負って徒歩旅行をする人々）のキャンプ行為による環境への影響を低く抑えることに対する意識向上と公園の規則へのコンプライアンスに関わる小冊子，標識，視聴プログラム，そして新聞の記事などのコミュニケーション媒体の効果に関する最初の調査を実施した．それ以後，コミュニケーションはゴミの削減と道をそれた人の行動について，人々のコンプライアンスを向上させた（Manning 1999）．

　いくつかの研究は，レクリエーションと土地管理の実施に対する人々の態度や支持に関するコミュニケーションの効果を測定した（Manfredo 1992；Olson, Bowman, and Roth 1984）．コミュニケーションプログラムは，エコツアーにおいて野生動物を保護する規則のコンプライアンスが必要な時，重要な戦略を提供する．コミュニケーションプログラムを実施した後，イルカの観察をする観光客によるイルカを触るなどの不適切な行動は減少した（Orams, Hill 1998）．イエローストン国立公園では観光客に対し，森野火災の生態学に関して分かりやすい解説を加えたメッセージが火事の管理に対する肯定的な態度と信念に影響を与えた（Bright et al. 1993）．

　コミュニケーションは意思決定と保護管理政策に影響を与えることができる（Decker, Brown, and Siemer 2001）．ニューハンプシャー州ではシカ，ムース，クマに対して許容できる保護管理計画を作成するために，4つの異なる公共の情報伝達とコミュニケーション技法を用いた．それらは8つの一般公開討論会，3つの異なる公聴会で配布されたアンケート，州全土で実施された無作為の電話意識調査，そして2日間の利害関係者会議を含む（Organ and Ellingwood 2000）．アラスカでは，人々のクマに対する意識を向上させたコミュニケーションプログラムによって，ゴミの貯蔵や収集を規制する厳しい条例が人々によって許容された（McCarthy and Seavoy 1994）．全米オーデュボン協会（National Audubon Society）と鳥類に関するコーネル研究室（Cornell Lab of Ornithology）による共同のウェブサイトであるバードソースプログラム（BirdSource program, www.birdsource.org）を通じて地元の野鳥観察家によって集められ共有されたデータは，ニューヨーク州にあるモンデスマ湿地帯が重要野鳥生息地であることを示した．これは保護論者が生息地の獲得と復元のために米国政府による土地および水保全基金（Land and Water Conservation Fund）から 2.5 百万ドル得ることを可能にした（Fitzpatrick and Gill 2002）．

多様な世界でのコミュニケーション

　戦略的にメディアのコミュニケーション・メッセージを開発させ，コミュニケーションを設計させるための手段はたくさんあって，例えば概況報告書，パンフレット，標識，発表，会議，そしてガイドつきの散策である（Ham 1992；Knudson, Cable, and Beck 1995；Fazio and Gilbert 2000；Jacobson 1999；Jacobson, McDuff, and Monroe 2006 等）．この節では，技術を用いることから多文化化する聴衆へのコミュニケーションの設計まで，野生動物保護管理に関する文献においてほとんど議論されたことのない私たちの多様な世界におけるコミュニケーションを中心とする問題をいくつか紹介する．

野生動物保護管理のための E アウトリーチ

　野生動物保護管理における分野は，捕食獣を追いかけるためのラジオ・テレメトリーから景観におけるデータを理解するための GIS まで，目標を達成させるために技術の使用が効果的であった．インターネットが基本となった世界で成功を収めるためには，われわれは一般市民と対話するために同じ能力を身につける必要がある．公有地と私有地の利用に影響を与える若い人たちも大人も，ともに You Tube，MySpace，そして Facebook のようなインターネット上の公共広場にて会話をする．親指世代に働きかけるためには，野生動物の管理者は，コミュニケーションを適切で，入手が容易で，そしてタイムリーなものにする必要があるが，そのためには創造力のある手法でメッセージをオンラインに乗せることを手助けするスタッフの育成のために，投資しなければならない．E アウトリーチとはインターネット上の手段を利用した対話を含める新しい言葉である．バーチャル（仮想）の普及啓発は非常に多くの人々に届く潜在能力があり，保護管理における意思決定において利害関係者の参加を促す．

草の根団体である MoveOn.org は，今世紀における野生動物保護管理において重要な問題である気候変動に対処するための E アウトリーチにおいて先導者である．MoveOn は 320 万人のメンバーを有し，米国大統領選挙の民主党候補者を招き，気候変動に関わるバーチャル対話集会を催した．異常気象による災害にどう対処するのかといった MoveOn メンバーからの質問に候補者はオンラインで返答した．寄せられた E メールの 1 つにはこう記されていた．「少し考えてみてください．2 年前は気候変動はほとんどの人々にとって全く重要ではありませんでした．しかし今日は文字通り数 10 億人の人々がこれについて知っており，全ての大統領候補者がこれについて何か対処する計画をもっています」(Hogue 2007)．MoveOn の成功は，最小限度のスタッフで力強い草の根コミュニケーションを生み出す E アウトリーチを通じ，運営される似たような草の根運動の発展を促した．ノースカロライナ州では PARC と呼ばれる草の根保護団体がインターネットを通じて，後に都市部の野生動物にとっての生息域であった中心街の空いた敷地を開発するという大手ホテルの計画を断念させることになる支援者たちを獲得した．

　インターネット上の対話のもう 1 つの重要な活用の仕方は，市民科学プロジェクトのためのデータの収集である．前に述べた BirdSource のホームページでは，過酷な冬季の鳥類の個体群の分布に関するデータを収集し共有するために毎年 2 月に実施されている Great Backyard Bird Count（裏庭に集まる野鳥の種類，鳥の数を調査するイベント）に 67,000 件の報告があった (Fitzpatrick and Gill 2002)．市民科学プロジェクトである"山道での道路観察"では，カナダ，アルベルタにおいて，44km 続く高速道路における野生動物の目撃を市民が報告するための，簡単で利用可能な手法を提供するインターネット上の GIS システムを使用している (Lee, Quinn, and Duke 2006)．利害関係者の参画の増加が環境に関する情報の入手，カスタマイズされた地図の作成，そして土地利用の変化の潜在的な影響のモデル化などを行うための道具など，市民参加のための新しいインターネット上のモデルを促進させた (Lucero and Watermelon 2006)．

新しいパートナーシップ（共同）を通じてのコミュニケーション

　今日の多様な世界では一般市民の関心に対応するために，コミュニケーション

のための創造的なパートナーシップが要求されている．ウォルマート（米国のスーパーマーケットチェーン）でさえ環境を配慮するようになったと報告される今の時代において，われわれのコミュニケーションの視野を広げるために共同パートナーシップに期待することもできる．最近のパタゴニアの洋服カタログの光沢のあるページを見た消費者は，Alice Waters ──カリフォルニアの Chez Panisse レストランの経営者で地域の季節食品運動の先駆者──による全面の随筆を読んだはずである（Waters 2007）．彼女の随筆「最後の野生食品」は，地元の持続可能な方法で取られた魚を食べることの重要性を強調した．彼女はモントレーベイ水族館の Seafood Watch というプログラム（www.mbayag.org）によって作成された，持続可能な海産食品を買うためのガイドラインを宣伝した．Waters は Earthjustice，Trout Unlimited，Save Our Wild Salmon（いずれも環境保護 NGO）が先頭に立って実施した，太平洋の野生のサケの生息地保護を促進するための運動の国民的な代弁者である．この随筆の創造的な配置は，野生動物保護団体とアウトドアショップパタゴニアの間のパートシップを反映している．

　その他のコミュニケーションのための創造的なパートナーシップとして，野生動物保護管理者のものと芸術家のものがある．絵画や写真は視覚芸術は環境保全を奮起させ，政治的意思に影響を与え，従来型の指導を増し，そして資金集めを助けることができる（Jacobson, McDuff, and Monroe 2007）．オレゴン州立大学の森林普及教員は，森林管理と野生動物資源について新しく都市部に来た住人に情報伝達する手法として芸術展を用いた．彼らは巡回展を企画し，野生動物の生息地と森林の健康を含む 10 の問題を選定し，53 の芸術作品とそれに伴う説明パネルを通して展覧会を活気づけさせた．65,000 人以上の人々がオレゴン州の 6 つの地域で"森を見る"を鑑賞した．返信用コメント葉書とアンケート調査によって参加者からの反応が集められ，77％の人々が，鑑賞会が森林における問題の複雑さの理解を増加させたことに賛同したことが明らかになった（Withrow-Robinson et al. 2002）．

多様化する一般市民との対話

　米国の人口は民族的に急進的に多様化しており，約 4 分の 1 の市民が自分たちが黒人，ヒスパニック，アジア人，そして太平洋諸島出身者，またはアメリカ・

インディアンであると認めている（U.S. Bureau of the Census 2000）．2050年には民族的少数派が人口の半分を占めるようになると予想されている（Murdock 1995）．しかしながら，民族的少数派の数は国立公園や他の多くの野生動物に関わる現場の訪問客の中では少数グループである（Floyd 1999）．研究によって，ヒスパニックはアウトドアレクリエーションにおける社会的利得に焦点を当て，複数の家族という大きなグループで公園を訪問するなど，アウトドアの楽しみ方に対する文化的な違いを示唆している（Floyd 1999）．伝達者（コミュニケーター）は，潜在的な訪問客の欲求や要望に焦点を当てるために，人間事象のデータを用いることができる．

世界中で，野生動物保護管理に関する利害関係者とのコミュニケーションは，複数の言語と文化を必然的に含む．フロリダ海洋基金プログラムの最近の優先事項は，スペイン語を話す釣り人のために2か国語の教育資料を提供することであり，2か国語を話せる漁業に関する伝達者を雇うことである．野生動物保護管理における利害関係者の参画は，言語のインタープリテーション（通訳）における対処能力の向上の必要性を意味する．ほとんどの野生動物保護管理局は，全ての言語を話す人々が対等に発言できるような市民会議を開くための訓練を受けていない．インタープリテーションとは言語のことだけではなく，全ての文化に敬意を示すことであり，1つの言語が空間や会議を独占しないように保障することである（Johnson and Parra-Lesso 2002）．

"Clean Water for North Carolina" という団体では，ノースカロライナのアシュビルの市議会の会議において，インタープリテーションのための設備の必要性を認めた．市議会は，ラテン系の住人が多くを占める，移動住宅コミュニティーの土地を大型スーパーが入札することを検討するために会議を開いた．"Clean Water for North Carolina" は，この土地における巨大規模の開発とともに，退去させられることになるスペイン語を話す住人の宿命について心配していた．保全スタッフはスペイン語 - 英語通訳者と，同時通訳のためのヘッドフォーンなどのインタープリテーションの備品を市議会会議に用意した．備品を用い，ラテン系住人は自らの心配ごとを表明し，大型スーパーの開発の阻止に成功した保全の専門家と提携することになった．

結 論

　原生地域や野生動物資源の運命は，ウェブキャストから芸術展まで，幅広く様々な空間にいる多様な利害関係者と対話するためのわれわれの能力にかかっている．本章は目標や目的を特定すること，聴衆を分析すること，メディア/メッセージ戦略を選定すること，そしてコミュニケーションの成功を保障するための活動の評価をすることなど，コミュニケーションの枠組みを説明した．この多様な世界において，コミュニケーションを計画することは，技術，コミュニケーションのための創造的なパートナーシップ，そして多文化化する聴衆などの要素を含める．われわれの世界が複雑になっている間に，コミュニケーションのための体系的な計画を通じて，多くの人々にメッセージを届かせ，野生動物を彼らの生活の質に結びつけるための準備は整った．

引用文献

Anderson, M. 2007. Relocating "nuisance bears" may not work. *Explore: Research at the University of Florida* 12(2):4 − 5.

Bright, A. D., M. Fishbein, M. J. Manfredo, and A. Bath. 1993. Application of the theory of reasoned action in the national park service's controlled burn policy. *Journal of Leisure Research* 25(3):263 − 80.

Brown, L. A. 1981. *Innovation diffusion: A new perspective.* New York: Methuen Publishers.

Case, D. J. 1989. Are we barking up the wrong trees? Illusions, delusions, and realities of communications in the natural resource management mix. *Transactions of the North American Wildlife and Natural Resource Conference* 54:630 − 39.

Coyle, K. 2005. *Environmental literacy in America* Washington, DC: National Environmental Education and Training Foundation. Cited in Corbett, J. B. 2006. *Communicating nature: How we create and understand environmental messages.* Washington, DC: Island Press.

Decker, D. J., T. L. Brown, and W. F. Siemer. 2001. *Human dimensions of wildlife management in North America.* Bethesda, MD: Wildlife Society.

Fazio, J. R. 1974. A mandatory permit system and interpretation for backcountry user control in Rocky Mountain National Park: An evaluation study, PhD diss., Colorado State University, Fort Collins. Cited in Roggenbuck, J. W. 1992. Use of persuasion to reduce resource impacts and visitor conflicts. In *Influencing human behavior: Theories and applications in recreation, tourism, and natural resource management*, ed. M. J. Manfedo, 148 − 208. Champaign, IL: Sagamore Publishing.

Fazio, J. R., and D. L. Gilbert. 2000. *Public relations and communications for natural resource managers.* Dubuque, IA: Kendall/Hunt Publishing.

Fishbein, M., and I. Ajzen. 1975. *Belief, attitude, intention, and behavior: An introduction to theory and research.* Reading, MA: Addison-Wesley Publishing.

Fitzpatrick, J. W., and G. B. Gill. 2002. *BirdSource: Using birds, citizen science, and the Internet as tools for global monitoring.* In *Conservation in the Internet age: Threats and opportunities*, ed. J. N. Levitt. Washington, DC: Island Press.

Floyd, M. 1999. Race, ethnicity and use of the National Park Service. *Social Science Research Review* 1(2):1 − 24.

Ham, S. H. 1992. *Environmental interpretation: A practical guide for people with big ideas and small budgets.* Golden, CO: North American Press.

Hines, J. M., H. R. Hungerford, and A. N. Tomera. 1986/87. Analysis and synthesis of research on responsible environmental behavior: A meta-analysis. *Journal of Environmental Education* 18(2):1 − 8.

Hogue, I. 2007. E-mail communications to MoveOn.org members, July 8.

Jacobson, S. 1999. *Communication skills for conservation professionals.* Washington, DC: Island Press.

Jacobson, S. K., and S. B. Marynowski. 1997. Public attitudes and knowledge about ecosystem management on Department of Defense Lands in Florida. *Conservation Biology* 11(3):770 − 81.

Jacobson, S. K., M. McDuff, and M. Monroe. 2006. *Conservation education and outreach techniques.* Oxford: Oxford University Press.

———. 2007. Promoting conservation through the arts: Outreach for hearts and minds. *Conservation Biology* 21:7 − 10.

Jacobson, S. K., M. C. Monroe, and S. Marynowski. 2001. Fire at the wildlife interface: The influence of experience and mass media on public knowledge, attitudes, and behavioral intentions. *Wildlife Society Bulletin* 29: 929 − 37.

Johnson, A., and R. Parra-Lesso. 2002. Language power tools. *Grassroots leadership: Voices from the field.* Report by the Mary Reynolds Babcock Foundation. www.mrbf.org/resources/serve_resource.aspx?id=24&num=1 (accessed July 9, 2007).

Knudson, D. M., T. T. Cable, and L. Beck. 1995. *Interpretation of Cultural and Natural resources.* State College: Venture Publishing, Inc.

Lee, T., M. S. Quinn, and D. Duke. 2006. Citizen science, highways, and wildlife: Using a Web-based GIS to engage citizens in collecting wildlife information. *Ecology and Society* 11(1):11. www.ecologyandsociety.org/vol11/iss1/art11/.

第22章　多様化する社会における効果的な保護管理戦略としてのコミュニケーション

Louv, R. 2005. *Last child in the woods*. Chapel Hill, NC: Algonquin Press.

Lucero, D., and D. Watermelon. 2006. Internet tools to help citizens find environmental information, make maps, and predict impacts. Paper presented at the U.S. EPA Community Involvement Training Conference, June 29, 2006. www.epa.gov/superfund/action/community/ciconference/previous/2006/mainsessions.htm (accessed July 7, 2007).

Manfredo, M. 1992. *Influencing human behavior: Theory and applications in recreation, tourism, and natural resource management*. Champaign, IL: Sagamore Publishing.

Manning, R. E. 1999. *Studies in outdoor recreation: Search and research for satisfaction*, 2nd ed. Corvallis: Oregon State University Press.

Maslow, A. H. 1954. *Motivation and personality*. New York: Harper and Row.

McCarthy, M. T., and R. J. Seavoy. 1994. Reducing nonsport losses attributable to food conditioning: Human and bear behavior modification in an urban environment. *Ninth International Conference on Bear Research and Management* 9:75 – 84.

McKenzie-Mohr, D., and W. Smith. 1999. *Fostering sustainable behavior: An introduction to community-based social marketing*. Gabriola Island, BC: New Society Publishers.

Morris, J. K., S. K. Jacobson, and R. O. Flamm. 2007. Lessons from an evaluation of a boater outreach program for manatee protection. *Environmental Management* 40:596 – 602.

Murdock, S. H. 1995. *An America challenged: Population change and the future of the United States*. Boulder, CO: Westview Press.

National Survey of Fishing, Hunting and Wildlife-Associated Recreation. 2006. www.fws.gov. (accessed September 1, 2007).

Olson, E. C., M. L. Bowman, and R. E. Roth. 1984. Interpretation and nonformal education in natural resources management. *Journal of Environmental Education* 15:6 – 10.

Orams, M. B., and G. J. E. Hill. 1998. Controlling the ecotourist in a wild dolphin feeding program. *Journal of Environmental Education* 29(3):33 – 39.

Organ, J. F., and M. R. Ellingwood. 2000. Wildlife stakeholder acceptance capacity for black bears, beavers, and other beasts in the east. *Human Dimensions of Wildlife* 5:63 – 75.

Page, S. 2007. Many in global poll see pollution as biggest threat. *USA Today*. (June 28):10A.

Smith, W. A. 1995. Behavior, social marketing, and the environment. In *Planning education to care for the earth*, ed. J. Palmer, W. Goldstein, and A. Curnow, 9 – 20. Gland, Switzerland: International Union for the Conservation of Nature and Natural Resources.

Tuttle, A. J., and J. W. Kelley. 1981. Marketing analysis for wildlife extension programs. In *Wildlife management on private lands: Symposium proceedings from 3 – 6 May 1981*, ed. R. T. Dumke, G. V. Burger, and J. R. March, 307 − 13. Lacrosse, WI: La Crosse Printing. Cited in Decker, D., et al., 2001. *Human dimensions of wildlife management in North America*. Bethesda, MD: Wildlife Society.

U.S. Bureau of the Census. 2000. *Statistical abstract of the United States: 2000* Washington, DC: U.S. Government Printing Office.

Waters, A. 2007. The last wild food. *Patagonia catalog* (Late Summer).

Withrow-Robinson, B., S. Broussard, V. Simon-Brown, M. Engle, and A. Reed. 2002. Seeing the forest: art about forests and forestry. *Journal of Forestry* (December):8 − 14.

第 23 章
まとめ：野生動物管理とは何か？

Daniel J. Decker, William F. Siemer, Kirsten M. Leong,
Shawn J. Riley, Brent A. Rudolph, and Len H. Carpenter

訳：石﨑明日香
鈴木正嗣
山本俊昭

　野生動物管理は一般的な管理業務における特殊事例であり，現時点では最も理解されていない職種の1つである（Margretta 2002）．"野生動物"管理を理解する難しさは，その名称自体が誤解されやすいことにより助長される．野生動物管理システムとは，野生動物のみならず，多くのインプット，工程，アウトプット，成果によって構成される．それにも関わらず，これらの"野生動物"に関わる構成要素に焦点を当てることは，個性的かつ複雑な野生動物管理事業の，人間の意義や利益のために行うという方向性に根本的に反してしまうのである（Organ et al. 2006）．野生動物管理に関わる科学と実践は，今後拡大していく専門的活動の多くの本質的な部分をもち合わせることができ，頑健で耐久性のある概念を反映させた網羅的フレームワークからの利益を得るであろう．
　21世紀における野生動物管理の実質的な取組みは，人間と野生動物の相互関係ならびにその関係から発生する影響と効果に焦点が当てられるであろう．近年，Riley ら（2002）は効果に関わる観点から野生動物管理を定義した．すなわち

　　　野生動物管理とは，人間および野生動物，生息地間の相互関係を意図
　　　的に左右し，利害関係者にとって価値ある効果を達成するための意思決
　　　定工程および実践の手引きである．

　管理活動の目的に関わらず一般的な管理の定義と同様に，Riley らの定義はその焦点を価値の創出に置き，その価値は組織の活動ではなく結果を通じて評価す

る利害関係者が反映するものだとしている．管理の目的は，複雑さと専門性を，価値を生み出す実践へと変えることである（Margretta 2002）．すなわち野生動物管理においては，人と野生動物の相互関係から生み出される価値の増強を意味する．これらの相互関係は"影響（effects）"を生み出すものと見なされ，その影響のうち管理対象として重要であると考えられるものが"効果（impacts）"である（Riley et al. 2002）．このような効果主体のアプローチは，自然と人の生態環境への配慮を統合させることで野生動物の価値の増強を試みようとする手法である（Riley et al. 2003a）．人と野生動物の相互関係を両側面から理解することは，相互関係による無数の影響を十分に把握し，かつ管理対象となり得る効果を把握するために不可欠である．また，人と野生動物の接点や，利害関係者が経験する効果の諸要因を理解するためには，野生動物の生態学および人間事象の研究から得られる見解が必要とされる．このような観点から言えば，野生動物管理とは根本的に，人と野生動物の相互関係から最適かつ最終的にプラスとなる効果を提供する過程である（Enck et al. 2006）．このような過程は様々な状況に適用可能であり，なおかつ直接的および間接的な人と野生動物の相互関係の管理から得られる社会的に望ましい全ての有益性を網羅することができる．そのような頑健で肯定的な野生動物管理の位置づけは，持続可能な人と野生動物の共存を可能にするであろう．

野生動物管理システムにおける人間事象

単純かつ包括的な野生動物管理システムは，人，野生動物，生息地，そしてそれらの間の相互関係という4つの主な要素を含んでいる（Giles 1978）．システムにより生じる影響と効果を把握し理解するには，管理システムにおける人およびそれ以外の両方の構成要素を理解しなければならない．この包括的観点は，近代野生動物管理の生物科学基盤の支持者として知られている Aldo Leopold が，野生動物管理の真の生態学的アプローチを確立させるために，当時未認識であった生物学と人間事象を統合させる可能性を指摘した．それにも関わらず，このような観点は意外にも今まで野生動物管理の分野ではあまり着目されなかった．Leopoldによると

　　　　現代生態学において異常であるのは，2つのグループが形成され，そ

れぞれがお互いの存在をほとんど認識していないことである．片方のグループは，あたかもそれが生態系から隔絶されているかのように人間社会を研究し，社会学や経済学，歴史学の分野を行っている．他方は植物および動物集団を研究し，政治的なごたごたは一般教養の部類へ気軽に押し付けている．これら2つの考え方の必然的な融合によって，おそらく今世紀における顕著な進展を見せるであろう（Meine 1988）．

　Leopold が指摘した"融合"あるいは統合は起こり始めてはいる．しかし，公的な野生動物管理への市民参加や民主的な協議参加の機会を増やすことに対する需要増加と歩調を合わせるために，さらなる融合や統合の加速が必要とされている．

　21世紀の野生動物管理が社会的に適切であり続けるためには，野生動物に関わる意思決定にあたり利害関係者をより効果的に引き込むことを重視する必要がある（Decker and Chase 1997, Chase, Schusler and Decker 2000）．野生動物保全と管理に関わる多くの科学者，管理者，政策決定者はすでにこの必要性を認識しており，利害関係者参画型のアプローチは，社会的に受け入れられやすく，かつ政治的な継続性および経済的な持続可能性をもち合わせた意思決定に不可欠なものと見なされるようになってきた．参画型プロセスを通じて得られる公平な意思決定の認識（Blader and Tyler 2003）は，法に違反して捕まる可能性に対する恐れや決定事項が好意的に捉えられるかということよりも，法規制の厳守や行政機関への支持に大きく影響すると考えられる（Winter and May 2001, Tyler 2003）．すなわち，公平なプロセスに対する利害関係者の期待に応えることは，管理に対する満足感を増加させることができるとともに，人と野生動物の持続的共存を可能にすることができる（Lauber and Knuth 1997）．

　Checkland により開発されたソフトシステム方法論の教義（Checkland 1981, Checkland and Scholes 1999）に基づいて管理者の立場からの管理システムを考えると，野生動物管理における生物学と人間事象との複雑な相互依存関係が明らかになる．管理の実践者により開発された管理システムモデル〔すなわち，管理活動における管理者のシステムの概念図（例：Decker et al. 2006)〕は，管理に影響を及ぼす要因と，要望される管理介入の結果を把握するのに役立つ．このようなモデルは，人が望む"効果"の観点からの管理目的（"野生動物と共存す

ることによる好ましくない結果からの解放"と"人と野生動物との相互関係から得られる利益"との組合せからなる）を明確化するという特徴をもつ．野生動物によるプラスとマイナスの効果のバランスを保つ必要性は，多くの研究において利害関係者が野生動物の存在に対する種々雑多な反応を報告することからも支持されていることが分かる（例：Chase, Siemer, and Decker 1999, Decker and Gavin 1987, Decker, Jacobson, and Brown 2006, Riley and Decker 2000）．たとえば，Lischka ら（2008）は，ミシガン州南部において"効果"が住民のシカに対する許容度を左右することを明らかにした．この田園地域の利害関係者は，シカのウォッチングと狩猟から得られる有益性（住民が田園地域に住む理由としてあげる理由）と，シカと車の衝突事故（この地域に住む 1/3 近くの人が最近シカとの衝突事故を経験したと報告している）のリスクに対する恐れの間で揺れている．このような利害関係者に関する見識は，成功を収め，かつ有益性を産生する野生動物管理にとって不可欠である．

　利害関係者の観点の多様性と複雑さは，今後の野生動物管理の成功において人間事象上もう1つ重要な領域を示唆する．それは，管轄的な弊害を克服し，価値観の橋渡しをするための協働，協力，連携形成である（Beierle and Cayford 2002, Wondelleck and Yaffee 2000, Yankelovich 1991a, 1991b）．連携や協働的な活動に参入することは，人間事象の見地からも難しい挑戦である．しかし協働作業者，協力者，パートナーの価値観と動機を理解することが，管理活動における効果的な人間関係を導き出す鍵となるかもしれない（Decker et al. 2005）．

利害関係者の観点：野生動物管理の主要局面

　"利害関係者"とは，野生動物あるいは野生動物管理の意思決定や管理対策から影響を受ける，あるいはそれらに影響を及ぼす全ての人をいう（Decker et al. 1996）．これらの人々は，野生動物，人と野生動物の相互関係，そして管理介入策に関わる様々な関心や利害関係をもち合わせている．しかし，それまでに経験したことのない管理対策が提案された場合などは，利害関係者自身もその利害関係を認識していないというケースもある．利害関係者は正式な利益団体や特定の状況に対応するために形成された草の根団体などのように組織化されていることもあれば，組織化はしていないものの管理問題について同様の関心をもった個人

の集まりであったりする．利害関係は，レクリエーション，文化，社会，経済，健康や安全性に関する形式をとるのが一般的である．また，どのような野生動物問題においても，利害関係者の幅広い懸念や関心が関わり，様々な要素が利害関係者の管理への期待に影響する可能性をもち合わせる．野生動物管理が通常実施される理由として，利害関係者組織の規模や特徴に関わらず利害関係者がその必要性を表明した場合，あるいは担当行政機関による"効果"を左右させるための介入意思が利害関係者の要望と一致した場合とがある．予想される"効果"としては一般的にレクリエーションに関わる有益性，経済的なコストと利益，あるいは生物多様性への種の貢献などがある．多くの場合，その状況は人と野生動物の相互関係が及ぼす影響に対する利害関係者の許容度に相対して表現することができる (Decker and Purdy 1988, Carpenter, Decker, and Lipscomb 2000)．関心の対象種〔例：オジロジカ（Lischka, Riley, and Rudolph 2008），アメリカクロクマ（Siemer and Decker 2006），アメリカライオン（Riley and Decker 2000)〕に関わらず，利害関係者は，人と野生動物の相互関係によるプラスとマイナスの影響のトレードオフおよび野生動物管理の結果に対する許容度を質的に考慮するのである．野生動物と共存することに対するトレードオフをいかに理解するかは，経済的影響への理解も重要であるが，根本的には人の価値観や，経験あるいは予測上の累計的な相互関係のリスクと利益に対する認識への理解に依存するものである (Carpenter, Decker, and Lipscomb 2000)．

根本的な目的と実現可能な目的：管理対策における前提条件

　野生動物管理者および利害関係者は，根本的な目的を効果（すなわち好ましい状況）や結果を導く目的（すなわち根本的な目的の達成に貢献する管理目的）の観点から十分に考慮しない状態で，好ましい，"実証済み"，あるいは型にはまった対策をとることは避けるべきである (Riley et al. 2002, 2003a)．典型的な例をあげると，管理側が利害関係者はシカと車の衝突事故が減ることを望んでいると信じ込み，衝突事故多発の原因はシカの増加によると判断し，その結果対策としてシカの個体数を削減し捕獲量を高めるために狩猟許可証発行数を増やすという判断をしたシナリオがある．この場合，野生動物管理者はいくつかの誤った推定と判断を下した可能性がある．まず1つ目に，事故多発に対する懸念を，数少

ない偶発的な報告から過大に推量している可能性がある．2つ目に，シカの個体数と衝突事故の頻度が比例関係にあるという，おそらく間違った想定（Sudharsan et al. 2005）がなされていることである．3つ目に，問題の全貌は野生動物管理者の管轄外で起こっているため，対策の効果はあまり見られない可能性がある．このような対策は，交通機関計画当局や地方行政機関などの職員や専門家を含めて検討する必要があるからである．4つ目に，ハンターの参加率やシカを狩猟対象とする意欲，そして捕獲成功率などに関して非現実的な予測がされている可能性がある（Riley et al. 2003b）．最後に，実現可能な代替目的を考慮することも欠けている．例えば，年に数回，重要な時期に情報提供と普及啓発を行うことに加え，道路脇への計画的なフェンス設置を行うことの方が，個体数を操るよりもシカと車の衝突事故を削減させる可能性があると考えられる（Sudharsan, Riley, and Winterstein 2006）．

　野生動物やその生息環境の状態だけでなく，人間社会の状態も考慮した野生動物管理における根本的な目的を明確にすることによって，管理プロセスにおける全ての考慮点を比較するための枠組みが形成される．実情について分かっていること（利害関係者から提示された問題を徹底的に分析することである程度導き出されること）と根本的な目的とを比較検討し，管理上必要とされていること（すなわち実情と望ましい状態との差異）を把握することにより，ある問題への取組みに今以上に力を注ぐ必要があるか否かを判断する手がかりになる．分析の結果，管理介入が必要であると判断された時点（この場合情報提供や普及啓発のみが必要とされることもある）で初めて実現可能な目的を策定することが可能となり，それに続いて実際の管理対策を特定，評価，選択することができる．また，対策を必要とする現状の様々な側面に対処するため，複数の目的を設定して一連の対策を選択することもできる．こうした作業を進めていく過程で，管理機関および協力団体の規模あるいは能力上の制限や限度の理由から，策定した実現可能な目的が実際には実現不可能であることが明らかになることもある．そうした方向性が見えてくることは残念なことではあるが，望ましい影響がほとんど期待されない管理介入に時間や労力，資金をつぎ込む前にその判断を下す方が望ましいのである．

介入・影響および利害関係者間の関係性

　社会的に許容され，なおかつ実行可能な介入（すなわちいくつかの実現可能な目的を対象とした一連の対策）が特定されたならば，副次的および事後に発生する管理の影響〔Decker, Jacobson, and Brown（2006）では合わせて副次的影響として言及〕の評価を行わなければならない．包括的に行われる野生動物管理には本来この2種類の影響を緩和する内容が盛り込まれるが，実際に管理計画段階においてそうした影響が十分に明らかにされたり，適切に対処されたりすることはほとんどない．管理においては一般的に反復的な手法がとられるが，その場合（利害関係者に及ぼす効果やその緩和コストに関して）副次的および事後の影響を事前に予測してそれらのコストを計算するのではなく，実際にその影響が発生してから検討がなされる．"副次的影響"とは，管理対策が実行されている最中に発生する影響のことであり，"事後影響"とは，管理の目的を達成した結果，発生する影響のことである．副次的影響や事後影響が，基本目的や実現可能な目的を達成する取組みを大きく妨げる可能性がある場合，対処するのが特別困難な管理上の問題が発生するのである．例えば，シカ狩りをする人に撒き餌の使用を禁止すれば，この広く行われている狩猟技術を使えないことへの不満から，狩猟に参加するハンターの人数が減ってしまうという副次的影響が考えられる．一方，狩猟規制が緩和された結果，シカの個体数が減少すると，生息密度の低下によるシカとの遭遇率低下を防ぐため撒き餌禁止が順守されなくなるという事後影響が発生する可能性がある．ミシガン州自然資源局は，オジロジカからのウシ結核感染を撲滅させる取組みの一環として，この2つの管理介入策を実施した（O'Brien et al. 2006）．このようにお互いの対策結果を打ち消す可能性を評価することによって，もとより論争の尽きなかった管理の意思決定はさらに複雑なものになり（Rudolph et al. 2006），評価の実施は今後の研究や管理について検討を行ううえでも引き続き優先事項として位置づけられている．

　副次的影響や事後影響を特定することは，管理の利害関係者を今よりも増加させることにつながる．つまり，必ずしも野生動物の影響を受け，野生動物に関する問題を抱え，野生動物から利益を得ているわけではない人々を取り込んでいくということである．これらの"新規の"利害関係者は野生動物そのものというよ

り，実施される管理対策の影響，あるいは実現可能な目的を達成すべく行われている管理に連鎖反応的に発生する影響を受ける人たちである．したがって，この新規の利害関係者は，管理介入の"本来の対象"としての利害関係者なのではなく，管理介入によって"創出される"利害関係者である．

効果管理

　野生動物の効果管理では，野生動物との相互関係におけるプラス影響とマイナス影響の妥協点に重点をおいた意思決定や対策が重視される（Riley et al. 2002）．こうした手法は，野生動物の個体群や生息環境を調整することのみに注目する従来型の管理方法を強化するものである．野生動物管理にまつわる問題は諸々の社会的価値観に根差しているため，多くの場合"タチの悪い問題"となって議論を呼ぶこととなる（Rittel and Webber 1973）．つまり，様々な価値観を帯びた問題に対する明確で客観的な"正解"はない，ということである．複雑な管理システムの中でタチの悪い問題を克服する糸口は，絶えず学習していくことである（Leong et al. 2007）．実現可能な目的や管理対策を情報に基づいて現実に順応させていく際には，そうした学習が手助けとなる．これは，順応的管理の1つの形を示唆している．

　管理対策を実験的措置として活用して定量的な仮説検証を行い，さらに実験によって学習したことを基にして手法の影響や順応性を評価するといった，徹底した順応的管理法を野生動物管理においてどの程度取り入れていくか（Lancia et al. 1996）は，今後の関心の高まりによるものであり，相当の資金や労力も必要となる．こうした手法は能動的な順応的管理とされている（Meffe et al. 2002）．野生動物の管理がこのレベルまで洗練されることはどちらかと言えば理想上の話であるが，状況によっては実現させることは不可能ではない．

　一方，より達成可能性な方法として受動的な順応的管理がある（Meffe et al. 2002）．この方法では，管理介入（複数の対策を伴う場合もある）を行うことで実現可能な目的が明確化され，目的達成の進捗が評価される．能動的な順応的管理と受動的な順応的管理で異なるのは，前者では，管理対策が"なぜ，どのよう"に有効であるのかを理解することに傾注し，実際に管理システムに作動していると想定される機能面の改善に細心の注意を払っているのに対して，後者は管

理目的が"達成されるか否か"，およびその"達成度"に関心の中心がある点である．受動的な順応的管理では少なくとも経験を分析（評価）し，それを対策方針の維持，修正，停止，あるいはよりよい選択肢への変更決定を行う際の判断材料とする．順応的な資源管理と順応的な効果管理を統合（Enck et al. 2006）し，客観的機能が野生動物資源や生息環境の状態ではなくその効果によって表現されるようになれば，Leopoldの野生動物管理構想の実現にこの専門分野が1歩近づき，"目覚ましい進歩"を遂げる可能性がある（Meine 1988）．

これからの課題

野生動物管理の焦点を，野生動物の量と生息地の広さや質からプラスの効果の達成に移行させることは容易に実現できることではなく，総合的な視点と手法での管理の生物学的事象と人間事象の統合なくしてはあり得ない．人と野生動物の相互関係が及ぼす効果やそれを管理する創造的な方法に重点を置くことは，野生動物管理を成功に推進していく秘訣となるであろう．しかしこれは一見簡単なようにとらえられる提言であるが，実際には総合的な視点や手法が広く採用され適用されるためには大きな障害を取り除く必要がある．野生動物管理の将来像に影響を与えるであろう難題には次のようなものがある．

- 米国で実施されている公的な野生動物管理に大きな影響力をもつ，州ごとの野生動物管理機関の体質．個体数管理に重点がおかれ，変化に対して抵抗力がある（Jacobson and Decker 2006, 2008）．
- 野生動物問題は根本的に生物学・生態学分野の問題であると無批判に想定する専門家や利害関係者の体質．実際には，野生動物に関する公的な意思決定や管理は科学的知見にすら基づいていないことも多い．
- 利害関係者が十分な情報をもって参加することに抵抗し，効果管理において市民の視点を幅広く取り入れることをしない野生動物管理の仕組み（Jacobson and Decker 2008）．
- 幅広い利害関係者層を象徴する州の野生動物管理機関の代替資金源の確保（Hamilton 1992; Jacobson, Decker, and Carpenter 2007）．

必要とされる研究，政策，実務上の取り決め

　本章で示した野生動物管理構想へ転換するためには，多くの研究，政策，実務上の取決めを導入する必要がある．そのうちいくつかはすでに導入済みである．

研　究
- 生物学，生態学，人間事象に関する調査を統合して，管理の課題についてさらに総合的な見識を提供する研究．
- 人と野生動物の相互関係から発生する効果の生物学的，生態学的，心理学的，社会学的根本原因の理解を深める研究．
- 野生動物の個体数，および野生動物と人の相互関係が起こる頻度やその質，さらにはそうした相互関係が効果の認知に及ぼす作用の関連性をより理解する研究．
- 野生動物管理の人間事象に関して管理者の仮説を検証する研究．
- 基礎社会科学に基づいた理論を構築しつつ，野生動物管理の現場のニーズに対応できる橋渡し的な概念を提示する研究．
- 野生動物管理分野とその従事者の能動的な順応的管理ならびに受動的な順応的管理のニーズへの期待に対応する研究．

政　策
- (a) 利害関係者について科学的に導き出される知見，ならびに，(b) 野生動物管理の意思決定への利害関係者の積極的参加を求める政策．
- 人と野生動物の共生の持続可能性を促進し，両者の相互関係のマイナス面を過度に強調することを回避する（すなわち，人と野生動物の利害対立管理）政策．
- 管理管轄による制限を認識し，パートナーシップを重視する野生動物管理政策．

実務上の取り決め
- 利害関係者の信条，考え方，規範，言動に関する管理者などの主張は，人間事象の調査で裏付けを行う．
- 個人的な体験談や大雑把な一般論は，管理の意思決定においては不適当な情報と見なす．

・野生動物管理事業の運営形態を示す管理者モデルの構築を通常業務の1つにし，ものごとを考察する際の厳格性と規律を確保し，管理状況とそれに対する関係当局の反応について行う組織内外のコミュニケーションの明瞭性を高める．

結 論

結局のところ，野生動物管理とは何であるのか．われわれは，それは持続可能な形で人と野生動物が共生していくために必要な一連のプロセスや活動のことであると考える．野生動物管理とは，単なる利害対立の解決や野生動物の再生可能な捕獲，あるいはそれらの保護・回復といったことではない．野生動物管理とは，人と野生動物との直接的および間接的相互関係の効果を理解し，それが有形であれ無形（野生動物には役に立つ立たない以外の価値がある）であれ管理することである．価値判断を排除した，生物科学や社会科学のみによって動かされる技術的なプロセスではない．また，大部分において，野生動物のみを扱っているのではない．野生動物管理とは，利害関係者が重んじる効果を達成するために，人と野生動物，そして生息環境間の相互関係に意図的に働きかける意思決定や実践を誘導するプロセスである（Riley et al. 2002）．理論や実証研究，経験分析から得られる人間事象の見識は，野生動物管理に必要な要素である．今後数十年に亘って，人と野生動物の共生を可能にする野生動物管理を成功に導くためには，そうした人間事象の見識と，生物学や生態学の分野から得られる見識とをいかにうまく統合することができるかが極めて重要になる．

引用文献

Beierle, T. C., and J. Cayford. 2002. *Democracy in practice: Public participation in environmental decisions.* Washington, DC: Resources For the Future.

Blader, S. L., and T. R. Tyler. 2003. A four-component model of procedural justice: Defining the meaning of a "fair" process. *Personality and Social Psychology Bulletin* 29:747 − 58.

Carpenter, L. H., D. J. Decker, and J. F. Lipscomb. 2000. Stakeholder acceptance capacity in wildlife management. *Human Dimensions of Wildlife* 5:5 − 19.

Chase, L. C., T. M. Schusler, and D. J. Decker. 2000. Innovations in stakeholder involvement: What's the next step? *Wildlife Society Bulletin* 28:208 – 17.

Chase, L. C., W. F. Siemer, and D. J. Decker. 1999. Suburban deer management: A case study in the Village of Cayuga Heights, New York. *Human Dimensions of Wildlife* 4:59 – 60.

Checkland, P. B. 1981. *Systems thinking, systems practice.* New York: John Wiley and Sons.

Checkland, P. B., and J. Scholes. 1999. *Soft systems methodology in action.* New York: John Wiley and Sons.

Decker, D. J., and L. C. Chase. 1997. Human dimensions of living with wildlife—A management challenge for the 21st century. *Wildlife Society Bulletin* 25:788 – 95.

Decker, D. J., and T. A. Gavin. 1987. Public Attitudes toward a suburban deer herd. *Wildlife Society Bulletin* 15:173 – 80.

Decker, D. J., C. A. Jacobson, and T. L. Brown. 2006. Situation-specific "impact dependency" as a determinant of management acceptability: Insights from wolf and grizzly bear management in Alaska. *Wildlife Society Bulletin* 34:426 – 32.

Decker, D. J., C. C. Krueger, R. A. Baer, Jr., B. A. Knuth, and M. E. Richmond. 1996. From clients to stakeholders: A philosophical shift for fish and wildlife management. *Human Dimensions of Wildlife* 1(1):70 – 82.

Decker, D. J., and K. G. Purdy. 1988. Toward a concept of wildlife acceptance capacity in wildlife management. *Wildlife Society Bulletin* 16:53 – 57.

Decker, D. J., D. B. Raik, L. H. Carpenter, J. F. Organ, and T. M. Schusler. 2005. Collaborations for community-based wildlife management. *Urban Ecosystems* 8:227 – 36.

Decker, D. J., M. A. Wild, S. J. Riley, W. F. Siemer, M. M. Miller, K. M. Leong, J. G. Powers, and J. C. Rhyan. 2006. Wildlife disease management: A manager's model. *Human Dimensions of Wildlife* 11(3):151 – 58.

Enck, J. W., D. J. Decker, S. J. Riley, J. F. Organ, L. H. Carpenter, and W. F. Siemer. 2006. Integrating ecological and human dimensions in adaptive management of wildlife-related impacts. *Wildlife Society Bulletin* 34:698 – 705.

Giles, R. H. 1978. *Wildlife management.* San Francisco: W. H. Freeman.

Hamilton, C. 1992. Pursuing a new paradigm in funding state fish and wildlife programs. In *American fish and wildlife policy: The human dimension*, ed. W. Mangun, 119 – 35. Carbondale: Southern Illinois University Press.

Jacobson, C. A., and D. J. Decker. 2006. Ensuring the future of state wildlife management: Understanding challenges for institutional change. *Wildlife Society Bulletin* 34: 531 – 36.

Jacobson, C. A., and D. J. Decker. 2008. Governance of state wildlife management: Reform and revive or resist and retrench? *Society and Natural Resources.* 21: 441 – 48.

Jacobson, C. A., D. J. Decker, and L. Carpenter. 2007. Securing alternative funding for wildlife management: Insights from agency leaders. *Journal of Wildlife Management* 71: 2106 − 13.

Lancia, R. A., C. E. Braun, M. W. Callopy, R. D. Dueser, J. G. Kie, C. J. Martinka, J. D. Nichols, T. D. Nudds, W. R. Porath, and N. G. Tilghman. 1996. ARM! For the future: Adaptive resource management in the wildlife profession. *Wildlife Society Bulletin* 24: 436 − 42.

Lauber, T. B., and B. A. Knuth. 1997. Fairness in moose management decision-making: The citizen's perspective. *Wildlife Society Bulletin* 25: 776 − 87.

Leong, K. M., D. J. Decker, J. F. Forester, P. D. Curtis, and M. A. Wild. Forthcoming. 2007. Expanding problem frames to understand human-wildlife conflicts in urban-proximate parks. *Journal of Parks and Recreation Administration*. 25(4): 62 − 78.

Lischka, S. A., S. J. Riley, and B. A. Rudolph. 2008. Effects of impact perception on acceptance capacity for white-tailed deer. *Journal of Wildlife Management*. 72(2): 502 − 09.

Margretta, J. 2002. *What management is: How it works and why it's everyone's business.* New York: Free Press.

Meffe, G. K., L. A. Nielsen, R. L. Knight, and D. A. Schenborn. 2002. Ecosystem management: Adaptive, community-based conservation. Washington, DC: Island Press.

Meine, C. 1988. Aldo Leopold: His life and work. Madison: University of Wisconsin Press.

O'Brien, D. J., S. M. Schmitt, S. D. Fitzgerald, D. E. Berry, and G. J. Hickling. 2006. Managing the wildlife reservoir of *Mycobacterium bovis*: The Michigan, USA, experience. *Veterinary Microbiology* 112: 313 − 23.

Organ, J. F., L. H. Carpenter, D. Decker, W. F. Siemer, and S. J. Riley. 2006. *Thinking like a manager: Reflections on wildlife management.* Washington, DC: Wildlife Management Institute.

Riley, S. J., and D. J. Decker. 2000. Wildlife stakeholder acceptance capacity for cougars in Montana. *Wildlife Society Bulletin* 28:931 − 39.

Riley, S. J., D. J. Decker, L. H. Carpenter, J. F. Organ, W. F. Siemer, G. F. Mattfeld, and G. Parsons. 2002. The essence of wildlife management. *Wildlife Society Bulletin* 30: 585 − 93.

Riley, S. J., D. J. Decker, J. W. Enck, P. D. Curtis, T. B. Lauber, and T. L. Brown. 2003b. Deer populations up, hunter populations down: Implications of interdependence of deer and hunter population dynamics on management. *Ecoscience* 10:356 − 62.

Riley, S. J., W. F. Siemer, D. J. Decker, L. H. Carpenter, J. F. Organ, and L. T. Berchielli. 2003a. Adaptive impact management: An integrative approach to wildlife management. *Human Dimensions of Wildlife* 8:81 − 95.

Rittel, W. J., and M. M. Webber. 1973. Dilemmas in a general theory of planning. *Policy Sciences* 2:155 − 69.

Rudolph, B. A., S. J. Riley, G. H. Hickling, B. J. Frawley, M. S. Garner, and S. R. Winterstein. 2006. Regulating hunter baiting for white-tailed deer in Michigan: Biological and social considerations. *Wildlife Society Bulletin* 34:314 − 21.

Siemer, W. F., and D. J. Decker. 2006. *An assessment of black bear impacts in New York.* Human Dimensions Research Unit Series Publication 06-6. Ithaca, NY: Department of Natural Resources, Cornell University.

Sudharsan, K., S. J. Riley, B. A. Rudolph, and B. A Maurer. 2005. Deer-vehicle crash patterns across ecoregions in Michigan. *Wildlife Damage Conference* 11:246 − 325.

Sudharsan, K., S. J. Riley, and S. Winterstein. 2006. Relationship of fall hunting season to the frequency of deer-vehicle collisions in Michigan. *Journal of Wildlife Management* 70: 1161 − 64.

Tyler, T. R. 2003. Procedural justice, legitimacy, and the effective rule of law. *Crime and Justice* 30:283 − 57.

Winter, S. C., and P. J. May. 2001. Motivation for compliance with environmental regulations. *Journal of Policy Analysis and Management* 20:675 − 98.

Wondolleck, J. M., and S. L. Yaffee. 2000. *Making collaboration work: Lessons from innovation in natural resources management.* Washington, DC: Island Press.

Yankelovich, D. 1991a. *Coming to public judgment.* Syracuse, NY: Syracuse University Press.

Yankelovich, D. 1991b. *The magic of dialogue: Transforming conflict into cooperation.* New York: Simon and Schuster.

著者紹介

ØYSTEIN AAS
ノルウェー自然研究所の上席研究員である．また，ノルウェー生命科学大学ではエコツーリズムに関する，トロムソ大学（ノルウェー）では自然資源管理に関する客員教授でもある．遊魚管理における人間事象研究で博士号を取得し，国際科学誌，書籍，国の研究報告において数々の発表をしている．第4回世界遊魚会議（2005年ノルウェー・トロンハイム）では多くの委員や座長となった．

ROBERT ARLINGHAUS
自然資源管理における社会学と生物学の接点を扱う社会生態学者である．遊魚の動向を把握し，その発展，管理，保全に関する緊急の課題が研究テーマである．Humboldt大学(ベルリン)准教授，兼Leibniz淡水生態学内水面漁業研究所(ベルリン)のグループリーダーである．

GORDON R. BATCHELLER
ニューヨーク州魚類野生動物海洋資源局(同州Albany)の特任野生動物生物学者である．プロの野生動物生物学者として26年間の経歴がある．オクラホマ州立大学で野生動物生態学の修士号を取得した．魚類野生動物当局協会の主催する複数の州や国際的な野生動物管理に関わってきた．2006年には 全米保全リーダーシップ研究所の 初代特別研究員であった．

ELIZABETH L. BENNETT
野生動物保全協会の狩猟野生動物取引プログラムの理事として，27か国の狩猟と野生動物取引に関わっている．その前は24年間マレーシアに勤務していた．ケンブリッジ大学で博士号を取得した．有名な科学誌に95の発表がある．熱帯林における狩猟についての著書を編集し，世界銀行の政策書に同様のテーマで執筆．保全に関する業績で，1994年 Golden Ark賞（オランダBernhard王子），2003年マレーシア・サラワク州政府の Pegawai Bintang Sarawak (PBS)，2005年エリザベス女王によるMember of the Most Excellent Order of the British Empire（MBE），2006年 Wings WorldQuest Leila Hadley Luce賞を受賞している．

RICHARD BODMER
現在，ケント大学の保全生態学リーダーであり，ケンブリッジ大学動物学科で博士号を取得した．熱帯の野生動物の生態と保全がテーマで，特に大型哺乳類，狩猟鳥，魚類など地域住民にとって重要な種に関心がある．フィールド研究と持続的利用のモデル構築で多くのプロジェクトに関わっている．

RANDALL B. BOONE
野生動物生態学者であり，世界またはコロラドの乾燥および半乾燥地域における自然と人間をつなぐシステムのモデル学者である．野生動物と家畜の空間出現と移動が研究テーマである．コロラド州立大学（同州フォートコリン）自然資源生態学研究室の研究

員である．

PERRY J. BROWN
モンタナ大学の林業保全学部長（教授）兼同演習林長である．生涯西部人で，ユタ州立大学，コロラド州立大学，オレゴン州立大学のポストを歴任した．100以上の科学論文，著書などを発表している．レジャー科学アカデミーおよび米国森林官協会の特別研究員である．

TOMMY L. BROWN
コーネル大学人間事象研究ユニットの上席研究員兼ユニットリーダーである．同農業生命科学部の研究員でもある．ミネソタ大学で自然資源レクリエーションについて修士号を取得した．コーネル大学では自然資源経済，統計，研究手法についてのコースを担当している．35年以上の野外レクリエーションと人間事象に関する研究歴をもち，7つの有名な研究に関わり，400の発表がある．

SUSAN J. BUCK
ノースキャロライナ大学政策学の准教授である．1999年以来，同大の環境研究プログラムの責任者である．同フロリダ殺虫剤研究室に勤務し，バージニア海洋研究所の湿地研究室の責任者であった．多くの著作がある．1996年，ロバートゴードン大学（スコットランド・アバディーン）のフルブライト研究員であった．

ISABEL BUECHSEL
中央アメリカの野生動物保全プロジェクトと持続的発展に関する研究やキャンペーンに関わっている．2007年には野生動物保全協会の公衆研究評価プログラムに携わる．Erfurt大学（ドイツ・Thuringia）の公衆政策の修士課程に所属している．

SHAUNA B. BURNSILVER
人類生態学者であり，コロラド州立大学の自然資源生態学研究室と人類学科の研究員である．東部アフリカとアジアの遊牧システムにおける土地所有と資源細分化，社会経済的変化がテーマである．

LEN H. CARPENTER
野生動物協会元会長であり，野生動物管理研究所（WMI）の南西部代表でもある．日夜，関係機関，野生動物管理官，大学と連携し，野生動物管理における無数の今日的課題に取り組む．コロラド州立大学において地域科学で博士号取得．WMIの前には23年間コロラド州野生動物局に勤務していた．

PETER COPPOLILLO
野生動物保全協会（Wildlife Conservation Society）がタンザニアで取り組んでいるRungwa-Ruaha Living Landscape Programを指揮する生態学者である．共著には，生態学，経済学，文化に関わる保全（Conservation：Linking Ecology, Economics, and Culture）（Princeton University Press 2004）があり，ボリビア，エクアドル，アルゼンチン，コンゴ，米国，カンボジアにおける保護区の拡大戦略に尽力している．

DANIEL J. DECKER
コーネル大学自然資源学部人間事象研究学科の教授であり，学科長でもある．1976年より同大学で活躍しており，学部公開の責任者，学部長，農業生命科学大学（College of Agriculture and Life Science）の副学長，コーネル大学付属農業試験場の責任者を歴任してきた．現在，土地問題助成財団（Office of Land Grant Affairs）の代表を務め，農業生命科学大学のシニアアドバイザーである．主たる関心は，野生動物政策，管理，プログラムの計画，評価，専門家の育成に対し，人間事象科学を取り込んでいくことにある．

MARK DAMIAN DUDA
自然資源とアウトドアレクリエーションに関する問題を専門的に調査する民間組織 Responsive Management の最高責任者である．エール大学にて自然資源政策とプランニングの分野で修士の学位を取得し，自然資源とアウトドアレクリエーションに関する500以上の定量的な調査，数百にも及ぶ世論調査を指揮してきた．野生動物に関する3つの著書をも執筆している．彼の調査は，多くの学術誌，雑誌，CNN，ニューヨークタイムズ，ウォールストリートジャーナルといった主要なメディアにも起用されており，ワシントンポストや USA トゥデイの一面に取り上げられたこともある．

ESTHER A. DUKE
コロラド州立大学自然資源学部にて修士の学位を取得し，現在は人間事象分野のコーディネータである．ラリメール動物福祉協会（Larimer Humane Society）の発展と地域社会への福祉活動，助成金の取得，アウトドアアドベンチャー・リーダーシップスクールのプログラム開発や助成金の取得等の経験をもっている．また，日本とコスタリカで仕事をした経験をもっており，コロラド州立大学では，学部のトレーニングと福祉プロジェクトの補助をしている．また，国際学会「成功への道筋 2008：魚類と野生動物管理への人間事象の統合」のコーディネータを務めた．

HEATHER E. EVES
アフリカにおける野生動物管理に関連した社会経済学と政策科学に関わる生物学者である．エール大学の森林環境学部において博士の学位を取得し，中東アフリカで教育と保全に関する研究に10年携わっている．2000年以降は，ワシントン DC の約35団体からなる共同プロジェクトの1つである Bushmeat Crisis Task Force（BCTF）の責任者として，政策の広報，資金の獲得，トレーニングと能力向上，アフリカにおける野生動物の肉の商取引に関する意識の向上について，情報管理システムを構築する専門チームを率いている．

TULA G. FANG
野生動物の保全，ペルーのアマゾン，地域社会の住民の福利に強い関心をもっている．英国のケント大学デュレル保全生態学研究所（Durrell Institute of Conservation and Ecology）の保全生態学分野で修士の学位を取得し，現在はペルーの NGO である Fundamazonia の野生動物管理プログラムにて勤務している．

JOHN FRASER
ある社会集団のアイデンティティーが保全行動や行動主義に与える影響について調べて

いる保全心理学者であり，建築家でもある．現在，NPO 組織である Institute for Learning Innovation のニューヨーク支部の責任者である．また，彼はニューヨーク市立ハンター大学，ニューイングランドのアンティオック大学の非常勤教授を務め，コロンビア大学の CERC 科学者でもある．本著を執筆中，野生動物保全協会の公共調査・評価プログラムの責任者であった．

KATHLEEN A. GALVIN

コロラド州立大学人類学部の教授であり学部長，そして自然資源生態研究所のシニアリサーチサイエンティストである．また，コロラド州立大学社会学部と生態学部の学士プログラムの学部顧問でもある．ニューヨーク州立大学で博士の学位を取得し，生物人類学者として，過去 20 年に亘りアフリカの学際的な人類生態学的研究に携わってきた．また，国立科学アカデミー（National Academy of Science）と国立研究評議会（National Research Council）のメンバーであり，それぞれの組織の季節間・年間気候多様性グループの人間事象部門のメンバーである．国立科学財団の文化人類学プログラムの委員を務め，2001 年のアルド・レオポルド特別研究員である．

LARRY M. GIGLIOTTI

サウスダコタ州の野生動物・魚類・公園局野生動物課のプランニングコーディネータであり，人間事象研究の専門家である．ミシガン州立大学で学士の学位を取得し，サウスダコタ州立大学野生動物・魚類学部と，コロラド州立大学自然資源学部人間事象学科の非常勤教授も務めている．認定魚類科学者であり，また認定野生動物学者でもあり，1976 年より Wildlife Society，1987 年より American Fisheries Society の会員である．2005 年から 2006 年の間，Organization of Wildlife Planners の代表であり，彼の最近の関心ごとは人間事象である．現在，野生動物課において，総合的な計画推進における開発，協働，人材育成に関わる業務に携わっているだけでなく，野生動物課の業務への市民参加や人間事象の導入，TQM における人材育成，プロジェクトリーダー，人間事象研究に携わっている．これまで 100 以上の人間事象研究を行ってきた．

SCOTT GURTIN

野生動物管理に 16 年間携わってきており，そのうちの 11 年間はアリゾナ州魚類・野生動物局に勤務している．生物学分野の研究者であり，絶滅危惧種の回復のコーディネータである．また，局の資源コンサルタントとして，また人間事象研究の専門家として勤務し，現在は孵化場の管理者である．

JOHN HADIDIAN

米国人道協会における都市型野生動物プログラムの責任者である．ペンシルバニア州立大学にて博士の学位を取得した．2001 年からハーモニー研究所の地域活動委員会のメンバーであり，人間事象システム責任者として米国政府の「州の人間と生物圏プログラム」に籍を置いている．そして，都市生態系雑誌の准編集者，野生生物協会の都市型野生動物ワーキンググループの委員長，米国政府国家農業野生動物部門諮問委員会のメンバーでもある．「野生の隣人：野生動物と生きるための人道的なアプローチ」の主席編者．現在はバージニアテック北バージニアキャンパスの自然資源プログラムの非常勤インストラクターを務めている．

CATHERINE M. HILL

オックスフォード・ブルックス大学における人類学の准教授である．現在は，人類学と霊長類保全学の学生に，人間生態学ならびに人と野生動物との軋轢について教授している．Catherineの研究は，究極的に，保全上のポリシーと実践に対する利害関係者のニーズと展望の参入に関連している．現在，彼女のチームは，アフリカやインドネシア，南米における人と野生動物との相互関係の様々な局面，軋轢軽減のための手法開発と地域経済などの外部要因の見極め，自然資源の制御と利用の段階，野生動物に対する農業者の許容度や認知度を左右する植民地支配的保全ポリシーの影響，そしてこれらと自然界との関連性を研究している．また，ナイジェリア，日本，カナダにおける人と野生動物との軋轢の様々な局面に関わるプロジェクトと共同研究を行っている．

MICHAEL HUTCHINS

野生生物協会（野生動物の保全と資源管理に関わる全分野の野生動物専門家に補助するとともにそれらを代表する国際的な科学研究教育組織）の常務取締役／最高経営責任者である．野生生物協会の目標は，科学研究と教育を通じて野生動関係者の秀越性を促進することである．行動生態学者としてのトレーニングにより，メリーランド大学の保全生物学と持続的開発に関わる大学院プログラムである補助准教授ならびにジョージア技術研究所の行動学・保全センターの上席研究員を務めている．

DOUGLAS B. INKLEY

全米野生生物連盟（NWF）の上席科学アドバイザーである．NWFワシントンDC魚類・野生動物資源部門における前部長であり，多様な保全問題に関わるNWFのロビー活動を手助けした．上下の両院におけるヒアリングにおいて何度も証言し，加えて多くの保全上の問題について国中で演説してきた．いま彼が強調しているのは，地球規模の気候変動である．ワシントンDCでは，清浄な水ネットワーク（Clean Water Network）の湿原ワーキンググループの委員長として貢献している．野生動物チーム連合体（州の魚類野生動物局による5千万ドル以上の保全を目的とする新たな年間政府拠出金を確保させた）の運営委員会の創立メンバーでもある．

SUSAN K. JACOBSON

フロリダ大学の野生動物生態・保全学部の教授ならびに熱帯保全研究プログラムの責任者である．環境コミュニケーションと野生動物保全の人間事象に関わる教育と研究指導に従事している．デューク大学から資源生態学で博士の学位を取得し，米国，ラテンアメリカ，アフリカ，東南アジアにおける環境管理教育と自然資源保全に関わる100以上もの論文や報告を発表している．何冊かの本（「保全の専門家のためのコミュニケーション技能」や「保全教育と地域社会への援助技術」）の著者や編者でもある．

KIRSTEN M. LEONG

国立公園局の生物資源管理部における人間事象プログラムのリーダーである．博士の学位はコーネル大学より取得した．大学院ではコロラド州フォートコリンズの国立公園局におけるStudent Career Experience Program（学生を対象とするインターンシップ制度）による研究者ならびに国立公園局生物資源管理部と共同で行われている米国北東部の国立公園におけるシカ問題の人間事象に関わる研究の補助者を務めた．また，フロリダ州レイクブエナビスタのディズニー動物王国の准研究者であり，マダガスカルのイサロ国

立公園の公園・野生動物管理部署の技術アドバイザーとしても貢献している．マダガスカルでは，マラガシー国立公園局と共同で公園管理計画立案と植物相・動物相の一覧作成を行った．

MICHAEL J. MANFREDO
自然資源人間事象学部の教授で学部長である．コロラド州立大学の自然資源人間事象の創立者で共同リーダーでもある．Michaelの研究，教育，地域貢献活動は，自然資源管理における社会科学の役割に焦点をあてている．理論上の関心は，自然資源に関わる問題に対する態度と価値論である．多様な自然資源関連の雑誌に掲載された70以上の論文ならびに何冊かの書物も出版している．75を超すプロジェクトの研究代表者も歴任してきた．「野生動物の人間事象」という雑誌の創刊に関わった共同編集者でもある．

STEPHEN F. McCOOL
モンタナ大学社会・保全学部における野生地域管理の教授である．米国農務省森林局北部事務所，フラットヘッド国有林事務所の監督事務所，内陸コロンビア盆地の生態系管理プロジェクトでの特別業務を担う役職を務めてきた．何冊かの本の著者や編者となっている．また2005年には，米国農務省森林局はStephenに保護林管理研究に関連する優秀賞を授与した．同じく2005年，野生基金とInternational Journal of Wilderness誌の編者は，彼を野生研究の生涯功労者として認定した．アイダホ大学は，2006年に自然資源管理の関わる偉大な集大成を讃えて自然資源式典賞を授与した．

MALLORY D. McDUFF
ノースカロライナのアッシュビルにあるウォレン・ウィルソン・カレッジにて環境教育と地域共同体形成を教えている．現在の研究は，地域における食材を通じての学校の連携構築と持続可能性に関連する地域共同体での信頼関係の役割の増強に焦点を当てている．「保全教育と地域社会への援助技術（オックスフォード大学出版2006）」の共著者でもある．

ROAN BALAS McNAB
野生生物保全協会のガテマラ計画（1996年から関わっている）の責任者である．資源の保全と持続的活用とを推進するプログラムを通じ，マヤ生物圏保護区における地域共同体を基盤とする保全の努力と国立公園との協働の振興と発展を追求している．

TERRY A. MESSMER
野生動物の被害管理における客員教授であり，Jack H.Berryman協会の福祉活動では理事を務めており，ユタ州立大学荒野資源学部の野生動物専門員である．研究および教育は，利害関係者が地域の社会経済を維持し，かつ自然資源の保護を行ううえでの技術，管理方法，そして新しい保護による影響を見極め，実行して評価することに従事している．

CRISTINA GOETTSCH MITTERMEIER
主に水産関連における生化学技術者であり，写真家であり，ライターでもある．8冊の本を共同で編集しており，2005年に立ち上げた国際保全写真家大会（International League of Conservation Photographers）では理事をしている．また，コンサベーション・

インターナショナルでは視覚に関する資源の局長を務めている．科学から一般まで彼女の仕事は世界中の多くの雑誌で見ることができる．Nature Best Magazine の相談役員であり，また WILD 基金の委員メンバーでもある．彼女はメキシコで生まれ育った．

RUTH S. MUSGRAVE
公的法律機関である野生動物法律センターの創設者であり，代表者である．州および連邦の野生動物に関する法律の記事および本を多数出している．「Wildlife Law News Quarterly」とオンライン「Wildlife Law News Weekly Alerts」の編集者であるとともに，ニューメキシコ法科大学の非常勤講師を務めている．また，国内および国外の野生動物の非営利団体の理事を務めている．米国の主席判事であったので，野生動物法律センターを設立する前の約 10 年間は，連邦裁判所，ニューメキシコ地区の司法長長官補佐を行っていた．

MARK D. NEEDHAM
オレゴン州立大学森林生態系社会学部の助教である．研究は，野生動物，リクリエーション資源管理，自然の観光事業における人間事象を調べるため調査実験を行っている．また，調査方法と量的分析における専門技術をもっている．連邦，州，地域の様々な単位で研究を行い，30 本以上の論文を出している（例えば journal of wildlife management など）．雑誌 Human Dimensions of Wildlife の副編集長である．

JOSEPH T. O'LEARY
コロラド州立大学自然資源 Warner カレッジの学部長である．以前は，テキサス A&M 大学のリクリエーション，公園および観光業サイエンス学部の教授であり学部長であった．レジャーサイエンス学会，米国の公園およびリクリエーション管理学会，IUCN 保護区（北米地域）委員のメンバーであり，国際統計協会におけるツーリズム分析のマルコポーロ協会の会長である．また，全国レクリエーションおよび公園協会から名誉ある賞を受けている．研究は，旅行やリクリエーションの行動について全国および国際的に分析し，知識管理を行っている．

JOHN F. ORGAN
米国北東地域魚類および野生動物保護局における野生動物と魚類回復局の長であり，マサチューセッツ大学の野生動物額の客員准教授である．以前に野生動物協会の代表者であり，確かな野生動物学者である．研究分野は，湿地の保全，鳥獣保護区の管理，肉食獣の生態，狩猟者の管理，野生動物における人間事象および野生動物の政策である．

R. LILIAN E. PAINTER
保護区および先住環境に強い関心をもった野生動物学者である．応用の野生動物研究，保全戦略のプランニング，政府とともに行うことでの制度強化，地域社会などでの草の根運動に関心をもっている．近年，野生動物保護協会のボリビア・プログラムに携わっている．

PABLO PUERTAS
野生生物学者であり，北東のペルーにて地域に根差した野生動物管理を 20 年以上行っている．野生動物保護協会の Loreto プログラムにおいてコーディネータとなっている．

また，北東ペルーにおける Pecaya-Samiria 国立保護区において代表者となっている．

SHAWN J. RILEY
ミシガン州立大学魚類野生動物学部の准教授である．研究分野は，人間と野生動物との関連，システムモデリング，意思決定における生態学と社会科学との統合である．モンタナ州立大学にて修士課程を修め，博士の学位はコーネル大学にて取得しており，その後モンタナ魚類，野生動物公園で野生動物学者として在籍した経験がある．

IRENE RING
1992年ドイツのライプチヒにある環境リサーチ UFZ のヘルムホルツセンターにて生態経済学の研究分野を設立することに貢献した．2002年では，自然および生物多様性保全のワーキンググループ長になり，2004年には UFZ の経済部長代理となった．また，ドイツのユネスコ協会の科学委員および生物多様性科学国際協同研究計画（DIVERSITAS）のメンバーである．研究分野は，学際的で応用学的なプロジェクトにおける環境政策の手段や対立の和解に関心をもっている．

BRENT A. RUDOLPH
ミシガン州自然資源局にてシカ研究プログラムにて働いており，ミシガン州立大学の博士後期課程の学生でもある．彼は以前に生息地の分析を行っており，ミシガン州自然資源局での生息地管理のセクションリーダーであった．研究分野は，人間の土地利用が拡大するうえで野生動物管理を行う際に生物学と社会学の両方の試みを取り扱うことに関心をもっている．

MICHAEL A. SCHUETT
テキサス A&M 大学のレクリエーション，公園および観光業サイエンス学部の准教授である．社会経済研究および教育センターの所長として従事している．研究分野は，自然資源における人間事象，企画立案，訪問客の行動，公の鳥に影響する人口変化，およびレクリエーション・公園・観光業における2次的データの利用に関心をもっている．12年間以上，開業医としても仕事をしている．

DAVID SCOTT
テキサス A&M 大学レクリエーション・公園・観光科学学部准教授である．Leisure Research 誌の編集委員も務める．レジャー，コミュニティーパーク，レクリエーションに関連する社会学を専門分野とする．1994年に Park and Recreation Administration 誌に掲載された論文"時間不足のレジャー行動とレジャー配信への影響について"が米国公園・レクリエーションアカデミーの Willard E.Sutherland 賞を受賞している．1995年から1996年にテキサス A&M 大学農業生命学部にて教育優秀賞，学生生活課障害教育サービスにおいて優秀教育者賞を受賞している．

LORI B. SHELBY
ジョージメイソン大学レクリエーション・保健・観光学部講師である．Human Dimension of Wildlife 誌の副編集者も務める．自然資源の人間事象，レクリエーション資源管理，観光学および調査手法や統計方法論などの研究実績を有する．研究成果は，Human Dimensions of Wildlife 誌，Wildlife Society Bulletin 誌，Tourism Management 誌，

Annals of Tourism Research 誌，Advances in Hospitality & Leisure 誌に掲載されている．

DUANE L. SHROUFE
1989 年から 2008 年までアリゾナ州狩猟魚類局の局長を務める．西部域の魚類と野生動物機関連合の会長職を 2 期，さらに近年は北米湿地保護協議会の議長も務めていた．魚類，野生動物機関，人間事象を含む多数の委員会等にて議長を歴任する．40 年に亘る野生動物保護管理に従事した後に 2008 年に引退した．

WILLIAM F. SIEMER
コーネル大学人間事象研究部の研究員・博士課程研究員である．主な研究課題は，野生動物に関連する人間活動の関与，利害関係者の関与，さらに教育プログラム，意思決定についての管理者と人間事象との融合に焦点をあてた研究など幅を広げている．認証された野生動物専門家として「Human Dimensions of Wildlife Management in North America」誌の共編者も担当している．

AMANDA C. STAUDT
National Wildlife Federation の気象科学者として，カリフォルニア州，チェサピーク湾，中西部氾濫地にて地球温暖化が水域生息地に及ぼす影響の研究に従事している．米国アカデミーにて研究団体と連邦機関の気候変動に関する研究支援に係る重要な調整役を担ってきた．また，米国気候変動学術委員会が記した数多くの報告書等においては，米国政府の気候変動に関する研究支援から放射強制力まで，また過去の表面温度の記録，気候や天候が運送運搬業会に与える影響評価や効果的な全地球的変化の評価まで様々な実践研究を指揮してきた．

TARA L. TEEL
コロラド州立大学自然資源と人間事象学科の講師である．主な研究テーマに自然資源における人間事象，特に社会科学的な理論と手法の自然資源管理への応用がある．野生動物や他の自然資源に関する研究機関と連携して，社会科学的な資料の収集とその応用に従事し，計画立案，管理，コミュニケーション分野まで幅広く携わってきた．学術研究のみならず，大学では学部・大学院で自然資源観光学，人間事象学とレクリエーション行動理論，人間事象に関する統計分析の講義を担当する．

PHILIP K. THORNTON
国際開発における畜産動物のシステム分析者として活躍している．研究の多くは統括モデルと影響評価が中心となっている．ケニアのナイロビ国際家畜研究協会の上級科学者を務め，スコットランドのエディンバラ大学にて大気・環境科学研究所の特別研究員も務めている．

ADRIAN TREVES
ウィスコンシン大学マディソン校ネルソン環境研究所の講師である．野生動物の管理と保全における人間事象研究を専門としており，特に肉食哺乳類による被害（家畜の捕食，人的被害など）を主な研究課題としている．さらに 6 年以上の期間に亘り，生物多様性保全に関わる国際 NPO 団体にて東アフリカ，熱帯アンデス地域における住民参加型の保全計画立案に取り組んできた．これまで筆頭執筆者，共著を含め 27 の原著論文，

24の著作物にて生態系や保全に関するものを担当している.

JERRY J. VASKE
コロラド州立大学自然然資源と人間事象学科の教授である. 1992年コロラド州立大学に赴任して以来, 学部と大学院にて研究方法や統計手法, また社会心理学理論の講義を担当してきた. ここ30年の研究では, 社会心理学の理論（例：規範, 密集状態混雑感, 危機分析など）を適用した研究に従事している. 5冊の著作と100を超える論文を有し, Human Dimensions of Wildlife誌の創立共編者でもある.

ROBERT WALLACE
保全活動とその介入に関する業務に関わり, 応用研究と保全計画, 自然資源管理, 地方機関の強化, 持続可能な保護資金などが研究業務に含まれている. 野生動物保護協会（WCS）の保全担当者でありボリビアのグレターマディデイ景観保護プログラムも指揮している.

DAVID WILKIE
野生動物生態学者として特に人間事象に強い関心をもつ. 20年以上, アフリカやラテンアメリカの現地コミュニティーでの業務に従事した経験がある. 野生動物保護協会（WCS）にてトランスリンクとリビング景観プログラムの責任者を務める.

PETER ZAHLER
野生動物保護協会（WCS）アジアプログラム副代表としてイラン, ロシア, 中国, カザフスタン, キルギスタン, タジキスタン, パプアニューギニアにおけるプログラムとプロジェクトの監督責任者を務める. 25年以上の保全生物分野での経験を生かしてパキスタン, モンゴル, アフガニスタンにてWCSのプログラム立案に着手している.

HARRY C. ZINN
ペンシルバニア州立大学レクリエーション・公園・観光管理学科の教員として, 主に自然と人間の相互作用に関する心理学, 環境史, 資源に基づいたレクリエーションと観光管理の講義を担当する. 市町村レベルでの資源管理者や民間団体のみならず, 多くの州や連邦政府での野生動物, 自然資源機関で研究指導を実施してきた. 現在は, 台湾, 香港, 米国の研究者とともに, 国内外よりの台湾の国立公園への訪問者に関する調査の研究を進める. これまでの研究成果は多様な刊行物にて発行されている.

日本語索引

あ

アウトドアレクリエーション　18, 19
アウトドアレクリエーション資源調査委員会　2
アクセス　278, 279, 287〜289
軋轢　92, 95〜98, 103, 217〜225
　　人と野生動物との−　217, 220, 222
軋轢管理機関　100
軋轢管理戦略　99
軋轢モデル　98
アフリカ　265
アプローチ
　　効果主体の−　322
　　利害関係者参加型の−　323
アマゾン　108, 116
アマゾン地域　107

い

Eアウトリーチ　306, 313
EU生物多様性アクションプラン　101
イエローストーン国立公園　152, 155
意思決定　55
　　−の認識（公平な−）　323
　　−への住民参加　46
意思決定手法（民主的な−）　50
異常気象現象　66
イデオロギー　36, 37
遺伝的気質　35
インターネット　254, 313, 314
インド　295
インドナガラホール国立公園　295

う

受け手　310
牛の結核　247
裏庭生息地　208

え

英国のコモン・ロー　165
エネルギー　12, 67, 68
エルク　254〜256

お

オオカミ　151, 225
オーデュボン協会　193, 209
汚職　295, 300
オジロジカ　209
オフロード車　155
温室効果ガス　57〜60, 67
　　−の排出　57
温暖化　58

か

ガイドライン　110
外来種　66
科学的管理　81
科学的研究　84
家禽ペスト　247
火災　66
価値観　31, 33, 36, 37, 39〜41, 78, 88, 324
　　軋轢に対する−　221
家畜　246
価値志向　36, 38
　　−の概念　41

カナダガン　209，211，213
環境政策　306
環境保護 NGO　34
環境保全教育　10
観光事業　265
観察　204
　　野生動物の―　264
観察市場　264，273，275
感染リスク　204
管理　264，266，269，275
　　―と市場　273
管理介入　328
管理機関　87〜90，267，268
管理技術　289
管理計画　109
管理権　48，51
管理策　257
管理システム　126
管理者　19，87，275，307
管理対策　325，328
管理的要素　273
管理人　84，171
管理人システム　80
管理方法の選択肢　94

き

企業財団　189
気候変動　17，57〜61，64〜66，
　69，70，90，149，157，217
気候モデル　66
擬人化　40
擬人観　35
規制政策　178，179
寄付者　197，198
寄付団体　199
供給　237
狂犬病　247
共生価値志向　39，40

行政境域　182
行政法　184
行政倫理　184
協働　11，120，122
共同管理　107〜110，113〜117
共同管理アプローチ　203
共同管理戦略　45
恐怖　221
共有財　46
共有資源の管理　50
漁業　97，99
許容度　270
魚類野生動物機関協会　191
魚類野生動物資源　278

く

駆除　218

け

経済学的分析　96
経済効果（地域の―）　233
経済成長している地域　241
経済的影響　258
系統的アプローチ　251
毛皮認証プログラム　117
結核（牛の―）　247
権利のリース　279，280，286

こ

公益信託資源　168
公益信託主義　164〜169，172，173
効果　322，325，331
効果管理　328
効果主体のアプローチ　322
公共行政機関　176
公共信託　147
公益信託主義　171
公共信託法理　285

日本語索引

公共政策　4
公的資金　94
公的システム　16
行動動機　64
公平な意思決定の認識　323
公有地　281
　－へのアクセス　149
功利主義　210, 213
国際自然保護連合　193
個人基金　194
個人財団　189
コミュニケーション　205, 305～317, 331
コミュニティ　120～125
　－の特定　125
　－の利益　125
コモンズの悲劇　45, 70, 296
コモン・ロー　166, 167
　英国の－　165
コロラド州立大学　88
コンサーベーション・インターナショナル　193, 195, 196
コンプライアンス　306, 312

さ

サーベンス・オクスリー法　190
財産所有者　156
在住者　155
財団助成　189
再導入　223
サケ　31～33
ザ・ネイチャーコンサーバンシー　196
参画型プロセス　97, 323
参画型アプローチ　97, 323
参画型意思決定　97
参画型意思決定戦略　101
参加の決定要素　234

し

支援　52
シカ　254～256
シカ問題　211
資金源　90, 94, 188, 189
資金調達　96, 190, 199
資金提供　265
資源管理　32, 34
資源利用　79, 80
事後影響　327
自己利益　64
私財権　156
市場　266, 273
　－と管理　266, 269, 275
自然資源　45, 124
　－の管理　44, 47
自然資源管理者　221
自然資源管理プロジェクト　48
持続可能性　109, 134, 143
持続可能な管理　54
持続性　8
湿地帯　66
疾病対策　259
疾病のリスク　245
シナントロープ種　209
支配的価値志向　39
市民参加　44
社会科学　92
社会学的要素　273
社会経済的評価　94
社会生態学　206
社会的価値　95
社会的構成要素　75
社会的事象　293
社会的システム　267
社会的役割（NGOの－）　45
社会的要因　15

社会反応　212
社会レベル　16
私有化　169
収穫モデル　109
州間の協力　154
重症急性呼吸器症候群　246
私有地　278, 279, 281, 285～289
住民参加　46
種の保護基金　193
狩猟　2, 18, 19, 21～23, 51, 87, 107, 152, 154, 155, 169, 204, 278～282, 286～288, 293, 294
狩猟管理　83, 85, 293, 294, 299
狩猟管理人　82
狩猟権　296
狩猟者　61, 63, 84, 177, 254, 255, 257, 258, 286, 289
狩猟登録　109
狩猟プログラム　286
狩猟への参加者数　280
狩猟牧場　170
狩猟民族　36
狩猟免許　284
順応的管理　67, 143, 300, 328
順応的能力　134
商業化　284, 285
情報源　256
情報ソース　308, 309
食料消費　34
助成制度　191
所有権　46～48, 55
所有者　296, 310
シンク地域　110
人材育成　51
人獣共通感染症　204, 246
信頼度　257
森林認証　296
森林の価値　107

す

水源　137, 140, 142
水質汚染防止法　151
ストレス要因　66

せ

制限要因　25, 26
政策プロセス・フレームワーク　176, 177
生産　233
生息地の消失　59
生息地復元　68
生息地保全　68
生態系　132, 133
生態系アプローチ　89
生態系要素　132
制度　147
制度的なフレームワーク　94
政府基金　191
生物多様性　93, 94, 110, 132, 157, 218, 265
　　－の保護策　120
　　－の保全　123, 208
生物多様性保護条約　193
生物物理学的要素　273
生命愛　63
世界資源研究所　193
世界自然保護基金　193, 196
世界的価値（野生動物に対する－）　31
設置運営能力　300
説明責任　46, 49, 184
絶滅危惧種法　286
絶滅の危機に瀕する種の保護に関する法律（ESA）　63, 149, 150
センサス　114
全米オーデュボン協会　312
全米野生動植物連盟　208

日本語索引

全米野生動物連盟　57
占有の歴史　112

そ

ソース・シンク地域　109
ソース地域　110
ゾーニングアプローチ　238
促進者（プロセス−）　97

た

態度
　轢に対する−　221
　野生動物からの脅威の管理に対する−　221
対話　315
脱物質主義　40
段階的管理方法　81
担当機関　284
談話分析　96

ち

地域
　−の共有地　54
　−の経済効果　233
地域経済　94
地域社会　48，110，297，298
地域住民　46，116
地域主体型保全　121，122，125
地域主体管理システム　298
地域主導型自然資源管理　53
地域密着型の保護　203
地球温暖化　90，157
地球環境ファシリティ　193
知識　256
釣魚市場　233

つ

釣り　2，18〜23，87，154，155，203
　−の専門化　238
釣り人　61，63，84，232，234，236〜238，240，241

て

ディスティネーションマーケティング組織　267，268，271
ディズニー自然保護基金　189
適切な手法　97
適切な法整備　300

と

透明性　46，49，52，55，126
トーテミズム　35，36
都市　213
都市域の野生動物問題　176，212
都市化　206
都市圏　206
都市住民　10，21，210〜213
都市生態学　208
都市生態系　207
都市鳥類条約　208
都市部　221
　−に住む若者　241
都市野生動物　208〜211
土地開発　23
土地所有者　278，280〜284，286〜288
土地利用　132，134，170
取締規則　300

な

ナガラホール国立公園　295

に

人間活動　269
人間事象　1，3，6〜13，15，69，

83, 85〜89, 92, 151, 154, 219, 245, 316, 322, 324, 330
人間事象研究　5, 247, 251, 255, 259
人間事象研究グループ　4
人間社会と資源管理のための国際協会　4
人間問題　83
忍耐　8

ね

ネイチャーコンサーバンシー　195
ネイティブアメリカン　32, 78, 79
熱帯雨林連合　49
熱帯林　293, 294, 296, 298
熱帯林諸国　295

の

農村部　221

は

バードソースプログラム　312
バイオフィリア説　35, 63
配分政策　177
パカヤ-サミリア国立保護区　110〜112
発展途上国　34
パラダイム　77〜87, 89, 90
パラダイムシフト　78, 89, 90
ハンタウイルス感染症　246
判例法　167

ひ

被害　221
被害対策　212
非在住者　155, 156
非政府組織　265
ビッグファイブ　269, 270

人型結核　247
費用　94

ふ

フィードバック　311
フィッシング観光　239
風力発電　67
フォトツーリズム　51
副次的影響　327
物質主義　40
フレームワーク　93, 102
　制度的な—　94
　法的な—　94
プロセス促進者　97
フロリダ海洋基金プログラム　316
フロンガス　69
文化　78, 89
文化的衝突　25

へ

米国気候アクションネットワーク　64
米国気象学会　64
米国魚類野生生物局　19, 157, 192
米国魚類野生動物基金　192
米国国際開発庁　193
米国地球物理連合　64
米国動物愛護協会　208
米国野生動物法　147
ヘラジカ　254
ペルー　110
ペルー国立自然資源研究所　112
便益　94

ほ

包括的評価　132, 135, 142
法整備　300
法的なフレームワーク　94
法律　147

捕獲制限　33
捕獲量　66
牧畜システム　134
北米モデル（野生動物保全の－）　167, 169
北米野生動物自然資源会議　3
保護管理　188, 190, 306
保護管理手法　311
保護管理戦略　305
保護区　112, 113, 116
保護主義者　210
保護地域　217, 218
保護論者的アプローチ　120
保全　120, 121, 124
　－の倫理　45
保全開発統合プロジェクト　121, 122, 125
保全活動　64, 65
保全機関　124
保全政策　121
保全モデル　164

ま

マーケットアプローチ　233, 234
マグナカルタ　165
マンジョイ保全機構　49
慢性消耗病　204, 245, 251, 253〜258

み

水　12
水鳥猟　279
民間機関　296
民主的意思決定手法　50
民主的システム　54
民主的手法　44, 46, 47
民族構成　25
民有化　278, 284

む

ムーア財団　195

め

メディア　305

も

木材伐採権移譲地　117
目標達成　120
モナコ-アジア協会　195
モニタリング　67, 109, 126
問題指向型手法　93
問題ネットワーク　178
問題のふるいわけ　94

や

野生獣肉　108
野生動物
　－からの脅威の管理に対する態度　221
　－に対する世界的価値　31
　－の回復　223
　－の観察　264
　－の商業化　284
　－への関心　62
野生動物観察　19, 23, 266
野生動物管理　2, 41, 77〜87, 89, 92, 149, 151, 169, 175, 176, 185, 206, 321〜325, 327, 328, 330, 331
野生動物管理エリア　50
野生動物管理構想　329
野生動物管理者　34, 285
野生動物管理政策　96, 147
野生動物管理モデル　108
野生動物機関　80, 176〜183, 185
野生動物疾病　245, 247

352　日本語索引

野生動物政策　178, 179
野生動物法（米国の－）　147
野生動物保護管理　213
野生動物保護協会　193, 196
野生動物保全　63
　－の北米モデル　167, 169
野生動物保全協会　16, 44
野生動物問題　77, 213
　都市域の－　176, 212

ゆ

有害鳥獣　209, 210, 213
遊漁　232, 233, 235～237, 239, 240, 242
有限責任法　282
有限責任レクリエーション法　282, 289
有効供給努力量　236
ユタ共同野生動物管理団体プログラム　288
ユタ州立大学　3

よ

ヨーネ病　247
ヨーロッパ系移民　78, 79
予測アプローチ　236

ら

ライオン　223
ライム病　246, 247
ランドスケープ　294, 299
ランドスケープサイト　108

り

リース（権利の－）　286
利害関係者　24, 84, 95, 150, 153, 158, 172, 258, 324, 325, 327～330
利害関係者参加型のアプローチ　323
利害関係者分析　100
リスク　256
利用権　296
利用制限　48

る

類型学　210
類人猿　269

れ

レイシー法　286
歴史的データ　66
レクリエーション　238, 240
レクリエーション利用体験多様性計画法　268
レジリアンス　133, 134
レプトスピラ症　247
連邦基金　191

ろ

ローマ法　165, 171

わ

渡り鳥条約　286

外国語索引

A

American Geophysical Union　64
American Meteorological Society　64
Association of Fish and Wildlife Agencies　191
Audubon Society　193, 209

B

backyard habitat　208
biophilia　63

C

CITES　158
Clean Water Act　151
community-based conservation　121
Conservation International　193
Convention on Biological Diversity　193
Craighead 兄弟　3
CWA　151
CWD　204

E

ecological city　212
ESA　149
EU Biodiversity Action Plan for the Conservation of Natural Resources　101

G

Global Environment Facility　193

H

human-wildlife conflict　217

Human Dimensions of Wildlife Study Group　4
HWC　217

I

integrated conservation and development project　121
International Association for Society and Resource Management　4

L

Leopold　2, 78 ～ 83, 85, 86, 89, 175, 279, 322, 323, 329

M

MBOMIPA　51
Moore Foundation　195
Multinational Species Conservation Funds　193

N

National Fish and Wildlife Foundation　192
National Wildlife Federation　57
NGO　44, 45, 48, 50, 52, 265

O

Organización Manejoy Conservación　49
ORV　155
Our Pacific World　45
Outdoor Recreation Resources Review Commission　2

P

PHEWS 135, 136, 139

R

Rainforest Alliance 49

S

Sarbanes-Oxley Act 190
SARS 246
SAVANNA 135, 136, 139

T

The Humane Sociey of the United States 208
The Nature Conservancy 195

U

U.S. Agency for International Development 193
U.S. Climate Action Partnership 64
U.S. Fish and Wildlife Service 19
Utah's Cooperative Wildlife Management Unit 288

W

WCS 44
Western Association of Fish and Wildlife Agencies 88
Wildlife Conservation Society 16, 44, 193
World Conservation Union 193
World Resources Institute 193
World Wildlife Fund 193

野生動物と社会 －人間事象からの科学－	定価（本体 7,800 円＋税）

2011 年 3 月 1 日　第 1 版第 1 刷発行　　　　　　　　　　　　＜検印省略＞

監訳者	伊吾田宏正，上田剛平，鈴木正嗣 山本俊昭，吉田剛司
発行者	永　井　富　久
印　刷	㈱ 平 河 工 業 社
製　本	田 中 製 本 印 刷 ㈱
発　行	**文永堂出版株式会社** 〒113-0033　東京都文京区本郷2丁目27番18号 TEL　03-3814-3321　　FAX　03-3814-9407 振替　00100-8-114601番

Ⓒ 2011　鈴木正嗣

ISBN 978-4-8300-3231-8

Bird & Bildstein/Raptor Research and Management Techniques

猛禽類学

山﨑　亨 監訳

A4 判変形，512 頁　2010 年発行
定価 18,900 円　送料 510 円

猛禽類の研究，保全，医学に関するバイブルといえる関係者必携の 1 冊です。

Gage & Duerr/Hand-Rearing Birds

鳥類の人工孵化と育雛

山﨑　亨 監訳

B5 判，535 頁　2009 年発行
定価 12,600 円　送料 510 円

きわめて変化に富む鳥類の代表的な目のほとんどについて，人工育雛の方法を記述しています。様々な鳥類の食性，生理機能，行動，人工育雛とリハビリテーション技術を網羅した今までになかった 1 冊です。

Les Stocker/Practical Wildlife Care 2nd ed.

野生動物の看護学

中垣 和英 訳

B5 判　395 頁　2008 年発行
定価 9,450 円　送料 510 円

英国 No.1 の野生動物救護施設 St Tiggywinkles の英知と技術が盛り込まれた 1 冊。とても有効でかつ実際的な取り扱いが学べます。

●ご注文は最寄の書店，取り扱い店または直接弊社へ

Bun-eido 文永堂出版

〒 113-0033　東京都文京区本郷 2-27-18
URL http://www.buneido-syuppan.com
TEL 03 3814 3321　FAX 03 3814 9407